Fraktale

Harold M. Hastings / George Sugihara

Fraktale

Ein Leitfaden für Anwender

Mit 3,5'-Diskette

Aus dem Englischen
von Karl-Heinz und Thomas Lotze

Spektrum Akademischer Verlag Heidelberg · Berlin · Oxford

Originaltitel: Fractals A User's Guide for Natural Sciences

Aus dem Englischen von Karl-Heinz und Thomas Lotze

This translation of Fractals originally published in English in 1993 is published by arrangement with Oxford University Press.
Diese Übersetzung beruht auf: Fractals, erschienen 1993 bei Oxford University Press.

Titelbild: „Apfelmännchen" / IBM Deutschland GmbH

Die Deutsche Bibliothek – CIP-Einheitsaufnahme

Hastings, Harold M.:
Fraktale: Ein Leitfaden für Anwender. Aus dem Engl. von Karl-Heinz und Thomas Lotze. – Heidelberg ; Berlin ; Oxford : Spektrum, Akad. Verl., 1996
Einheitssacht.: Fractals A User's Guide for Natural Sciences <dt.>
ISBN 3-86025-337-9
NE: Sugihara, George

Einbandgestaltung: Kurt Bitsch, Birkenau
Satzherstellung mit LATEX: Karl-Heinz und Thomas Lotze
Druck und Verarbeitung: Strauss Offsetdruck, Mörlenbach

Für
Gretchen
und
Joan

Vorwort zur deutschen Ausgabe

Das in deutscher Ausgabe vorliegende Buch „Fraktale – Ein Leitfaden für Anwender“ der beiden amerikanischen Autoren Harold M. Hastings und George Sugihara behandelt Mandelbrots fraktale Geometrie, deren Grundidee das Konzept der Selbstähnlichkeit ist.

Indem die Bausteine der fraktalen Geometrie – etwa im Gegensatz zur Geraden der Euklidischen Geometrie – selbst komplex sind, bedarf es nur relativ einfacher Regeln, um noch komplexere Objekte, Muster oder Prozesse aus diesen Bausteinen zusammenzusetzen.

Dieses Gebiet der Mathematik ist in rasanter Entwicklung begriffen, und seine Faszination ist längst nicht mehr auf einen engen Kreis von Spezialisten beschränkt; es hält sogar, wenn auch zögernd, Einzug in die Klassenzimmer der Schulen.

In ihrer einleitenden Chronologie erwähnen die Autoren, daß bereits zu Beginn dieses Jahrzehnts jährlich etwa vierhundert Publikationen zu diesem Thema erschienen sind. Diese lassen sich grob in zwei Kategorien einteilen: einerseits die von Formalismus und strenger mathematischer Beweisführung getragenen Originalarbeiten und andererseits die „Bilderbücher“, die mehr zum Bestaunen und Bewundern der Fraktale als zu ihrem Verständnis geeignet und wohl auch gedacht sind.

Gleichzeitig weisen die Methoden der fraktalen Geometrie weit über die Grenzen einzelner Fachgebiete hinaus. Die große Zahl der Anwender kommt aus der Biologie, der Ökologie, der Geologie, ja sogar der Astronomie und den Technikwissenschaften.

Das Ziel der Autoren besteht nun gerade darin, mit Blick auf den Anwender aus den Naturwissenschaften zwischen der Originalliteratur und den manchmal allzu populären Darstellungen zu vermitteln.

Das so entstandene Buch darf man wegen der Vielfalt der behandelten Methoden durchaus als ein Handbuch bezeichnen. Hinsichtlich der beispielhaft vorgestellten Anwendungsmöglichkeiten ist es – wie ja auch der Untertitel besagt – eher ein Leitfaden, der die mögliche Vielfalt von Einsichten bis hin zu Entscheidungshilfen – etwa in der praktischen Ökologie – aufzeigt. Die Beispiele reichen von der Entwicklungsbiologie von Neuronen und pankreatischen Inseln über die Fluktuationen von Vogelpopulationen und Mustern in vegetativen Ökosystemen bis hin zur Modellierung von Erdbeben-Zeitreihen.

Bei der Übersetzung des Buches in die deutsche Sprache teilten wir mehr und mehr die Erfahrung der Autoren, die sie am Ende der Einführung zu ihrem Buch beschreiben: „Für uns ist die Wissenschaft von den Fraktalen interessant, und wir haben Spaß daran.“ So entstand die Idee, die toolbox (Kapitel 12 des Buches) nicht nur auszuprobieren, sondern mit der deutschen Ausgabe – sozusagen über das amerikanische Original hinaus – als Diskette zu übergeben.

Die Programme wurden in ihrem Kern nicht angetastet, jedoch auf ihre Lauffähigkeit hin überprüft und dabei von kleineren Fehlern befreit. Sie wurden den aktuellen Bedürfnissen und Möglichkeiten des PC-Benutzers hinsichtlich der Graphikausgabe und der Versionen der verwendeten Programmiersprache Turbo Pascal (Version 5.5 und spätere anstelle von Version 3) angepaßt. Somit hat der Nutzer die Quelltexte in einer zum abgedruckten Text identischen Form zur Verfügung und kann die Programme auch sofort etwa zum Zeichnen zufälliger Kochscher Schneeflocken oder zur Berechnung von Korrelationskoeffizienten nutzen. Da die Diskette jedes Programm (ausgenommen das Programmfragment zum Sandkastenmodell) auch in ausführbarer Form enthält, ist die toolbox auch denjenigen Lesern zugänglich, die nicht über Turbo Pascal verfügen. Ihre Benutzung wird durch das neu hinzugefügte Programm „tools“ erleichtert.

Für alles, was diese Diskette über den sachlichen Inhalt der Quelltexte hinaus bietet, können die Autoren des Buches selbstredend nicht verantwortlich gemacht werden. Gleichwohl gelten – das Buch und die Begleitdiskette betreffend – auch für die Übersetzer und den Spektrum Akademischen Verlag die in der Einführung genannten nutzungsrechtlichen Hinweise.

Wir danken dem Spektrum Akademischen Verlag, insbesondere Herrn Prof. Dr. G. Wangermann, für die stets angenehme Zusammenarbeit und die sofortige Bereitschaft, die Idee der Begleitdiskette zum Buch zu realisieren.

Karl-Heinz und Thomas Lotze
Suhl, im Juni 1996

Danksagungen der Autoren

Wir möchten Herrn Professor Robert M. May für seine fortwährenden Ermutigungen und hilfreichen Anmerkungen sowie den Mitarbeitern von Oxford University Press für die Verwirklichung dieses Projekts danken. Abschnitt 8.3 über die Geometrie der pankreatischen Inseln entstand unter Mitwirkung von Herrn Dr. Bruce Schneider, für dessen Hilfe wir ihm danken. Wir möchten auch Herrn Professor Paul Ehrlich für seine hilfreiche Korrespondenz über Populationsdynamik danken, ebenso Herrn Professor John McGowan dafür, daß er uns auf die Ozeantemperaturen von Scripps Pier aufmerksam machte. Wir danken weiterhin Diana Beaudette für ihre Hilfe bei der Berechnung der Populations-Zeitreihen, Dennis Grace für hilfreiche Diskussionen und Richard Penner für seine Unterstützung beim Programmieren. Micheline Schreiber half uns bei den Berechnungen der fraktalen Dimension pankreatischer Inseln und David Troyan bei denen über Erdbeben. Schließlich danken wir vielen Studenten dafür, daß sie uns halfen, die Fraktale durch unsere Lehrtätigkeit zu verstehen.

Inhaltsverzeichnis

Eine kurze Chronologie der Fraktale

Die Ungeheuer (komplexe, unregelmäßige Objekte)

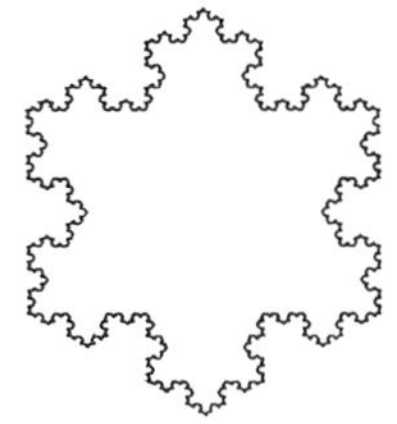

1872: Die Cantor-Menge
1875: Die stetige, nirgendwo differenzierbare Weierstraß-Kurve (du Bois)
1906: Die Brownsche Bewegung (Perrin)
Die Kochsche Schneeflocke (v. Koch)

Skalierungsverhalten

1919: Die Hausdorff-Dimension komplexer geometrischer Objekte
1951: Das Hurstsche Gesetz für das Skalierungsverhalten der Nilabflüsse
1956: Das Gutenberg-Richter-Gesetz für die Verteilung von Erdbebenstärken
1961: Die Richardsonschen Skalierungsgesetze für die Messung komplexer natürlicher Kurven wie z.B. Küstenlinien
1963: Das Stommel-Diagramm beschreibt die Skalen der Ozeandynamik in Raum und Zeit.
1968-9: Mandelbrot, Van Ness und Wallis setzen Hursts Arbeit auf dem Gebiet der Hydrologie fort.

Die Wissenschaft von den Fraktalen (ohne Dynamik)

1975: Mandelbrot prägt das Wort „Fraktale".
1977: Mandelbrots Werk *Fractals: Form, Chance and Dimension*
1980: Die Weierstraß-Mandelbrotsche fraktale Funktion (Berry und Lewis) – die natürliche Geometrie des Weierstraß-Ungeheuers von 1875
1982: Fraktale Modelle werden in der Ökologie (Hastings u.a.) und auf Wolkenmuster (Lovejoy) angewandt. Mandelbrots überarbeitete Monographie *Die fraktale Geometrie der Natur*
1986: Iterierte Funktionensysteme (Barnsley u.a.)

Fraktale und Dynamik

1981: Witten und Sander führen die diffusionsbegrenzte Häufung ein.
1983: Hentschel und Procaccia stellen Zusammenhänge zwischen Fraktalen und seltsamen Attraktoren her.
1984: Die Wolframsche Dynamik zellulärer Automaten
1987: Die Bak-Tang-Weisenfeldsche selbstorganisierte Kritikalität
1991: Das Buch von Schertzer und Lovejoy über Fraktale und Multifraktale in der Geophysik

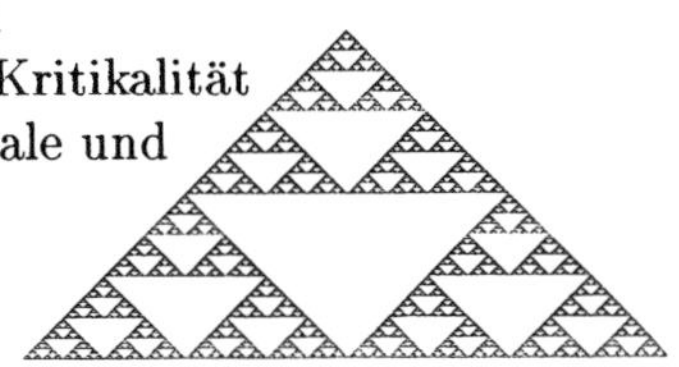

Die Gegenwart

1991: 400 Veröffentlichungen
1992: Fraktale werden zur Beantwortung offener Fragen herangezogen, die vom Ursprung und der Struktur des Universums bis hin zur Verteilung von Erdbeben reichen.

I Einführung

Die Euklidische Geometrie hat den wissenschaftlichen, mathematischen und sogar künstlerischen Blick auf die Formen der Natur zum großen Teil geprägt und scheint tief in die menschliche Psyche eingegraben zu sein. Infolge unseres ursprünglichen Verlangens, in der Natur Einfachheit und Ordnung vorzufinden, müssen oft die Euklidischen Ideale als Näherungen für natürliche Formen herhalten, die ihrem Wesen nach jedoch komplex und unregelmäßig sein können. So werden die Planeten etwa als kugelförmig, Ulmenblätter als Ellipsen und Fichten als ungefähr kegelförmig angesehen. Wir erreichen Einfachheit sozusagen dadurch, daß wir die Komplexität und Einmaligkeit natürlicher Formen herausfiltern und ihr Wesen mit den Formen identifizieren, die mit Hilfe von Winkelmessern, Kegelschnitten und Kurvenschablonen realisierbar sind.

Ob die Natur „im wesentlichen" komplex (d.h. unregelmäßig und zufällig) oder „im wesentlichen" einfach (d.h. Euklidisch und geordnet) ist, ist in gewissem Sinne eine künstliche Unterscheidung. Sowohl die geometrischen Formen von Piet Mondrian als auch die Zufallsmuster von Jackson Pollack fangen Grundzüge der Natur ein. Kann eine geeignete Geometrie die Komplexität von Pollacks Mustern mit der Einfachheit von Mondrians Darstellungen verbinden?

Wir glauben, daß Fraktale, insbesondere die Zufallsfraktale, eine solche Brücke schlagen können, und stellen mit dem Begründer dieses Gebiets, Benoit Mandelbrot, fest (Mandelbrot 1989): „Die Fraktale bieten einen gangbaren neuen Mittelweg zwischen der ausgeprägten geometrischen Ordnung Euklids und dem geometrischen Chaos von Rauheit und Fragmentierung."

Selbstähnlichkeit und Messung

Der Grundgedanke der fraktalen Geometrie ist die *Selbstähnlichkeit*. Ein Objekt ist selbstähnlich, wenn es in kleinere Kopien seinerselbst zerlegt werden kann. Selbstähnlichkeit bedeutet also, daß die Struktur des Ganzen in seinen Teilen enthalten ist. So sei beispielsweise daran erinnert, daß Strecken, Quadrate und Würfel ausgemessen werden, indem man sie in ähnliche kleine Einheiten, beispielsweise von der Größe eines Zentimeters, Quadratzentimeters bzw. Kubikzentimeters, unterteilt. Diese kleineren Einheiten sind dem Ganzen ähnlich und haben die gleichen Maßeinheiten. Die Grundbausteine (gerade Strecken, Quadrate und Würfel) können also zusammengefügt werden, um das „Maß" des Ganzen zu ergeben.

Im Formalismus der Differential- und Integralrechnung kann man sich stark vergrößerte Ansichten einer glatten Kurve als Grenzfall eines Polygonzuges mit infinitesimal kleinen Seitenlängen vorstellen. Somit sind im Grenzfall gerade Strecken die Grundbausteine glatter Kurven, und die Länge (das Maß) einer Kurve ist einfach die Summe der Längen dieser infinitesimal kleinen Strecken. Tatsächlich können die meisten regelmäßigen geometrischen Objekte mit den gleichen Grundbausteinen ausgemessen werden: mit Linien, Quadraten und Würfeln.

Andererseits sehen selbst starke Vergrößerungen natürlicher Formen, etwa von Küstenlinien, Pflanzenbeeten und Darstellungen von Bevölkerungsschwankungen nicht glatt aus und lassen sich nicht auf die üblichen Grundbausteine zurückführen. Stattdessen weisen sie bei Vergößerungen oft auf kleinsten Skalen die gleiche Unregelmäßigkeit auf, die auch im Großen vorliegt. Deshalb können solche komplexen Objekte, die sogenannten *Fraktale*, strenggenommen nicht mit den Grundbausteinen der Euklidischen Geometrie gemessen werden. Eine fraktale Kurve hat keine „Länge" im gewöhnlichen Sinne. Der Grundbaustein einer selbstähnlichen unregelmäßigen Form ist vielmehr eine infinitesimal kleine Kopie ihrerselbst, und ihr Maß entsteht durch das Abzählen dieser unregelmäßigen Bausteine.

Während die Grundbausteine der Euklidischen Geometrie einfach sind, kann der mathematische Apparat zur Nachahmung einer komplexen Form sehr schwerfällig sein. Eine Euklidische Beschreibung des schwarzen Milzfarns könnte z.B. ein Polynom mit Tausenden angepaßter Parameter erfordern. Im Grunde genommen drängt man einen einfachen Grundbaustein (eine Gerade) mit Hilfe einer komplizierten Funktion in eine komplexe Form. Hingegen rührt die Komplexität in der fraktalen Geometrie von den Grundbausteinen selbst her, und das Verfahren zur Erzeugung eines größeren Musters ist dagegen relativ einfach. Dieser einfache Vorgang, die Rekursion, besteht im wesentlichen darin, eine einfache Regel immer wieder anzuwenden, was zu einer selbstähnlichen Geometrie führt. Die Zusammensetzung von Fraktalen aus ihren natürlichen Bausteinen, nämlich kleineren selbstähnlichen Fraktalen, scheint wirklich einen wesentlichen Bestandteil der Wachstums- und Verzweigungsgesetze der Natur selbst zu erfassen.

Der Kieferngarten der Hofstra University. Das *Upright Motive No. 9* von Henry Moore (1979) im Vordergrund ist eine idealisierte, künstlerische Vision der menschlichen Gestalt, die aus glatten Kurven und Flächen besteht. Obwohl auch in dem Innenhof im Vordergrund und an dem Gebäude im Hintergrund Euklidische Geometrie erkennbar ist, erfaßt diese nicht die Ordnung, die den überall auf dem Photo erkennbaren komplexen Formen der Kiefern innewohnt. Für brauchbare, kompakte Beschreibungen solcher natürlichen Formen wird eine neue Geometrie – die fraktale Geometrie – benötigt. (Abdruck mit freundlicher Genehmigung der Henry Moore Foundation).

Die fraktale und die Euklidische Geometrie sind also zwei gegensätzliche Wege, die zur Geometrie natürlicher Formen führen. Die fraktale Geometrie baut komplizierte Objekte auf, indem sie mit einfachen Verfahren komplizierte Bausteine zusammensetzt; die Euklidische Geometrie verwendet einfachere Bausteine, erfordert aber oft komplizierte Vorgehensweisen. Wie wir sehen werden, scheint die fraktale Geometrie durch die Betonung einer einzigartigen Beziehung zwischen einer Form und ihren Bausteinen bemerkenswert gut zur Natur zu passen.

Mandelbrots erstes Buch (1975, 1977) zeigte die Möglichkeit auf, daß Fraktale eine einheitliche Grundlage für das Studium jener allgegenwärtigen unregelmäßigen Objekte abgeben, die im späten neunzehnten und frühen zwanzigsten Jahrhundert als „mathematische Ungeheuer“ angesehen wurden. Seit dem zweiten Buch von Mandelbrot (1982), *Die fraktale Geometrie der Natur*, hat sich das Gebiet der Fraktale explosionsartig erweitert. Im *Science Citation Index* von 1991 sind über 400 Schriften verzeichnet, die in ihrem Titel die Begriffe „Fraktale“ oder „Potenzgesetze“ (das algebraische Analogon für Fraktale) führen. Sie reichen von der physikalischen Geometrie (der Oberflächenstruktur von Ozeanböden, der Struktur kontinentaler Verwerfungen und einer lebhaften Diskussion über die Verteilung der Zeitintervalle zwischen Erdbeben aus dem

Barnsleys „Markenzeichen“: der schwarze Milzfarn (M.F. Barnsley, *Fraktale*, Spektrum Akademischer Verlag 1995, Abb. 3.50b). Dieses komplexe Muster kann relativ einfach mit Hilfe von Fraktalen erzeugt werden, wenn man ein iteriertes Funktionensystem mit sechs Parametern verwendet. Es ist jedoch im allgemeinen ziemlich schwierig, solche Beschreibungen zu finden.

Frühjahr 1992) bis hin zur Ökologie (den Pilzstrukturen, dem Potenzgesetz für den Zusammenhang zwischen dem Flächeninhalt eines quadratischen Areals und der Anzahl der darin vorkommenden Arten sowie der Struktur von Torfsystemen). Auch die Kosmologie (die Struktur von Sternhaufen und Galaxien und Fragen über den Urknall und den Ursprung des Universums (Mai 1992)) und die Entwicklungsbiologie (Verzweigungsmuster der Lungen, der Herzrhythmus, die Struktur von Nervenzellen) sind vertreten.

Angeregt von der explosiven Entwicklung der fraktalen Geometrie haben wir dieses Buch sowohl als ein logisch aufgebautes Lehrbuch als auch ein Handbuch für Naturwissenschaftler, die an Anwendungen der Fraktale interessiert sind, geschrieben – kurzum, ein Buch über „Fraktale für Anwender“. Wir haben uns das Ziel gesetzt, das Buch in sich abgeschlossen zu gestalten; die meisten Kapitel setzen nur bescheidene mathematische Vorkenntnisse voraus.

Im ersten Kapitel werden die Fraktale und ihre algebraischen Analoga, die Potenzgesetze $y = ax^b$, als geometrische und algebraische Abbilder der Natur eingeführt. Die Potenzgesetze der Euklidischen Geometrie sind allgemein bekannt, z.B. als Formeln für den Flächeninhalt $A = s^2$ eines Quadrates und das Volumen $V = s^3$ eines Würfels. Wir werden in der Natur auftretende Potenzgesetze und ihre Herkunft erklären: klassische Potenzgesetze wie z.B. allometrische Zusammenhänge zwischen Größe und Stoffwechsel eines Tieres, Beziehungen zwischen der Fläche eines Areals und der Anzahl der darauf lebenden Arten (das Arten-Flächen-Gesetz) und das Gutenberg-Richter-Gesetz, das einen Zusammenhang zwischen Anzahl und Stärke von Erdbeben herstellt, sowie einige neue Potenzgesetze, die durch die fraktale Geometrie erst entdeckt wurden.

In Teil II wird, auf diesen Ideen aufbauend, *die Mathematik der Zufallsfraktale* entwickelt. Kapitel 2 führt die Grundlagen ein: Selbstähnlichkeit, Selbstaffinität, Skalierungs- und Hausdorff-Dimensionen sowie die Mathematik der Potenzgesetze. Die Skalierungs- und Hausdorff-Dimensionen sind Exponenten in Potenzgesetzen und dienen zur Messung der komplexen Objekte der Natur in der gleichen Weise wie die vertraute topologische Dimension in den Exponenten der Formeln $A = s^2$ und $V = s^3$ (siehe auch den wundervoll illustrierten Essay über Fraktale von McGuire (1991)).

In den drei darauffolgenden Kapiteln werden praktische Verfahren zur Berechnung der Dimension und anderer Skalierungsexponenten eingeführt, die zu fraktalen Mustern und Zeitreihen gehören. Insbesondere wird in Kapitel 3 eine Vielzahl einfacher und nützlicher Alternativen zu den Hausdorff- und Skalierungsdimensionen entwickelt. Obwohl all diese alternativen Dimensionen im wesentlichen das gleiche messen – nämlich wie man ein komplexes Objekt aufbaut, indem man es einfach selbst als Baustein nimmt – entscheiden die Anwendungen oft über die Wahl eines bestimmten Verfahrens. In Kapitel 4 werden dann Methoden zur Charakterisierung komplexer Zeitreihen beschrieben. Das fünfte und letzte dieser Kapitel behandelt Fourier-Transformationen und ihre Anwendung bei der Berechnung fraktaler Exponenten. In den Kapiteln 2 - 5 wird Material aus vielen Quellen zusammengestellt, angefangen mit Beispielen aus dem neunzehnten Jahrhundert, wobei wir uns weitgehend an die Erklärungen von Mandelbrot (1977, 1982) anlehnen, bis hin zu Schriften aus den 80er und 90er Jahren dieses Jahrhunderts. Obwohl ein großer Teil dieses Materials denen, die auf diesem Gebiet aktiv arbeiten, „wohlbekannt" ist, ist es für Anwender aus anderen Bereichen oder Studenten der Naturwissenschaften nicht ohne weiteres zugänglich. In diesen Kapiteln streben wir einen klaren „Mittelweg" zwischen dem ausgeprägten Formalismus vieler rein mathematischer Schriften einerseits und der übertriebenen Ungezwungenheit vieler Bücher über Fraktale andererseits an und denken dabei an Studenten und Forscher in den Naturwissenschaften.

Die nächsten vier Kapitel schlagen eine Brücke von der Mathematik zu zwei Fallstudien: fraktale Muster in vegetativen Ökosystemen und eine neue Studie über das Fortbestehen und Aussterben kleiner Populationen. In Kapitel 6 beginnen wir mit einer Einführung in statistische Techniken zur Berechnung fraktaler Exponenten aus experimentellen Daten, nämlich logarithmische Transformationen und lineare Regression. Wir beschreiben zudem Tests fraktalen Verhaltens und die Rolle einfacher Simulationsverfahren bei der Bestimmung der Gültigkeits- und Verläßlichkeitsgrenzen fraktaler Beschreibungen. Da ein gründlicher Gültigkeitstest fraktaler Modelle im Falle einer bestimmten Anwendung Vergleiche mit anderen möglichen Modellen erfordert, werden in Kapitel 7 kurz einige andere Zugänge zum Studium komplexer Systeme beschrieben: zelluläre Automaten (vgl. Wolfram 1984), klassische lineare stochastische Modelle und die nichtlineare Zeitreihenanalyse. Im Anschluß an diese Kapitel über die statistischen Grundlagen fraktaler Modelle wird in den beiden nächsten Kapiteln auf dem Niveau von Zeitschriftenartikeln die Bildung solcher Modelle sowohl für neue als auch klassische Beispiele illustriert. Kapitel 8 beginnt mit einer neuen Studie von Erdbeben-Zeitreihen mit dem Ziel einer Vorhersage großer Ereignisse. Dieses Kapitel faßt zugleich zwei Anwendungen von Fraktalen in der Entwicklungsbiologie mit einer überraschenden Gemeinsamkeit zusammen: die gleiche Mathematik bestimmt sowohl die Bildung von Mustern Langerhansscher Inseln und von Pankreasgängen (neue Ergebnisse von Hastings u.a. 1992) als auch die von neuronalen Prozessen (Caserta u.a. 1990; Kleinfeld u.a. 1990). Kapitel 9 schließt mit Vorschlägen zur Anwendung der Hurstschen Verfahren auf ein breites Spektrum von Wetterphänomenen, angefangen bei der Regenhäufigkeit bis hin zu den Oberflächentemperaturen der Ozeane und der sog. El Niño-Periodizität.

Die Fallstudien von Teil IV enthalten auch „Hintergrundinformationen", die meist aus Forschungsberichten stammen: Überlegungen zur Auswahl von Modellen, historische und logische Hintergründe und insbesondere gründliche Diskussionen nicht weiter verfolgter Wege. In Kapitel 10 wird die fraktale Modellierung vegetativer Ökosysteme (vgl. Levin und Paine 1974; Hastings u.a. 1982) beschrieben. Das Kapitel schließt mit einer Reihe offener Fragen, die zumindest teilweise mit Hilfe von Fraktalen beantwortet werden könnten: Gibt es z.B. allgemeine Regeln, welche die Anzahl von Arten einer bestimmten Größe und die Zahl der in einem bestimmten Gebiet vorkommenden Arten in Zusammenhang bringen? Kapitel 11 ist ein weiterer Versuch unsererseits, das Aussterben kleiner Vogelpopulationen vorherzusagen (vgl. Sugihara und May, 1990a). Dieses Kapitel endet mit der Aufforderung, mehrere Teilmaße für das Fortbestehen kleiner Populationen zu einem praktisch anwendbaren Vorhersagewerkzeug zu verbinden.

Kapitel 12 in Teil V ist schließlich ein „Werkzeugkasten", der unsere Programme enthält, die sowohl für neue als auch erfahrene Anwender von Fraktalen nutzbar sind. Die Programme in Kapitel 12 sind in Turbo Pascal geschrieben, aber es werden keine Besonderheiten von Pascal verwendet. Ein mit Basic vertrauter Leser kann diese Programme ohne weiteres verstehen und, wenn nötig, übersetzen. Andererseits kann ein im Programmieren sehr versierter Leser, der auch C beherrscht, die diesen Programmen zugrunde liegenden Algorithmen leicht mit denen aus *Numerical Recipes* von Press u.a. (1989) verbinden, um einen schnellen und effizienten Programmcode zu erhalten.

Nutzungsrechtliche Fragen. Die Autoren und der Verlag Oxford University Press lehnen jegliche Garantieerklärung betreffend die Verbreitung, Eignung und Funktionstüchtigkeit der hier beschriebenen Software ab. Der Anwender übernimmt die gesamte Verantwortung und das Risiko, das mit der Nutzung solcher Software verbunden ist. Insbesondere können weder die Autoren noch Oxford University Press für Schäden jeglicher Art durch die Anwendung der Software, darunter ganz spezielle, zufällige und auch Folgeschäden, aber nicht nur diese, verantwortlich gemacht werden.

Dieses Buch kann im ganzen als Lehrbuch durchgelesen werden, das mit den Beispielen von Kapitel 1 und den mathematischen Grundlagen von Kapitel 2 beginnt, der Leser kann aber auch an vielen anderen Stellen einsteigen: bei den Rechentechniken in den Kapiteln 3 - 5, den „gewußt wie"-Anleitungen zur Statistik der Kapitel 6 und 7, den repräsentativen Anwendungen in den Kapiteln 8 und 9, einschließlich der Geometrie pankreatischer Inseln, der Zeitreihen von

Erdbeben und der Ozeantemperaturen, oder bei irgendeiner der Fallstudien. Die Literaturliste enthält aus verschiedenen Quellen stammende Kommentare sowie einige Empfehlungen für die weitere Lektüre.

Für uns ist die Wissenschaft von den Fraktalen interessant, und wir haben Spaß daran. Wir hoffen, daß der Leser diese Erfahrung ebenfalls machen wird.

1 Wie wir die Natur sehen

Natürliche Muster, insbesondere solche in Ökosystemen, erscheinen oft unregelmäßig, kompliziert und selbst auf sehr kleinen Skalen schwer meßbar. Betrachten wir z.B. das Problem, die Länge der englischen Küste zu messen (Richardson 1961; vgl. Mandelbrot 1977, 1982). Richardson nahm diese Aufgabe in Angriff, indem er die Küste mit kleinen Schritten abschritt und die erforderliche Schrittzahl bestimmte. Kann die Küste mit $n(\Delta s)$ Schritten der Länge Δs abgeschritten werden, dann ist das Produkt $n(\Delta s)\Delta s$ eine gute Näherung für die wirkliche Länge. Wäre die Küstenlinie eine glatte Kurve, dann würde die scheinbare Länge $n(\Delta s)\Delta s$ für sehr kleine Schritte der wirklichen Länge sehr nahe kommen, woraus

$$n(\Delta s) = \text{const} \cdot \frac{1}{\Delta s}$$

folgt. Richardson erkannte jedoch, daß die Länge $n(\Delta s)\Delta s$ über alle Grenzen zu wachsen scheint, wenn Δs kleiner wird, und zwar gemäß

$$n(\Delta s) = \text{const} \cdot \left(\frac{1}{\Delta s}\right)^{-D}, \tag{1.1}$$

wobei der Exponent D echt größer als 1 ist.

Ähnliche Regelmäßigkeiten sind auch bei anderen Versuchen, komplexe Muster wie etwa die Flächenverteilung der Ägäischen Inseln (Korcak 1938) und Fluktuationen des Nilabflusses (Hurst 1951, 1956; wegen Korcak und Hurst vgl. Mandelbrot (1977, 1982)) zu messen, aufgetreten. Korcak fand heraus, daß die Verteilung der Größen der Ägäischen Inseln der Gleichung

$$n(a) = \text{const} \cdot a^{-B} \tag{1.2}$$

genügt, wobei $n(a)$ die Anzahl der Inseln mit dem Mindestflächeninhalt a bezeichnet. Bei der Konstruktion des Assuan-Staudamms stieß Hurst darauf, daß die Differenz zwischen den während der Zeitdauer Δt beobachteten und den erwarteten kumulativen Abflüssen der Formel

$$y = \text{const} \cdot (\Delta t)^{H} \tag{1.3}$$

genügt.

Gleichungen der Form

$$y = ax^{b} \tag{1.4}$$

heißen *Potenzgesetze*. Warum treten sie bei der Messung solcher unregelmäßigen natürlichen Muster und Zeitreihen auf?

Potenzgesetze kommen auch in der Euklidischen Geometrie, der Allometrie und der Statistik vor. Beispielsweise sind die bekannten Formeln für den Flächeninhalt eines Quadrates und das Volumen eines Würfels die Potenzgesetze

$$A = s^2 \qquad \text{und} \qquad V = s^3, \tag{1.5}$$

in denen der Exponent die Dimension des Objekts ist. Wir werden im folgenden sehen, daß viele komplexe Muster auf ähnliche Weise durch eine geeignete Dimension charakterisiert werden können. Diese Formeln lassen sich einfach erklären, falls der Parameter s eine ganze Zahl ist. Ein Quadrat der Seitenlänge s kann in s^2 ähnliche kleinere Einheitsquadrate zerlegt werden, und ein Würfel der Seitenlänge s läßt sich in s^3 ähnliche kleinere Einheitswürfel zerlegen.

Solche einfachen geometrischen Prinzipien liegen einigen Potenzgesetzen in der Allometrie oder Gestaltmessung bei Tieren zugrunde (vgl. Peters 1983; Schmidt-Nielsen 1984). Für eine bestimmte Tierart ist z.B. die Oberfläche dem Quadrat, die Masse der dritten Potenz der Länge proportional. Insgesamt resultiert das Potenzgesetz

$$\text{Masse} = \text{const} \times (\text{Oberfläche})^{\frac{3}{2}}. \tag{1.6}$$

Dieses Gesetz setzt der Gestalt und den Stoffwechselanforderungen vieler Tierarten enge Grenzen. Ein Potenzgesetz verknüpft auch die Stoffwechselrate mit dem Gewicht von Tieren (vgl. Peters 1983; Schmidt-Nielsen 1984):

$$\text{Stoffwechselrate} = \text{const} \times (\text{Gewicht})^{\frac{3}{4}}. \tag{1.7}$$

Obwohl das Potenzgesetz (1.6) auf einfache Weise aus geometrischen Formeln folgt, spiegelt das Potenzgesetz (1.7) eine komplexere Skalierung bei den Stoffwechselvorgängen wider.

Selbst Zufallsbewegungen weisen Regelmäßigkeiten in Form von Potenzgesetzen auf. Aus dem Zentralen Grenzwertsatz der Statistik folgt, daß die Ortsveränderung Δs infolge einer zufälligen Bewegung nach einer Zeitdauer Δt näherungsweise

$$\Delta s \approx \text{const} \times (\Delta t)^{\frac{1}{2}} \tag{1.8}$$

beträgt.

Mandelbrot (1977, 1982) entdeckte, daß eine natürliche Geometrie, eben die Geometrie der *Fraktale*, einen einheitlichen Rahmen und eine Erklärung für viele dieser Potenzgesetze liefern kann. Die Küste von England ist deshalb nur schwer auszumessen, weil sie nie geradlinig erscheint, auch nicht auf sehr kleinen Skalen. Es ist ähnlich schwierig, den Weg einer Brownschen Bewegung, des zeitlich kontinuierlichen Analogons einer Zufallsbewegung, auszumessen (Perrin 1906; vgl. Mandelbrot 1977, 1982), da selbst auf sehr kleinen Skalen Unregelmäßigkeiten fortbestehen. Ein stark vergrößerter Ausschnitt aus der Küste von England ähnelt jedoch *wirklich* der Küstenlinie, und ein stark vergrößerter Ausschnitt aus dem Graphen der Brownschen Bewegung ähnelt *tatsächlich* dem Graphen selbst. Mandelbrot stellte überraschend fest, daß die englische Küste aus Stücken, die der gesamten Küstenlinie ähnlich sind, „aufgebaut“ werden und man eine zeitlich kontinuierliche zufällige Bewegung aus ähnlichen kürzeren Zufallsbewegungen zusammensetzen kann, beides in guter Analogie zum Aufbau eines Quadrates aus ähnlichen kleineren Quadraten. Mandelbrot nannte diese Eigenschaft *Selbstähnlichkeit* (der Graph der Brownschen Bewegung besitzt eigentlich nur eine schwächere Skaleninvarianz-Eigenschaft, die Selbstaffinität, die Mandelbrot in Wirklichkeit auch nur fand), und selbstähnliche Objekte bezeichnete er als *Fraktale*. Die Messung von Fraktalen ist nicht schwerer als die der regelmäßigen Objekte der Euklidischen Geometrie, wenn die richtigen Bausteine, die Fraktale selbst, dafür verwendet werden – *Selbstähnlichkeit verlegt die Komplexität des Objekts in die Bausteine und beschreibt die dem Objekt innewohnenden Regelmäßigkeiten durch Potenzgesetze.*

Fraktale ermöglichen somit eine einfache Beschreibung vieler natürlicher Formen. Eine herkömmliche Euklidische Beschreibung des schwarzen Milzfarns, der in der Einleitung vorgestellt wurde, könnte z.B. Tausende von Daten und angepaßten Parametern erfordern (Barnsley 1988). Stattdessen beschreibt Barnsley diesen Farn durch einen fraktalen Baustein, vier Transformationen mit nur sechs Parametern sowie den iterativen Prozeß der Rekursion.

Abstrakt gesehen erzeugt Rekursion solche „mathematischen Ungeheuer“ (Mandelbrot, 1977, 1982) wie Cantor-Mengen (Cantor 1872), die Brownsche Bewegung (Perrin 1906; vgl. Mandelbrot 1982, S. 6ff), die Kochsche Schneeflocke (von Koch, 1906) und die Weierstraßsche stetige, aber nirgendwo differenzierbare Funktion (vgl. du Bois, 1875). Die Graphen der Brownschen Bewegung, die Kochsche Schneeflocke und die Weierstraß-Funktion sehen selbst auf beliebig kleinen Skalen *nirgendwo* wie Geraden aus und können somit nicht mit Hilfe hinreichend kleiner Strecken gemessen werden. Cantor (1872) beschrieb nicht abzählbare, unendliche Mengen vom Maß null; diese Cantor-Mengen waren zugleich eine Herausforderung für den klassischen Maßbegriff. Cantor-Mengen sind auf allen Skalen komplex, und ihre Komplexität auf kleinen Skalen spiegelt die auf großen wieder. Sie können alle leicht mit Hilfe iterativer Prozesse beschrieben und durch Fraktale gemessen werden.

Ein Beispiel dafür ist die Cantor-Menge. Der erste Schritt bei ihrer iterativen Konstruktion ist einfach eine Strecke. Jeder Folgeschritt entsteht durch die Entfernung des (offenen) mittleren Drittels aller Strecken im jeweils vorhergehenden Stadium (Abbildung 1.1). Die Abbildung läßt erkennen, daß eine Cantor-Menge, die aus einem Intervall der Länge 3 konstruiert wurde, in 2 kleinere „Einheits“-Cantor-Mengen zerlegt werden kann, die beide aus einem Einheitsintervall der Länge 1 konstruiert worden sind. Im allgemeinen kann eine Cantor-Menge, die aus einem Intervall der Länge 3^k konstruiert worden ist, in 2^k kleinere „Einheits“-Cantor-Mengen aufgeteilt werden. Zumindest für den Fall, daß s die Form 3^k hat, kann also eine Cantor-Menge, die aus einem Intervall der Länge s konstruiert worden ist, durch Einheits-Cantor-Mengen gemessen werden. Ihr Maß ist durch das Potenzgesetz

$$m = 2^k = s^{\frac{\log 2}{\log 3}} \tag{1.9}$$

gegeben.

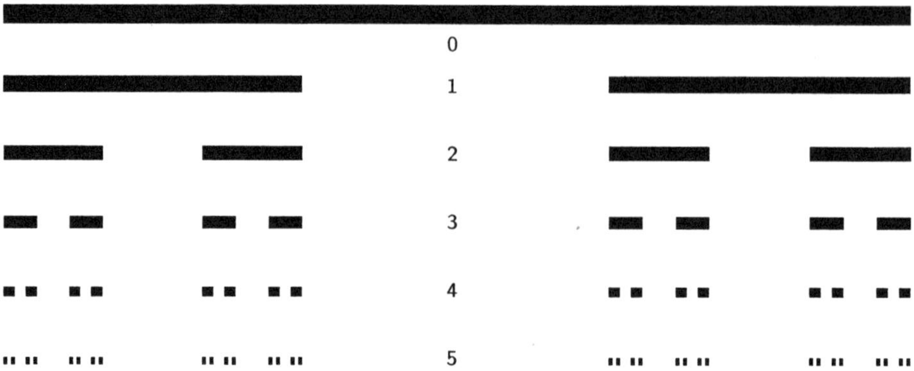

Abb. 1.1 Konstruktion der Cantor-Menge. Dieses komplexe Muster wird durch die niemals endende Wiederholung eines sehr einfachen Vorgangs aufgebaut, bei dem man das mittlere Drittel einer Strecke entfernt und dadurch zwei kürzere Strecken erhält.

Wir werden sehen, daß viele iterative biologische Wachstums-, Verzweigungs- und Häufungsvorgänge auf Potenzgesetze führen. In der Dynamik von Ökosystemen verbinden sich Vorgänge auf kleineren Skalen miteinander und bilden Gesamtprozesse auf größeren Skalen. Iterierte Wachstums- und Verzweigungsregeln können ebenfalls komplexe Muster wie etwa das Gefäßsystem und die Bronchien der Lungen erzeugen (vgl. Mandelbrot 1977, 1982; Barnsley 1988). Die abstrakte Brownsche Bewegung wie auch reale kumulative Abflußmengen von Flüssen sind Anhäufungen kleinerer Bewegungen bzw. Abflüsse. Die Dynamik der Bildung von Inseln, Küstenlinien und Gebirgen läuft auf vielen Skalen ab. Die Arten-, Gruppen- und Systemdynamik in Ökosystemen stellt zunehmend höhere Stufen der Dynamik auf der Ebene der Arten dar.

Barnsley (1988) definiert Fraktale durch iterative Funktionen. Wir wollen einen mehr geometrischen Zugang bevorzugen, da es oft schwer ist, explizite algebraische Darstellungen der iterativen Vorgänge zu finden, die der natürlichen Dynamik zugrunde liegen. Wir werden uns aber oft auf die Anwendung von Potenzgesetzen und Fraktalen beziehen, um zwischen den Klassen der zugrundeliegenden Dynamik zu unterscheiden. Physiker nennen diese Klassen „Universalitäts"-Klassen. Überhaupt verdankt die Geometrie der Fraktale den physikalischen Wissenschaften viel.

Der Zweck dieses Buches besteht darin, die Wissenschaft von den Zufallsfraktalen aus der Sicht der Anwendungen in den Naturwissenschaften zu entwickeln. Wir streben Genauigkeit bei der Verwendung von Mathematik und Statistik an, jedoch werden manche Beweise nur umrissen oder mit einbezogen, um die Grundgedanken zu präzisieren.

Teil II beginnt mit einem Kapitel über die Grundlagen der Fraktale: Selbstähnlichkeit, Selbstaffinität, Skalierungs- und Hausdorff-Dimensionen sowie Mathematik der Potenzgesetze, worauf drei Kapitel über praktische Methoden zur Berechnung der Dimension und anderer Skalierungsexponenten von fraktalen Mustern und Zeitreihen folgen.

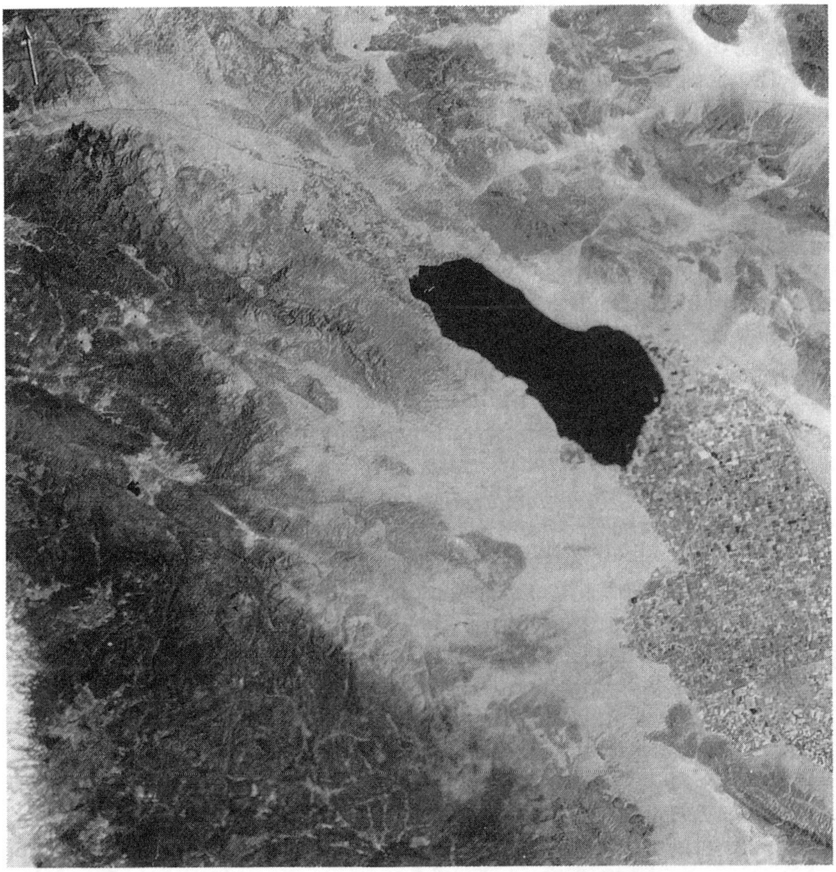

(a)

Abb. 1.2 Eine Montage aus natürlichen und künstlichen Mustern. (a) Ein Falschfarbenphoto (Landsat) natürlicher und durch Landwirtschaft entstandener Muster in der Nähe von Salton Sea in Südkalifornien (vgl. Short u.a. 1976, Platte 133, Abdruck mit Genehmigung der NASA). Die natürlichen Muster erscheinen auf hinreichend kleinen Skalen regelmäßig. (b) Vegetationsinseln (Zypressen- und Mischzypressen-Muster) im Okefenokee-Sumpf (Hastings u.a. 1982, Abb. 3). (c) Eine auf dem Computer mit Hilfe von Mandelbrot-Weierstraß-Fraktalen erzeugte Landschaft; siehe die Abschnitte 5.6 und 12.3. Inseln wie die in (b) können durch Überflutung von niedrigeren Bodenerhebungen entstehen. (d) Ein Landsat-Photo vom Nordwesten der Insel Kyushu in Japan (vgl. Short u.a. 1976, Platte 319, Abdruck mit Genehmigung der NASA). (e) Eine einzelne, mit dem Computer unter Verwendung der zufälligen Kochschen Schneeflocke aus Abschnitt 2.4 erzeugte Insel (siehe auch Abschnitt 12.2).

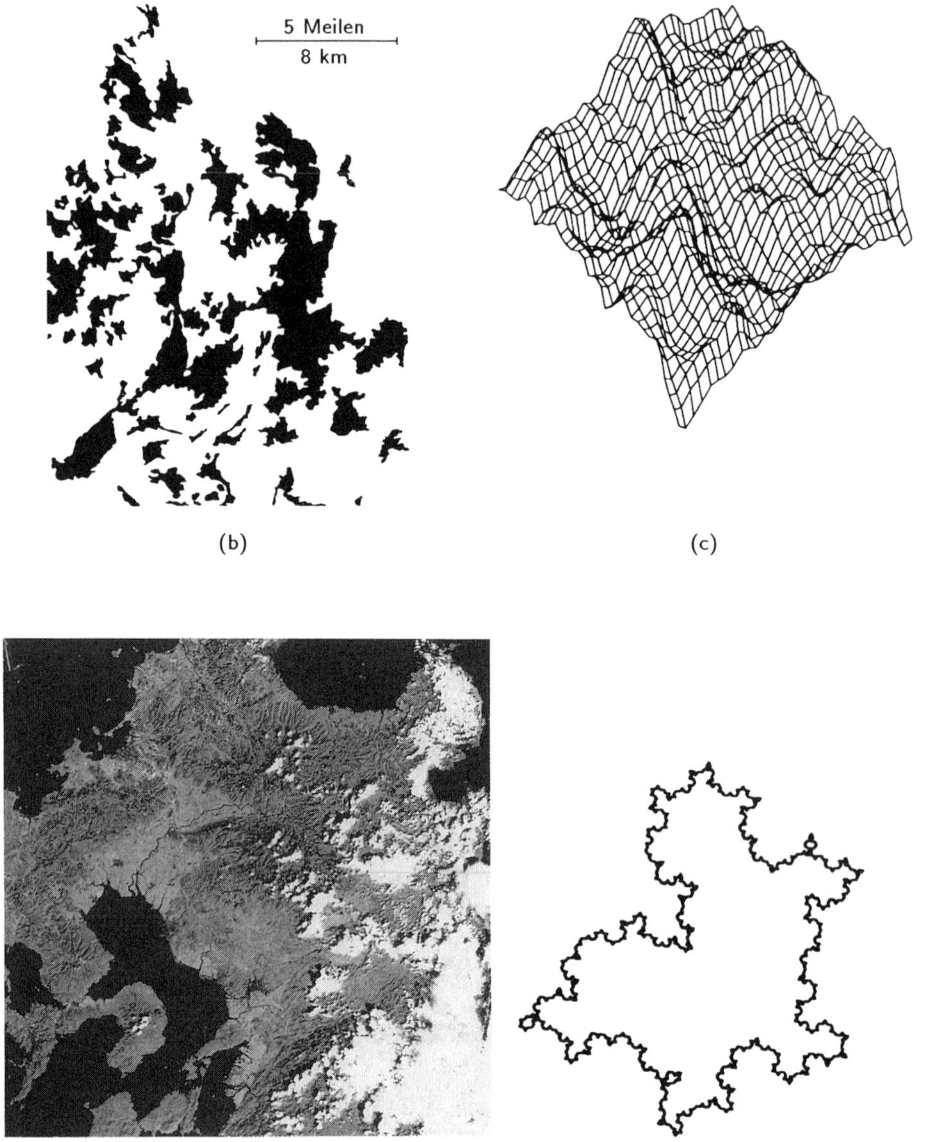

(b) (c)

(d) (e)

Abb. 1.2 (Fortsetzung)

II Die Mathematik der Zufallsfraktale

Die Beispiele aus Kapitel 1 haben gezeigt, daß natürliche Muster außerordentlich komplex sein können. Sie waren jedoch statistisch skaleninvariant, d.h. sie blieben bei Vergrößerung oder Verkleinerung zumindest auf einem ziemlich großen Skalenbereich statistisch unverändert. Skaleninvariante Objekte heißen Fraktale; statistisch skaleninvariante Objekte heißen Zufallsfraktale. In den nächsten vier Kapiteln entwickeln wir die Mathematik der Zufallsfraktale, wobei besonderer Wert auf ihre Messung und Beschreibung gelegt wird.

2 Fraktale und die Skalierung nach Potenzgesetzen

2.1 Einführung

Die Beispiele aus Kapitel 1 haben gezeigt, daß manche natürlichen Muster außerordentlich komplex sein können. Sie weisen jedoch infolge ihrer Skaleninvarianz eine dieser Komplexität zugrundeliegende Einfachheit auf. Wir wiederholen: Skaleninvarianz eines Musters bedeutet, daß dieses bei Vergrößerung oder Verkleinerung unverändert bleibt. Allgemeiner betrachtet, kann es mehrere Skalierungsbereiche geben, die voneinander durch Umschlagpunkte getrennt sind. Dabei liegt innerhalb eines jeden der Bereiche Skaleninvarianz vor, die beim Überschreiten eines Umschlagpunktes jedoch verschwindet.

In diesem Kapitel werden wir Fraktale als skaleninvariante geometrische Objekte definieren und zeigen, wie Skaleninvarianz zu einer Klasse von Skalierungsregeln – den Potenzgesetzen – führt, die durch Skalierungsexponenten charakterisiert werden. Letztere sind innerhalb eines jeden Skalierungsbereichs konstant, springen aber an den Umschlagpunkten, die die Skalierungsbereiche voneinander trennen.

Wir sehen ein Muster oder Objekt als skaleninvariant innerhalb eines Skalierungsbereichs an, wenn es keine natürlichen inneren Größenmaßstäbe enthält und somit auf allen Skalen innerhalb des Skalierungsbereichs gleich aussieht. Eine Inselgruppe kann z.B. skaleninvariant sein, obwohl wir die Fläche oder den Umfang einer jeden Insel messen können (Abbildung 1.2). In diesem Fall bedeutet Skaleninvarianz einfach, daß die kleinen Inseln im Grunde verkleinerte Ausführungen der großen und die großen Inseln vergrößerte Ausführungen der kleinen sind. Wir können dann für jede Insel der Gruppe den Zusammenhang zwischen Fläche und Umfang betrachten. Wie in Abschnitt 2.6 formal erklärt wird, offenbart sich Skaleninvarianz algebraisch in dem Potenzgesetz

$$N(a) = \text{const} \times a^{-B} \tag{2.1}$$

für die Verteilung der Inselflächen, wobei $N(a)$ die Anzahl der Inseln mit einer Mindestfläche a bezeichnet (Korcak 1938). Sie tritt weiterhin in einem Potenzgesetz zutage, das den Zusammenhang zwischen der Fläche a und dem Umfang

p jeder der Inseln darstellt, nämlich

$$p = \text{const} \times a^{\frac{D}{2}}, \tag{2.2}$$

sowie in weiteren, im folgenden beschriebenen Potenzgesetzen.

In den ersten drei Abschnitten entwickeln wir die Begriffe Selbstähnlichkeit, reguläre Fraktale und Zufallsfraktale. Insbesondere enthält Abschnitt 2.4 eine axiomatische Charakterisierung einer wichtigen Klasse von Prototypen zufälliger Fraktale: die Graphen von Zufallsbewegungen, ihre Diffusionsgrenzwerte und fraktalen Verallgemeinerungen. In Abschnitt 2.5 führen wir die Skalierungsdimension und die allgemeinere Hausdorff-Dimension zur Beschreibung der Skalierungseigenschaften regulärer und zufälliger Fraktale ein. Der Parameter D in Gleichung (2.2) ist die Hausdorff-Dimension der Inselränder. In den Kapiteln 3 bis 5 entwickeln wir eine breite Vielfalt von Verfahren zur Berechnung der Hausdorff-Dimension und verwandter Skalierungsexponenten für fraktale Muster und Funktionen. Abschnitt 2.6 führt schließlich die algebraische Selbstähnlichkeit und die Potenzgesetze ein.

2.2 Selbstähnlichkeit und Fraktale

Fraktale sind per definitionem skaleninvariante (selbstähnliche oder selbstaffine) geometrische Objekte. Ein geometrisches Objekt heißt *selbstähnlich*, wenn es als Vereinigungsmenge reskalierter Kopien seinerselbst aufgeschrieben werden kann, wobei die Reskalierung isotrop oder gleichmäßig in allen Richtungen ist. Das Objekt heißt *selbstaffin*, wenn es als Vereinigungsmenge reskalierter Kopien von sich selbst angesehen werden kann, wobei die Reskalierung anisotrop oder richtungsabhängig sein kann. *Reguläre Fraktale* weisen exakte Selbstähnlichkeit auf, *Zufallsfraktale* dagegen eine schwächere, statistische Art der Selbstähnlichkeit oder, allgemeiner, der Selbstaffinität. Obwohl praktisch alle natürlichen Fraktale zufällig sind, ist es jedoch am besten, den Begriff der Selbstähnlichkeit zuerst durch das Studium regulärer Fraktale zu erarbeiten.

Die Klasse der regulären Fraktale umfaßt viele bekannte einfache Objekte, etwa Streckenintervalle, Quadratflächen und würfelförmige Raumausschnitte (infolge der Allgemeingültigkeit unserer Definition) und beinhaltet zugleich viele unregelmäßige Objekte wie die Cantor-Menge und die Kochsche Schneeflocke. Die Skalierungsregeln werden durch Skalierungsexponenten (die Dimension) charakterisiert. Wir werden feststellen, daß „einfache" reguläre Fraktale ganzzahlige Skalierungsdimensionen haben, komplexe selbstähnliche Objekte wie die Cantor-Menge und die Kochsche Schneeflocke aus Abbildung 2.1 dagegen gebrochene.

Wir werden zusammen mit der Theorie der Zufallsfraktale eine genauere Definition der statistischen Selbstähnlichkeit und Selbstaffinität entwickeln. Zunächst reicht es aus, festzustellen, daß ein geometrisches Objekt statistisch selbst-

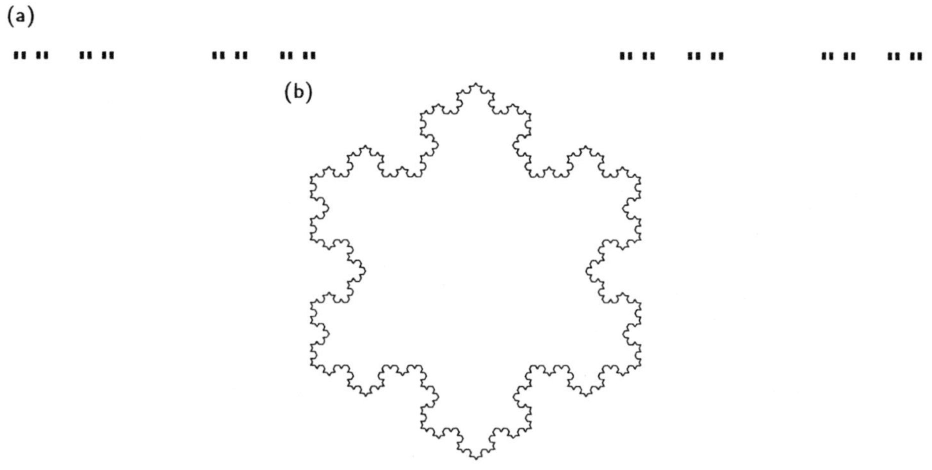

Abb. 2.1 Die Cantor-Menge (a) und die Kochsche Schneeflocke (b): mathematische Ungeheuer aus dem neunzehnten Jahrhundert, die durch die fraktale Geometrie „gezähmt" wurden.

ähnlich bzw. selbstaffin ist, wenn es die Vereinigungsmenge mehrerer Teile darstellt, von denen jedes im statistischen Sinne eine passend reskalierte Kopie von sich selbst ist. Die zufällige Kochsche Schneeflocke (Abbildung 1.2), die in Abschnitt 2.4.2 diskutiert wird, ist ein typisches Zufallsfraktal.

2.3 Reguläre Fraktale

In diesem Abschnitt wollen wir die Begriffe der Selbstähnlichkeit und der regulären Fraktale entwickeln. Viele regelmäßige geometrische Figuren sind selbstähnlich, und diese Selbstähnlichkeit hat ihren Ursprung in den Formeln $A = s^2$ für die Fläche eines Quadrats und $V = s^3$ für das Volumen eines Würfels. Ist s eine ganze Zahl, dann folgen diese Formeln aus der Zerlegung des Quadrates der Seitenlänge s in s^2 ähnliche Einheitsquadrate und aus der entsprechenden Zerlegung des Würfels der Seitenlänge s in s^3 ähnliche Einheitswürfel. Diese Art der Zerlegung kann durch den Begriff der *nahezu disjunkten Vereinigungsmenge* präzisiert werden. Eine Strecke der Länge s kann in s ähnliche Strecken zerlegt werden, deren jede die Einheitslänge hat. Flächen- und Volumenformeln stellen einen Zusammenhang zwischen der Größe dieser einfachen Objekte und ihren linearen Abmessungen her, wobei die Dimension als Schlüsselparameter dient. Die Formeln folgen aus der Zerlegung der Objekte in Vereinigungsmengen ähnlicher kleiner Objekte – deshalb werden Würfel, Quadrat und Strecke *selbstähnlich* und die Dimension *Skalierungs-* oder *Ähnlichkeitsdimension* genannt. Ein Punkt ist trivialerweise selbstähnlich mit der Skalierungsdimension 0.

2.3.1 Konstruktion der Cantor-Menge

Die Leistungsfähigkeit der Begriffe Selbstähnlichkeit und Skalierungsdimension wird offensichtlich, wenn sie zur Charakterisierung solcher scheinbar komplexen und unregelmäßigen Objekte wie der Cantor-Menge verwendet werden. Cantor (1872) konstruierte diese Menge als ein pathologisches Beispiel, um zu demonstrieren, wie notwendig Gründlichkeit bei mathematischen Untersuchungen ist. Die Cantor-Menge wird als Grenzwert eines Iterationsprozesses konstruiert, bei dem die erste Stufe, die die Nummer 0 erhält, das abgeschlossene Einheitsintervall ist. Aus irgendeinem Schritt n wird der nächste Schritt $n+1$ erzeugt, indem das offene mittlere Drittel jedes im n-ten Schritt auftretenden abgeschlossenen Intervalls entfernt wird (Abbildung 1.1). Die Cantor-Menge ist ein auf diese Weise entstehender Grenzwert und kann formal als Schnittmenge aller Approximationsschritte definiert werden. Der Schritt n ist wohlgemerkt die Vereinigungsmenge von 2^n abgeschlossenen Intervallen der jeweiligen Länge $\frac{1}{3^n}$. Damit hat er die Länge oder das lineare Maß $(\frac{2}{3})^n$, was gegen null geht, wenn n unendlich groß wird.

Obwohl es schwierig ist, sich die Cantor-Menge als Vereinigungsmenge von aus der Euklidischen Geometrie bekannten Objekten vorzustellen, kann sie jedoch ebensogut als Vereinigungsmenge kleinerer Cantor-Mengen aufgefaßt werden wie ein Quadrat als Vereinigungsmenge kleinerer Quadrate. Tatsächlich ist ja die Cantor-Menge ihrer Konstruktion nach die Vereinigungsmenge von 2 kleineren Cantor-Mengen, deren jede man erhält, indem man die ursprüngliche Cantor-Menge um den Faktor 3 staucht. Noch allgemeiner ist sie für jede Zahl m, die eine Potenz von 2 ist, also

$$m = 2^n, \tag{2.3}$$

die Vereinigung von m kleineren Cantor-Mengen, deren jede um den Faktor 3^n kleiner ist als die ursprüngliche Cantor-Menge. Da eine Cantor-Menge vom Maß 3 eine Vereinigung von 2 Cantor-Mengen vom Maß 1 ist und

$$2 = 3^{\frac{\log 2}{\log 3}} \tag{2.4}$$

gilt, ordnen wir der Cantor-Menge die Skalierungsdimension $\frac{\log 2}{\log 3} = 0,63\ldots$ zu. Anders als im Fall des Quadrates und anderer „einfacher“ geometrischer Figuren, die wir bereits diskutiert haben, ist die Skalierungsdimension der Cantor-Menge keine ganze Zahl.

Es gibt eine zweite Standardbeschreibung der Cantor-Menge, die noch mehr Licht auf ihre Skalierungsdimension wirft. Diese Beschreibung verwendet *Dezimalen zur Basis drei*, also Ziffernfolgen der Form

$$a_1 a_2 a_3 \ldots, \tag{2.5}$$

die die Zahl

$$\frac{a_1}{3} + \frac{a_2}{3^2} + \frac{a_3}{3^3} + \cdots \tag{2.6}$$

darstellen. In Analogie zur Verwendung gewöhnlicher Dezimalen werden Dezimalen zur Basis drei im allgemeinen in der Form

$$0{,}a_1a_2a_3\ldots \tag{2.7}$$

geschrieben. Wir stellen fest, daß die Äquivalenz

$$0{,}999\ldots = 1 \tag{2.8}$$

für gewöhnliche Dezimalen der Äquivalenz

$$0{,}222\ldots = 1 \tag{2.9}$$

für Dezimalen zur Basis drei entspricht, und übernehmen die Vereinbarung, daß jede *endliche* Dezimale

$$0{,}a_1a_2a_3\ldots a_n, \qquad a_n \neq 0 \tag{2.10a}$$

zur Basis drei immer als eine ab einer bestimmten Stelle *periodische* Dezimale zur Basis drei geschrieben wird:

$$0{,}a_1a_2a_3\ldots a_n'222\ldots, \qquad a_n' = a_n - 1. \tag{2.10b}$$

Angenommen, alle endlichen Dezimalen zur Basis drei werden als solche ab einer bestimmten Stelle periodischen Dezimalen zur Basis drei dargestellt. Dann umfaßt Stufe 0 der Cantor-Menge alle Dezimalen zur Basis drei, Stufe 1 alle mit $a_1 \neq 1$ und Stufe 2 alle Dezimalen zur Basis drei mit $a_n \neq 1$ und $a_2 \neq 1$. Allgemeiner ausgedrückt entspricht jedes „mittlere Drittel" einer „1" an der jeweiligen Stelle in einer Dezimalentwicklung zur Basis drei. Deshalb besteht die Cantor-Menge aus allen Dezimalen zur Basis drei, die ohne die Ziffer 1 geschrieben werden können. Eine Skalenverringerung der Cantor-Menge um $\frac{1}{3^n}$ entspricht einer Multiplikation der Dezimalentwicklungen zur Basis drei mit

$$\frac{1}{3^n} = 0{,}000\ldots01 \qquad (n-1 \text{ Nullen}) \tag{2.11a}$$

und damit der Abbildung

$$0{,}a_1a_2a_3\ldots \to 0{,}000\ldots00a_1a_2a_3\ldots \qquad (n \text{ Nullen}). \tag{2.11b}$$

Darüber hinaus kann man die 2^n Kopien der reduzierten Cantor-Menge erhalten, aus denen die ursprüngliche Cantor-Menge besteht, indem keine, jede beliebige oder auch jede der ersten n Nullen durch „2" ersetzt wird. Es ist leicht einzusehen, daß diese Ersetzung auf 2^n Wegen möglich ist. Dies zeigt zweifelsfrei, daß die ursprüngliche Cantor-Menge die Vereinigung von 2^n solcher reduzierten Cantor-Mengen ist.

Außerdem liefert diese Beschreibung ein einfaches Verfahren, eine Poisson-Verteilung auf der Cantor-Menge zu erzeugen. Wir definieren eine Dezimale $a = 0{,}a_1a_2a_3\ldots$ zur Basis drei wie folgt: Für jedes i sei

$$a_i = \begin{cases} 0 \text{ mit der Wahrscheinlichkeit } \frac{1}{2}, \\ 2 \text{ mit der Wahrscheinlichkeit } \frac{1}{2}. \end{cases} \tag{2.12}$$

Es ist leicht zu sehen, daß

$$Pr(0{,}a_1a_2a_3\dots a_n0 \le 0{,}a_1a_2a_3\dots a_na_{n+1}\dots \le 0{,}a_1a_2a_3\dots a_n2) = \frac{1}{2^n} \quad (2.13)$$

gilt und dies gleich der Wahrscheinlichkeit dafür ist, daß der Punkt $0{,}a_1a_2a_3\dots a_na_{n+1}\dots$ in der zugehörigen reduzierten Cantor-Menge liegt.

Wir beschreiben nun ein zweites reguläres Fraktal, die Kochsche Schneeflocke, und stellen einen Zusammenhang zwischen ihrer iterativen Konstruktion und ihrer Skalierungsdimension her – genau so, wie wir es für die Cantor-Menge getan haben. Die Konstruktion beginnt mit einem Dreieck als Stufe 0. Die $(n+1)$-te Stufe wird aus der n-ten gebildet, indem jede Strecke aus Stufe n durch einen Polygonzug aus vier Strecken ersetzt wird, deren jede ein Drittel der Länge der Ausgangsstrecke hat (Abbildung 2.2).

Obwohl die Kochsche Schneeflocke selbst nicht die Vereinigung ähnlicher kleinerer Schneeflocken ist, so ist doch laut Konstruktion jede Seite der Kochschen Schneeflocke eine Vereinigung von 4 ähnlichen kleineren Seiten, die jeweils ein Drittel der Länge der ursprünglichen Seite haben. Darüber hinaus besitzt nach Konstruktion jede der reduzierten Seiten die gleiche Skaleninvarianz-Eigenschaft, und somit beträgt die Skalierungsdimension der Kochschen Schneeflocke $\log 4/\log 3$, d.h. etwa 1,26.

Natürliche Verzweigungsvorgänge wie die Bildung neuronaler Prozesse, bronchialer Röhren, des Gefäßsystems und pankreatischer Gänge stellen eine zufällige Version der oben beschriebenen Iteration dar (siehe Kapitel 8). Mandelbrot-Weierstraß-Fraktale (Berry und Lewis 1980) sehen aus wie Wellen, die ihrerseits wieder Wellen tragen, so daß ihr Aussehen an aufeinanderfolgende Konstruktionsschritte der Kochschen Schneeflocke erinnert. Kapitel 12 enthält Programme zur Konstruktion der Kochschen Schneeflocke und von Mandelbrot-Weierstraßschen und verwandten Fraktalen.

Anmerkung 2.1 Die Cantor-Menge, die aus einer vollständig zusammenhanglosen Punktmenge besteht (wegen der Definitionen vgl. Hurewicz und Walman 1941, Dugundji 1966 oder irgendein Lehrbuch über die Topologie von Punktmengen), hat die topologische Dimension 0, die echt kleiner ist als ihre Skalierungsdimension $\frac{\log 2}{\log 3} = 0{,}63\dots$ (Abbildungen 2.6 und 3.2). In ähnlicher Weise ist die Kochsche Schneeflocke eine Jordan-Kurve in der Ebene und hat die topologische Dimension 1, die ebenfalls echt kleiner als ihre Skalierungsdimension $\frac{\log 4}{\log 3} = 1{,}26\dots$ ist. Im Gegensatz zu uns schließt Mandelbrot (1977, 1982) in seine Definition eines Fraktals sogar noch die Bedingung ein, daß die Skalierungsdimension die topologische Dimension überschreiten muß.

Bevor wir in Abschnitt 2.4 zu diesen Ideen zurückkehren, beschließen wir diesen Abschnitt mit einer präzisen Definition der nahezu disjunkten Vereinigungsmenge.

Definition 2.1 Eine Menge X ist die *nahezu disjunkte* Vereinigungsmenge zweier Mengen A und B, wenn X die Vereinigungsmenge von A und B ist und die

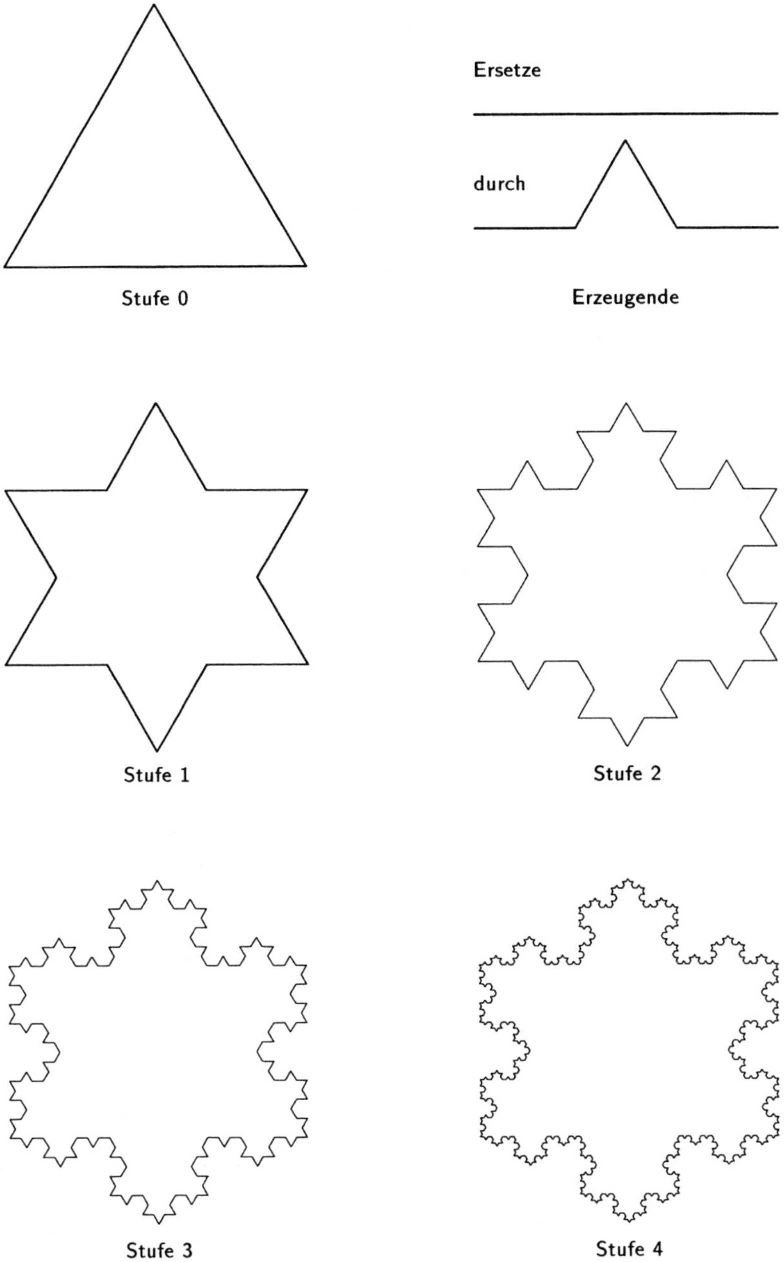

Abb. 2.2 Konstruktion der Kochschen Schneeflocke. Sie ist der Grenzwert einer Folge einfacher iterativer Schritte. Wir beginnen mit dem gleichseitigen Dreieck (links oben) und konstruieren jeden weiteren Schritt durch die Ersetzung von Strecken durch Kopien der polygonen Erzeugenden (rechts oben). Vgl. Abbildung 1.1 (Konstruktion der Cantor-Menge) und Abbildung 2.5 (Konstruktion der zufälligen Kochschen Schneeflocke).

Durchschnittsmenge von A und B eine niedrigere Dimension sowohl als A als auch als B hat. Nahezu disjunkte Vereinigungsmengen von mehr als zwei Mengen sind entsprechend definiert (Abbildung 2.3).

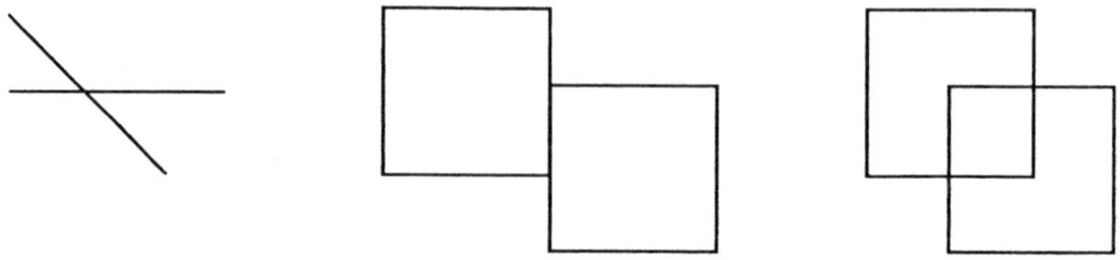

Abb. 2.3 Die nahezu disjunkte Vereinigungsmenge. (a) Eine nahezu disjunkte Vereinigungsmenge zweier Geraden – die Geraden mit der Dimension 1 schneiden einander in einem Punkt mit der Dimension 0. (b) Eine nahezu disjunkte Vereinigungsmenge zweier Quadrate – die Quadrate mit der Dimension 2 berühren einander in einer Strecke mit der Dimension 1. (c) Eine Vereinigungsmenge zweier Quadrate, die offensichtlich nicht nahezu disjunkt ist – die Quadrate mit der Dimension 2 schneiden einander in einem Rechteck mit der Dimension 2.

Definition 2.2 Angenommen, eine selbstähnliche Menge X ist die nahezu disjunkte Vereinigungsmenge

$$X = \bigcup_{1 \leq i \leq n} \frac{1}{k} X + \boldsymbol{a}_i \tag{2.14}$$

von n Kopien von X, deren jede um den Faktor k gestaucht und um den Vektor $\boldsymbol{a}_i$ im Raum verschoben ist. Dann hat X die Skalierungsdimension $\dfrac{\log n}{\log k}$.

2.4 Zufallsfraktale

Der Graph der Brownschen Bewegung, einer zeitlich kontinuierlichen Zufallsbewegung (Abbildung 2.4), ist der Prototyp eines Zufallsfraktals. Wir beginnen deshalb mit der Konstruktion von Zufallsbewegungen und deren Diffusionsgrenzwerten, der Brownschen Bewegung. Diese Konstruktion findet man bei Lin und Segel (1974), Hogg und Tanis (1977) oder in jedem elementaren Lehrbuch über Wahrscheinlichkeit und Statistik. Wir werden dann fraktale Verallgemeinerungen der Brownschen Bewegung beschreiben und schließlich zu ihrer axiomatischen Charakterisierung (Mandelbrot, 1977, 1982) kommen.

Eine eindimensionale Zufallsbewegung ist folgendermaßen definiert: Man wähle eine zeitliche und eine räumliche Schrittweite Δt bzw. Δy. Es sei

$$y(0) = 0, \tag{2.15}$$

und $y(t)$ werde für Zeiten t, die ganzzahlige Vielfache der zeitlichen Schrittweite Δt sind, durch die Gleichung

$$y(t+\Delta t) = y(t) + \Delta y(t) \tag{2.16}$$

induktiv definiert, wobei unabhängig von den vorhergehenden Schritten

$$\Delta y(t) = \begin{cases} \Delta y & \text{mit der Wahrscheinlichkeit } \frac{1}{2}, \\ -\Delta y & \text{mit der Wahrscheinlichkeit } \frac{1}{2} \end{cases} \tag{2.17}$$

ist. Somit ist jede Zufallsbewegung eine an den Punkten $\{n\Delta t : 0, 1, 2, \ldots\}$ definierte Funktion, die Werte aus der Menge $\{n\Delta y : n = 0, \pm 1, \pm 2, \ldots\}$ annimmt. Jede Zufallsbewegung kann als Ausschnitt aus dem Raum aller Zufallsbewegungen betrachtet werden. Die Statistik zufälliger Bewegungen kann ohne weiteres berechnet werden, da der Wert einer Zufallsbewegung zum Zeitpunkt $n\Delta t$ lediglich die Summe von n unabhängigen, gleichverteilten Zufallsvariablen ΔY_i ist, die alle der Verteilung

$$\begin{cases} \Delta y & \text{mit der Wahrscheinlichkeit } \frac{1}{2}, \\ -\Delta y & \text{mit der Wahrscheinlichkeit } \frac{1}{2} \end{cases} \tag{2.18}$$

genügen. Wir berechnen nun das erste und zweite Moment von $y(t)$. Man rufe sich dazu die folgenden Eigenschaften der Erwartungsfunktion E ins Gedächtnis zurück: Erstens ist die Funktion E linear, was bedeutet, daß für jede Konstante c und irgend zwei beliebige Zufallsvariablen X_1 und X_2

$$\mathrm{E}(X_1 + X_2) = \mathrm{E}(X_1) + \mathrm{E}(X_2) \qquad \text{und} \qquad \mathrm{E}(cX_1) = c\mathrm{E}(X_1) \tag{2.19}$$

gilt. Außerdem ist für *unabhängige* Zufallsvariablen X_1 und X_2

$$\mathrm{E}(X_1 X_2) = \mathrm{E}(X_1)\mathrm{E}(X_2). \tag{2.20}$$

Wir werden anstelle der formaleren Bezeichnung $\mathrm{E}(X)$ zwanglos $\mathrm{E}(x)$ schreiben, wobei x eine zufällige Stichprobe aus einer Verteilung ist.

Satz 2.1 Der Erwartungswert (oder das erste Moment) von $y(t)$ ist 0 für jeden Zeitpunkt t.

Beweis. Per definitionem gilt $\mathrm{E}(y(0)) = \mathrm{E}(0) = 0$ und $\mathrm{E}(\Delta y(t)) = 0$ für jeden Zeitpunkt t. Wir nehmen nun als Induktionsvoraussetzung

$$\mathrm{E}(y(t)) = 0 \qquad \text{für} \qquad t = n\Delta t$$

an. Da der Erwartungswert einer Summe die Summe der jeweiligen einzelnen Erwartungswerte ist, ergibt sich bei der induktiven Konstruktion einer Zufallsbewegung

$$\mathrm{E}(y(t+\Delta t)) = \mathrm{E}(y(t) + \Delta y(t)) = \mathrm{E}(y(t)) + \mathrm{E}(\Delta y(t)) = 0$$

und somit

$$\mathrm{E}(y(t)) = 0 \qquad \text{für} \qquad t = (n+1)\Delta t.$$

Der Schluß erfolgt durch vollständige Induktion.

Satz 2.2 Für jeden Zeitpunkt t ist $n\Delta t^2$ der Erwartungswert von $[y(t)]^2$ (d.h. das zweite Moment oder, wegen $\mathrm{E}(y(t)) = 0$, die Varianz von $y(t)$).

Beweis: Wir beginnen auch diesmal mit der Feststellung, daß $\mathrm{E}([y(0)]^2) = \mathrm{E}(0) = 0$ und $\mathrm{E}([\Delta y(t)]^2) = \mathrm{E}(\Delta t^2)$ für alle Zeitpunkte t gilt. Wie oben nehmen wir als Induktionsvoraussetzung

$$\mathrm{E}([y(t)]^2) = n\Delta t^2 \qquad \text{für} \qquad t = n\Delta t$$

an. Da alle Zuwächse unabhängig sind, sind laut Konstruktion auch $y(t)$ und $\Delta y(t)$ unabhängig, woraus

$$\begin{aligned} \mathrm{E}([y(t+\Delta t)]^2) &= \mathrm{E}([y(t)]^2) + 2\mathrm{E}(y(t))\mathrm{E}(\Delta y(t)) + \mathrm{E}([\Delta y(t)]^2) \\ &= \mathrm{E}([y(t)]^2) + \Delta y^2 \end{aligned} \tag{2.21}$$

folgt. Nach Gleichung (2.21) gilt

$$\mathrm{E}([y(t)]^2) = n\Delta t^2 \qquad \text{für} \qquad t = (n+1)\Delta t.$$

Der Schluß erfolgt wiederum durch vollständige Induktion.

Somit wächst der Erwartungswert des *Quadrates* des bei einer Zufallsbewegung zurückgelegten Weges linear mit der Zeit. In grober Übersetzung heißt das, daß die Verschiebung mit der Quadratwurzel aus der Zeit wächst. Diese Aussage kann ohne weiteres durch Verwendung der Standardabweichung oder Wurzel aus dem mittleren Quadrat der Verschiebung als einer Art „Durchschnitt" präzisiert werden.

2.4.1 Die asymptotische Verteilung von y

Aus dem Zentralen Grenzwertsatz der Statistik folgt, daß sich die Summe von n unabhängigen, gleichverteilten, beschränkten Zufallsvariablen einer Normalverteilung (oder Gauß-Verteilung) annähert. Deshalb ist für große n die Verteilung von $y(n\Delta t)$ asymptotisch normal mit dem Mittelwert 0 und der Varianzverteilung $n\Delta y^2$, und sie wird mit $\mathrm{N}(0, n\Delta y^2)$ bezeichnet.

Weiterhin erschließen wir nun das Langzeit-Skalierungsverhalten der Zufallsbewegung, um ihre kontinuierliche Version, die Brownsche Bewegung, einzuführen. Dazu betrachten wir zwei Zufallsbewegungen mit den jeweiligen zeitlichen und räumlichen Schrittweiten Δt_i und Δy_i. Wir nehmen an, die zeitlichen Schrittweiten seien kommensurabel, und zu einem bestimmten Zeitpunkt t gelte

$$t = n_1\Delta t_1 = n_2\Delta t_2. \tag{2.22}$$

Dann ist zu diesem Zeitpunkt t der Ort der ersten Zufallsbewegung näherungsweise (asymptotisch für $n \to \infty$) eine Stichprobe aus der Normalverteilung $\mathrm{N}(0,\, n_1 \Delta y_1^2)$, und der Ort der zweiten Zufallsbewegung ist näherungsweise eine Stichprobe aus der Normalverteilung $\mathrm{N}(0,\, n_2 \Delta y_2^2)$. Ist jedoch

$$n_1 \Delta y_1^2 = n_2 \Delta y_2^2, \tag{2.23}$$

dann sind die beiden Normalverteilungen gleich:

$$\mathrm{N}(0,\, n_1 \Delta y_1^2) = \mathrm{N}(0,\, n_2 \Delta y_2^2). \tag{2.24}$$

Aus den Gleichungen (2.23) und (2.24) folgt für Zeiträume, die groß sind gegen die zeitliche Schrittweite Δt, daß die Statistik einer Zufallsbewegung nur vom Verhältnis

$$\frac{\Delta y^2}{\Delta t} \tag{2.25}$$

abhängt. Somit können wir zur Formulierung und Anwendung von Modellen mit Zufallsbewegungen jede beliebige zeitliche Schrittweite verwenden, die viel kleiner als die jeweils in Betracht kommende Zeitskala ist. In formalem Sinne bilden wir den *Diffusionsgrenzwert* von Zufallsbewegungen, indem wir die zeitliche Schrittweite Δt gegen 0 gehen lassen und fordern, daß sich das Verhältnis $\Delta y^2 / \Delta t$ aus Gleichung (2.25) einer Konstanten nähern soll, die Diffusionsrate R heißt. Indem wir die zeitliche Schrittweite Δt gegen 0 gehen lassen, erscheint jede konstante Zeitskala dagegen lang, und es ergibt sich somit eine zeitlich kontinuierliche Version der Zufallsbewegung, eben die Brownsche Bewegung (wegen der Einzelheiten siehe Lin und Segel 1974). Die anschauliche Bedeutung der Diffusionsgrenzwerte wird in dem Programm für Zufallsbewegungen (Abschnitt 12.4.1) veranschaulicht.

Anmerkung 2.2 Wir werden in Kapitel 3 die Skalierungsregel (2.25) für die Brownsche Bewegung verwenden, um zu zeigen, daß ihr Graph die Skalierungsdimension 1,5 hat.

Wir wollen diesen Abschnitt mit einer axiomatischen Charakterisierung der Brownschen Bewegung und ihrer fraktalen Verallgemeinerung nach Mandelbrot (1977, 1982) beenden.

Definition 2.3 Ein stetiger Prozeß $\{y(t)\}$ heißt zeitlich kontinuierliche *Zufallsbewegung* oder *Brownscher Prozeß*, falls die Zuwächse
$\Delta y(t) = y(t + \Delta t) - y(t)$ für jeden Zeitschritt Δt

1. Gaußsch sind,

2. den Mittelwert 0 besitzen und

3. die Varianz zu Δt proportional ist.

Angesichts des Axioms 1 ist Axiom 3 äquivalent zu Axiom

4. Aufeinanderfolgende Zuwächse $\Delta y(t)$ und $\Delta y(t+\Delta t)$ korrelieren nicht miteinander.

Axiome, die Zufallsbewegungen charakterisieren, können dadurch, daß ein zusätzlicher Parameter, der sog. „Hurst-Exponent“ H $(0 < H < 1)$ eingeführt und Axiom 3 durch das Axiom

3'. Die Varianz ist proportional zu Δt^{2H}

ersetzt wird (Hurst (1951, 1956) beobachtete erstmals ähnliche Skalierungseigenschaften, vgl. Mandelbrot 1977, 1982), ohne weiteres so verallgemeinert werden, daß sie *fraktale Prozesse* (Mandelbrot 1977, 1982) beschreiben. Eine Zufallsbewegung hat den Hurst-Exponenten $H = \frac{1}{2}$. Wie oben ist Axiom 3' äquivalent zu einem einfachen Axiom 4' über die Korrelation aufeinanderfolgender Zuwächse. Es lautet: Bei einem fraktalen Prozeß hängen aufeinanderfolgende Zuwächse über den von der zeitlichen Schrittweite h unabhängigen und durch die Gleichung

$$2^{2H} = 2 + 2\rho \qquad (-\frac{1}{2} < \rho < 1) \tag{2.26}$$

definierten Korrelationskoeffizienten ρ miteinander zusammen.

Die genannten Axiome beschreiben das Skalierungsverhalten fraktaler Prozesse. Ist $\{y(t)\}$ ein fraktaler Prozeß mit dem Hurst-Exponenten H, dann ist für jede Konstante $c > 0$ der Prozeß

$$y_c = \frac{1}{c^H} \cdot y(ct) \tag{2.27}$$

ein weiterer fraktaler Prozeß mit der gleichen Statistik. Die Physiker nennen diese Reskalierung eine *Renormierung*.

Um den Begriff der Zufallsfraktale einzuführen, betrachten wir die Familie F_H der Graphen aller fraktalen Prozesse mit dem Hurst-Exponenten H. Sie ist bezüglich einer Renormierung (2.27) abgeschlossen, und alle Elemente von F_H besitzen die gleichen statistischen Eigenschaften. Allgemeiner ausgedrückt ist ein *Zufallsfraktal* ein Element einer Menge S, die bezüglich der Anwendung einer Renormierungsformel oder einer Gruppe von Renormierungsformeln abgeschlossen ist. Dies ist im wesentlichen die Definition der Fraktale durch iterative Funktionensysteme nach Barnsley u.a. (1986) und Barnsley (1988). Es gibt „triviale“ Beispiele, etwa die Menge aller Kurven in der Ebene, aber die interessantesten Beispiele, wie z.B. die Graphen fraktaler Prozesse, werden durch eine Menge statistischer Eigenschaften charakterisiert.

Man kann beispielsweise fraktale Funktionen von zwei oder mehr Variablen ähnlich wie fraktale Prozesse definieren. Bei einer fraktalen Funktion $z = f(x, y)$ von zwei Variablen genügen die Zuwächse $\Delta_x z = z(x + \Delta x, y) - z(x, y)$ und $\Delta_y z = z(x, y + \Delta y) - z(x, y)$ den Axiomen 1 bis 4. Eigentlich genügen die Zuwächse in jeder beliebigen Richtung diesen Axiomen, und der Schnitt eines *fraktalen Blattes* (des Graphen einer fraktalen Funktion zweier Variablen) mit einer vertikalen Ebene ist eine fraktale Kurve mit dem gleichen Exponenten. Es ist leicht einzusehen, daß fraktale Blätter zugleich Zufallsfraktale sind.

Zum Abschluß stellen wir die Frage nach der Dimension des Graphen der Brownschen Bewegung $y = B(t)$. Kann sie aus der Renormierungs-Eigenschaft berechnet werden? Um eine beschränkte Menge zu erhalten, begrenzen wir den Definitionsbereich von t auf das abgeschlossene Einheitsintervall $[0, 1]$. Der Graph von $y = B(t)$ mit $0 \leq t \leq 1$ ist die nahezu disjunkte Vereinigungsmenge von vier Abschnitten, deren jeder durch eine weitere Einschränkung des Definitionsbereiches auf ein Viertel des Einheitsintervalls entstand. Wegen der Renormierung ist der ursprüngliche Graph jedoch nicht selbstähnlich, sondern nurmehr selbstaffin, denn statistisch gesehen wird jeder Abschnitt horizontal um den Faktor $\frac{1}{4}$, vertikal aber nur um $\frac{1}{2}$ (die Quadratwurzel aus $\frac{1}{4}$) verringert (Abbildung 2.4). Darüber hinaus wäre D trotz der offensichtlichen nicht-Euklidischen Komplexität des Graphen 1, falls eine Stauchung beider Achsen um den Faktor 4 zu einem ähnlichen Graphen führen würde. Wir werden jedoch in Abschnitt 3.2

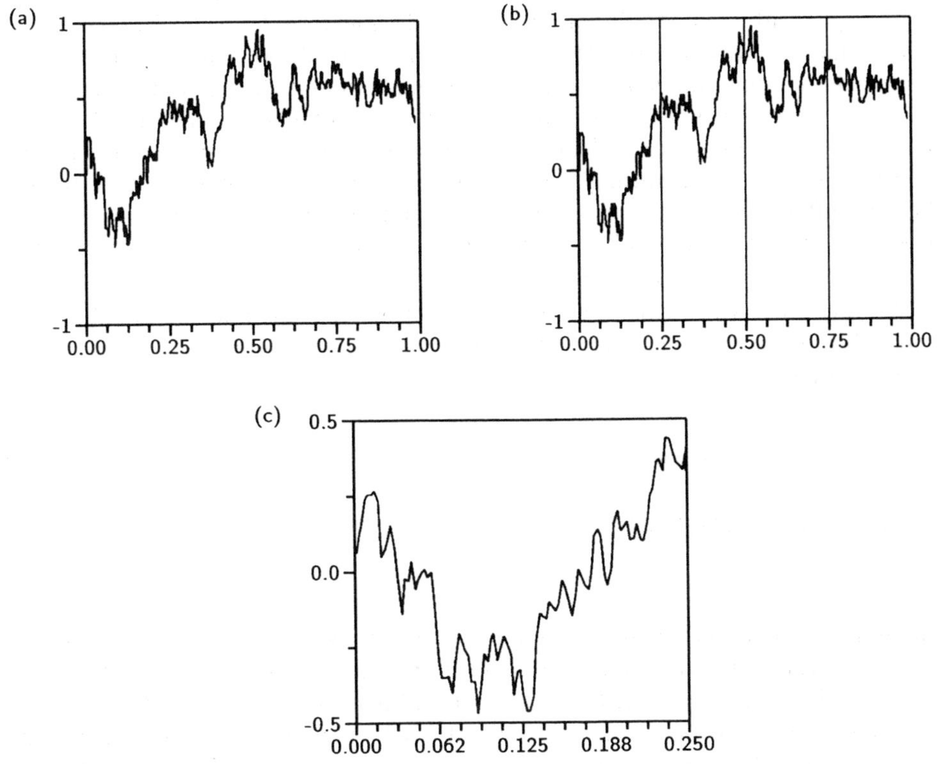

Abb. 2.4 Skalierung bei der Brownschen Bewegung. (a) Graph einer typischen Brownschen Funktion $y = B(t)$ auf dem Einheitsintervall $0 \leq t \leq 1$. (b) Der Graph besteht aus vier Untergraphen – jeder wurde durch Einschränkung des Definitionsbereiches des ursprünglichen Graphen auf eines der Unterintervalle $0 \leq t \leq \frac{1}{4}$, $\frac{1}{4} \leq t \leq \frac{1}{2}$, $\frac{1}{2} \leq t \leq \frac{3}{4}$ und $\frac{3}{4} \leq t \leq 1$ erhalten. (c) Graph einer reskalierten Version des ersten Untergraphen in (b) – eine Streckung der x-Achse um den Faktor 4 und der y-Achse um den Faktor 2 liefert die Brownsche Funktion $y = \frac{1}{2}B(4t)$, deren Graph dem Graphen in (a) statistisch ähnlich ist.

unter Verwendung einer geeigneten Variante der Hausdorff-Dimension erkennen, daß der bei der Stauchung in Richtung der y-Achse fehlende Faktor 2 den Wert $\log 2/\log 4$ zur Dimension beiträgt, wodurch $D = 1{,}5$ zustandekommt.

2.4.2 Eine zufällige Kochsche Schneeflocke

Der Zusammenhang zwischen regulären und Zufallsfraktalen wird durch die Betrachtung eines weiteren Beispiels, einer „zufälligen" Kochschen Schneeflocke, in der die Ausbeulungen nach oben oder unten weisen, verständlich. Formaler ausgedrückt hat eine zufällige Kochsche Schneeflocke zwei Erzeugende (Abbildung 2.5). Die Stufe $n+1$ konstruiert man aus der Stufe n durch Ersetzung jeder Strecke der Stufe n durch eine der beiden Erzeugenden aus der vorangegangenen Iteration, die zufällig und unabhängig mit gleicher Wahrscheinlichkeit ausgewählt wird. Abbildung 2.5 veranschaulicht zugleich die Konstruktion einer zufälligen Kochschen Schneeflocke. (Die Selbstüberschneidungen können vermieden werden, indem man die Ausbeulungen in den Erzeugenden etwas verkleinert.) Es ist leicht zu sehen, daß jede Seite der zufälligen Kochschen Schneeflocke die Vereinigung von 4 kleineren statistisch ähnlichen Kurven ist, deren jede durch Stauchung der ursprünglichen Seite um den Faktor 3 entstanden ist. Somit hat die zufällige Kochsche Schneeflocke die gleiche fraktale Dimension $\log 4/\log 3$ wie die entsprechende reguläre Kochsche Schneeflocke (vgl. Abbildung 2.2 und die darauffolgende Diskussion).

Wir werden als nächstes die Definition der Dimension und die Algebra der durch Skalierungsexponenten parametrisierten Potenzgesetze oder Skalierungsregeln diskutieren.

2.5 Die Dimension

In diesem Abschnitt erweitern und formalisieren wir den Begriff der Skalierungsdimension durch den der *Hausdorff-Dimension* und stellen letztere der gewöhnlichen topologischen Dimension gegenüber. (Die Eigenschaften von Dimensionsfunktionen werden in Abschnitt 3.7 behandelt.) Wir werden sehen, daß die Hausdorff-Dimension eine natürliche Verallgemeinerung der oben definierten Skalierungsdimension ist. Es gibt jedoch einen charakteristischen Unterschied. Die Skalierungsdimension mißt die „Masse" (ein natürliches Maß) einer selbstähnlichen Menge X, indem sie sie durch kleinere Kopien von X ausdrückt. Die Hausdorff-Dimension hingegen mißt die Masse von X auf der Grundlage Euklidischer Bausteine, nämlich offener Kugeln mit einem bestimmten Radius. Obwohl die Hausdorff-Dimension aufgrund ihrer Allgemeinheit eine komplexere Definition erfordert, führt diese Allgemeinheit selbst zu vielen praktikablen und

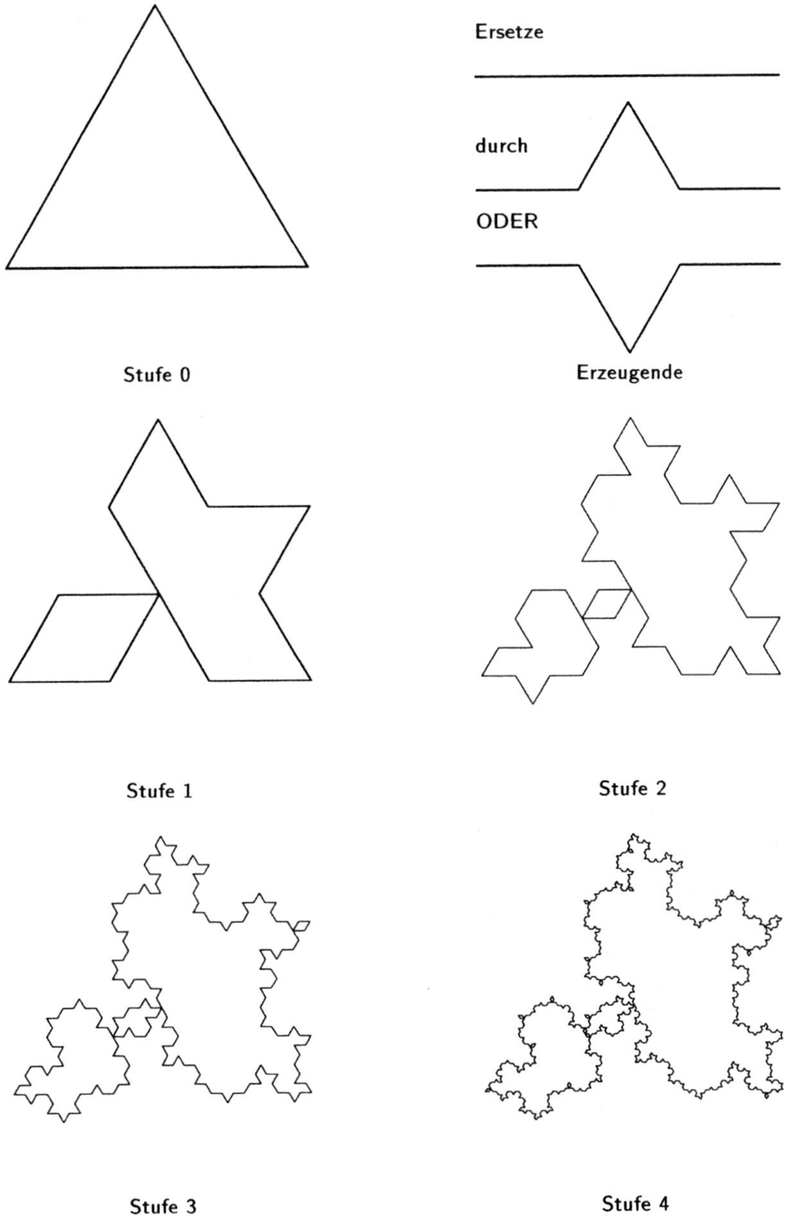

Abb. 2.5 Konstruktion der zufälligen Kochschen Schneeflocke. Wie die ursprüngliche Kochsche Schneeflocke aus Abbildung 2.2 wird auch die zufällige Version als Grenzwert einer Folge einfacher Iterationsschritte konstruiert. Beginnend mit dem gleichseitigen Dreieck links oben, erhält man jeden darauffolgenden Schritt durch Ersetzung von Strecken durch Kopien einer der beiden rechts oben gezeigten polygonen Erzeugenden, deren Auswahl zufällig erfolgt.

hinsichtlich der Berechnung gleichwertigen Verfahren (siehe Kapitel 3).

Sowohl die Hausdorff- als auch die „übliche“ topologische Dimension sind durch Überdeckungen mit offenen Mengen definiert und stimmen für Euklidische Mengen wie etwa Mannigfaltigkeiten überein (vgl. Hurewicz und Wallman 1941; Mandelbrot 1977, 1982). Im allgemeinen muß die Hausdorff-Dimension jedoch nicht mit der topologischen Dimension übereinstimmen (siehe auch Anmerkung 2.1). Zu Beginn erinnern wir an die Definition offener Mengen im Euklidischen Raum.

Definition 2.4 Die *offene Kugel* $\mathrm{B}(p, r)$ vom Radius r um den Punkt p im Euklidischen Raum ist die Menge

$$\mathrm{B}(p, r) = \{x : \operatorname{dist}(x, p) < r\},$$

wobei $\operatorname{dist}(x, p)$ der Abstand der Punkte x und p voneinander ist. Eine Menge U im Euklidischen Raum heißt *offene Menge*, falls U die Vereinigungsmenge eines Abstandes $r > 0$ derart ist, daß die offene Kugel $\mathrm{B}(p, r)$ in U enthalten ist. Eine Familie offener Mengen $\{U_a\}$ heißt *offene Überdeckung* einer Menge X, falls X in der Vereinigungsmenge $\bigcup_{\{a\}} U_a$ der Mengen U_a enthalten ist.

Wir werden gewöhnlich offene Überdeckungen durch offene Kugeln oder offene Würfel (Würfel ohne Randflächen) betrachten.

Hausdorff- und topologische Dimension sind beide durch die Eigenschaften hinreichend minimaler offener Überdeckungen definiert.

Definition 2.5 Die *topologische Dimension* eines Objektes X im Euklidischen Raum ist folgendermaßen definiert (vgl. Hurewicz und Wallman 1941, Dugundji 1966 oder jedes beliebige Lehrbuch über elementare Punktmengen-Topologie): Man betrachte eine Familie offener Mengen (z.B. offener Würfel), welche das Objekt X in dem Sinne überdeckt, daß X in der Vereinigungsmenge dieser offenen Mengen enthalten ist. Eine *Verfeinerung* einer solchen *offenen Überdeckung* ist eine zweite offene Überdeckung, deren jede offene Menge in einer offenen Menge der vorgegebenen offenen Überdeckung enthalten ist. Die topologische Dimension eines Objektes ist als D_{top} definiert, wenn jede offene Überdeckung des Objekts eine Verfeinerung zuläßt, in welcher jede Überschneidung von mehr als $D_{\text{top}} + 1$ voneinander verschiedenen offenen Mengen leer ist (Abbildung 2.6).

Definition 2.6 Auf die Hausdorff-Dimension D einer Teilmenge X des Euklidischen Raumes führt die Frage „Wie groß ist X?“ für sehr allgemeine Mengen. Die Antwort erhält man, indem man abzählt, wieviele offene Kugeln zur Überdeckung der Menge X benötigt werden. Für jedes $r > 0$ bezeichne $N(r)$ die kleinste dazu notwendige Anzahl offener Kugeln vom Radius r. Man kann zeigen, daß der Grenzwert

$$D = \lim_{r \to 0} \left(- \frac{\log N(r)}{\log r} \right) \tag{2.28}$$

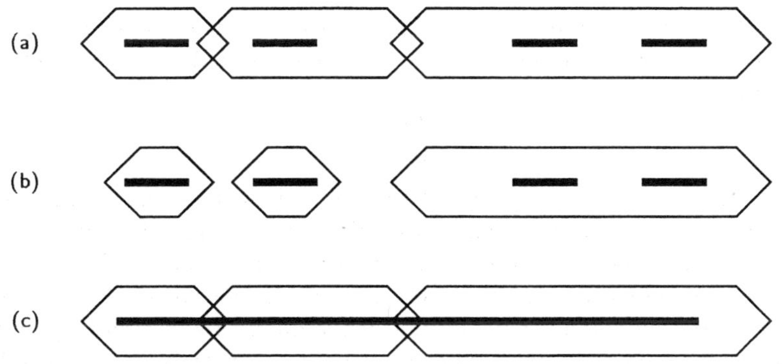

Abb. 2.6 Die topologische Dimension der Cantor-Menge und der Geraden. (a) Eine typische Überdeckung der Cantor-Menge durch offene Mengen. (b) Verfeinerung der Überdeckung von (a) derart, daß sich keine zwei offenen Mengen in der Verfeinerung überschneiden. Die Cantor-Menge hat also die topologische Dimension 0. (c) Eine typische Überdeckung einer Strecke mit offenen Mengen. Jede solche Überdeckung kann derart verfeinert werden, daß sich keine drei offenen Mengen überschneiden, aber einige Paare offener Mengen werden sich immer überschneiden, falls die Überdeckung aus mehr als einer offenen Menge besteht. Also hat eine Strecke die topologische Dimension 0. Vgl. Abbildung 3.2 zur Box-Dimension.

existiert. Der Wert D heißt Hausdorff-Dimension von X. (Wegen $\log r \to -\infty$ ist das negative Vorzeichen erforderlich, damit D positiv ist.)

Anmerkung 2.3

1. Gleichung (2.28) ist äquivalent zu dem angenäherten Potenzgesetz

$$N(r) \approx \text{const} \cdot r^{-D}. \tag{2.29}$$

Wir lesen Gleichung (2.29) wie folgt: „Das Skalierungsverhalten von $N(r)$ ist asymptotisch wie r^{-D}" oder einfach „$N(r)$ wächst wie r^{-D}". Grob gesagt sind zwei Größen x und y *asymptotisch für x gegen 0*, falls der Grenzwert

$$\lim_{x \to 0} \frac{\log y}{\log x} \tag{2.30}$$

existiert (vgl. Lin und Segel 1974). Die exakte Definition werden wir nicht benötigen. Der Begriff *asymptotisch für x gegen ∞* ist analog definiert.

2. Die Hausdorff-Dimension geht auf Carathéodory (1914) und Hausdorff (1919) zurück. Mandelbrot (1977, 1982) gibt einen schönen Überblick über die Hausdorff-Dimension und ihre Eigenschaften sowie eine Liste mit Literaturempfehlungen. Diese enthält u.a. Hurewicz und Wallman (1941), Billingsley (1967), Rogers (1970) und Adler (1981).

3. Die Allgemeinheit der Hausdorff-Dimension macht es schwer, sie zu berechnen und ihre Eigenschaften zu bestimmen (vgl. Mandelbrot 1977, 1982). Deshalb werden wir in Kapitel 3 praktikable Alternativen entwickeln.

Satz 2.3 Es sei X eine Teilmenge des Euklidischen Raumes mit der Skalierungsdimension D. Dann ist D auch die Hausdorff-Dimension von X.

Beweisskizze. Zuerst nehmen wir an, daß X in n reskalierte Kopien von sich selbst zerlegt werden kann, deren jede um einen linearen Faktor k gestaucht ist, und daß somit

$$D = \frac{\log n}{\log k} \tag{2.31}$$

gilt. Diese Annahme soll später gelockert werden. Wir wählen eine kleine Länge $r_0 > 0$ und nehmen an, daß X durch $N(r_0)$ offene Kugeln vom Radius r_0 überdeckt werden kann. Jede verkleinerte Kopie von X kann offensichtlich durch $N(r_0)$ „reskalierte" offene Kugeln vom Radius r_0/k überdeckt werden. Die Vereinigung der n Familien offener Kugeln, mit denen die n reskalierten Kopien von X überdeckt wurden, überdeckt X, und somit kann X durch $nN(r_0)$ offene Kugeln vom Radius r_0/k überdeckt werden. Es gilt also zumindest näherungsweise

$$N\left(\frac{r_0}{k}\right) = nN(r_0). \tag{2.32}$$

Die oben beschriebene Konstruktion kann iteriert werden, wodurch wir die Formel

$$N\left(\frac{r_0}{k^m}\right) = n^m N(r_0) \qquad (m = 1, 2, 3, \ldots) \tag{2.33}$$

erhalten. Unter Zuhilfenahme von Formel (2.33) ist

$$\begin{aligned}
\lim_{m\to\infty}\left[-\frac{\log N\left(\frac{r_0}{k^m}\right)}{\log\left(\frac{r_0}{k^m}\right)}\right] &= \lim_{m\to\infty}\left[-\frac{\log n^m N(r_0)}{\log\left(\frac{r_0}{k^m}\right)}\right] \\
&= \lim_{m\to\infty}\left[-\frac{\log n^m + \log N(r_0)}{\log r_0 - \log k^m}\right] \\
&= \lim_{m\to\infty}\left[\frac{m\log n + \log N(r_0)}{m\log k - \log r_0}\right] \\
&= \lim_{m\to\infty}\left[\frac{\log n + \frac{1}{m}\log N(r_0)}{\log k - \frac{1}{m}\log r_0}\right] \\
&= \frac{\log n}{\log k} \\
&= D,
\end{aligned} \tag{2.34}$$

was zu beweisen war. Um Gleichung (2.34) zu einem mathematisch strengen Beweis zu machen, müssen drei Probleme bewältigt werden. Wir werden deren Lösung im Anhang am Ende dieses Kapitels umreißen.

Anmerkung 2.4 Obwohl Punkt, Gerade, Quadrat und Würfel ganzzahlige Skalierungsdimensionen haben, ist dies für die unregelmäßige Cantor-Menge und die Kochsche Schneeflocke mit den Dimensionen $\log 2/\log 3$ bzw. $\log 4/\log 3$ nicht der Fall. Die gebrochenen Dimensionen charakterisieren die Figuren und beschreiben die Unregelmäßigkeiten. Beispielsweise ist die Cantor-Menge bezüglich der Hausdorff-Dimension zwischen einer endlichen Punktmenge (Dimension 0) und einer Strecke (Dimension 1) einzuordnen.

Im Gegensatz dazu ist die topologische Dimension der Cantor-Menge 0, da sie durch eine disjunkte Familie beliebig kleiner offener Intervalle überdeckt werden kann. Die Box-Dimension (siehe Abbildung 3.2) und ihr verwandte Dimensionen unterscheiden sich von der topologischen Dimension darin, daß letztere ohne den Begriff der Länge oder Skalierung auskommt. Die Box-Dimension ist dort, wo sie definiert ist, stets mindestens so groß wie die topologische Dimension. Da wir uns für Skalierungseigenschaften interessieren, ist die topologische Dimension für unsere Zwecke nicht geeignet. Analog zur Cantor-Menge ordnet sich die Kochsche Schneeflocke zwischen einem regelmäßigen Polygon (Dimension 1) und einer ausgefüllten ebenen Figur (Dimension 2) ein. Hochgradig unregelmäßige, flächenfüllende Kurven in der Ebene haben die Dimension 2.

2.6 Potenzgesetze

In diesem Abschnitt wollen wir zeigen, daß die Beziehungen zwischen den Maßen skaleninvarianter Systeme die Form von Potenzgesetzen annehmen und einige Beispiele anführen. Wir betrachten beispielsweise ein Muster voneinander getrennter Inseln, in dem die i-te Insel den Flächeninhalt x_i und den Umfang y_i hat. Angenommen, das Muster wird ein wenig vergrößert. Ist es skaleninvariant, dann wird die Fläche einer jeden Insel mit einem von ihrer Größe unabhängigen Faktor a und der Umfang mit einem ebenfalls von der Größe der Insel unabhängigen Faktor b multipliziert. Darüber hinaus sind die neuen (vergrößerten) Inseln aufgrund der Skaleninvarianz den alten (nicht vergrößerten) ähnlich, so daß eine einmal bestehende Beziehung zwischen Flächen und Umfängen der alten Inseln auch nach der Vergrößerung noch gilt. Da das Muster skaleninvariant ist, können wir diesen Vorgang wiederholen, wobei ax_0 durch a^2x_0 und by_0 durch b^2y_0 ersetzt wird. Fahren wir induktiv auf diese Weise fort, so haben passend skalierte Versionen des Musters die Abmessungen

$$x = a^k x_0 \qquad \text{und} \qquad y = b^k y_0 \qquad (k = 0, 1, 2, \ldots). \tag{2.35}$$

Dieser induktive Prozeß erinnert an die Skalierung iterativer Vorgänge in der Natur, etwa die Abzweigung kleiner Blutgefäße von größeren (vgl. Mandelbrot 1977, 1982) und, allgemeiner, an die iterierten Funktionensysteme bei Barnsley u.a. (1986) und Barnsley (1988).

Man kann auch zeigen, daß Gleichung (2.35) für negative Exponenten k gilt. Darüber hinaus kann man wegen der Stetigkeit Gleichung (2.35) zuerst für alle rationalen und dann für alle Exponenten k erhalten. Aus Gleichung (2.35) folgt

$$\log y = k \log b + \log y_0 \qquad \text{und} \qquad \log x = k \log a + \log x_0. \tag{2.36}$$

Aus der zweiten Gleichung von (2.36) resultiert nun ohne weiteres

$$k = \frac{\log x}{\log a} - \frac{\log x_0}{\log a}, \tag{2.37}$$

und Einsetzen von Gleichung (2.37) in die erste Gleichung von (2.36) ergibt

$$\log y = \frac{\log b}{\log a} \cdot \log x + \left(\log y_0 - \frac{\log b}{\log a} \cdot \log x_0\right). \tag{2.38}$$

Setzen wir $c = \log b / \log a$, so folgt

$$y = \left(\frac{y_0}{x_0^c}\right) x^c, \tag{2.39}$$

und somit zieht das skaleninvariante Verhalten das Skalierungsgesetz (2.39) für Flächeninhalte und Umfänge nach sich, das durch den Flächen-Umfangs-Exponenten

$$c = \frac{\log b}{\log a} \tag{2.40}$$

parametrisiert ist.

Zwei beliebige Maße eines skaleninvarianten Musters weisen einen ähnlichen exponentiellen Zusammenhang auf. Beispielsweise parametrisiert der kumulative Häufigkeitsexponent $-B$ die Beziehung zwischen der Fläche a und der Anzahl $n(a)$ von Inseln mit einem Flächeninhalt von mindestens a,

$$n(a) = \text{const} \cdot a^{-B} \tag{2.41}$$

(vgl. Korcak 1938). Das negative Vorzeichen wird verwendet, damit der Parameter B positiv ist. Verteilungen der Form (2.41) heißen in Analogie zu der rechtwinkligen Hyperbel $y = 1/x$ *hyperbolisch*.

Satz 2.4 Funktionen f, deren Graphen auf allen Skalen gleich aussehen, müssen die Form $y = f(x) = \text{const} \cdot x^c$ mit einem konstanten Exponenten c besitzen.

Beweisskizze. Zuerst stellen wir fest, daß die Skaleninvarianz für jede Konstante a und eine von a abhängige Konstante b die Beziehung

$$f(ax) = bf(x) \tag{2.42}$$

erfordert. Ebenso wie in der Diskussion des Flächen-Umfangs-Exponenten folgt aus der Skaleninvarianz

$$f(x) = \text{const} \cdot x^c \tag{2.43}$$

mit $c = \log b / \log a$, was zu beweisen war.

Wir nennen jeden Exponenten, der das Skalierungsverhalten einer Funktion oder eines geometrischen Objekts mißt und selbst bezüglich dieses Skalierungsverhaltens invariant ist, einen *Skalierungsexponenten*. Die Skalierungsdimensionen aus den Abschnitten 2.2 bis 2.4 sind Skalierungsexponenten.

Wir kommen schließlich noch zu einer offensichtlichen, aber entscheidenden Aussage.

Satz 2.5 Die logarithmische Transformation des Potenzgesetzes (2.43) ist die lineare Funktion

$$\log y = \log(\text{const}) + c \log x. \tag{2.44}$$

Logarithmische Transformationen sind aufgrund der zentralen Rolle der linearen Funktionen in Mathematik und Statistik besonders wichtig für die Berechnung fraktaler Exponenten. Insbesondere kann man mit Hilfe *linearer Regressionen logarithmisch transformierte* Potenzgesetze an *logarithmisch transformierte* experimentelle Daten anpassen (vgl. Korcak 1938, Kapitel 6 ff). Die nächsten drei Kapitel beschreiben eine breite Vielfalt nützlicher Skalierungsexponenten und deren Beziehungen untereinander.

2.7 Anhang: Der vollständige Beweis von Satz 2.3

Wir umreißen nun die drei oben erwähnten Probleme im Zusammenhang mit dem Beweis von Satz 2.3.

Erstens: Angenommen, D habe nicht die Form $\log n / \log k$. Man kann dennoch eine Folge näherungsweiser Zerlegungen von X in n_i reskalierte, um einen Faktor k_i verkleinerte Kopien mit der Eigenschaft

$$\frac{\log n_i}{\log k_i} \to D \tag{2.45}$$

finden und die Grenzwerte in den obigen Rechnungen sorgfältig modifizieren. Das Problem und seine Lösung erinnern an Euklids Behandlung inkommensurabler Größen bei der Behandlung ähnlicher Dreiecke und veranschaulichen die Notwendigkeit geeigneter Verallgemeinerungen der Skalierungsdimension.

Zweitens: Wir haben nicht darüber nachgedacht, ob die durch Reskalierungen erhaltenen Überdeckungen minimal sind. Man muß sich vergewissern, daß die Rechnungen auch dann noch stimmen, wenn alle Überdeckungen durch minimale Überdeckungen (bezüglich der Anzahl offener Mengen) ersetzt werden. Dies ist jedoch mühsam und verschafft wenig Einblick; die Einzelheiten findet man in der oben zitierten Literatur.

Schließlich ist der Grenzwert $\lim_{m\to\infty}$ in Gleichung (2.34) äquivalent zu dem Grenzwert $\lim_{r\to 0}$ *für eine beschränkte Menge von Werten für* r, nämlich die Folge $\{r_0/k^m\}$. Dieser Grenzwert muß durch den allgemeineren Grenzwert $\lim_{r\to 0}$ ersetzt werden. Die Grundidee besteht im einfachsten Fall darin, daß wir für jedes beliebige r den Wert m so wählen können, daß

$$\frac{mr_0}{k^{m+1}} < r \leq \frac{mr_0}{k^m} \tag{2.46}$$

gilt. Dazu sei m einfach der ganzzahlige Teil der Lösung t der Gleichung $r = r_0/k^t$ (d.h. die größte ganze Zahl, die kleiner oder gleich t ist), also

$$m = \operatorname{int}\left[\frac{\log \frac{r_0}{r}}{\log k}\right]. \tag{2.47}$$

Aus Ungleichung (2.46) folgt

$$N\left(\frac{r_0}{k^m}\right) \leq N(r) < N\left(\frac{r_0}{k^{m+1}}\right) = kN\left(\frac{r_0}{k^m}\right), \tag{2.48}$$

da die Verkleinerung der offenen Kugeln in einer Überdeckung niemals die zur Überdeckung einer bestimmten Menge notwendige Anzahl dieser Kugeln verringern kann. Man kann nun durch direktes Ausrechnen zeigen, daß

$$-\frac{\log N\left(\frac{r_0}{k^m}\right)}{\log \frac{r_0}{k^{m+1}}} < -\frac{\log N(r)}{\log r} < -\frac{\log N\left(\frac{r_0}{k^{m+1}}\right)}{\log \frac{r_0}{k^m}} \tag{2.49}$$

gilt. Die Ungleichung (2.49) kann aber in die Form

$$-\frac{\log N\left(\frac{r_0}{k^m}\right)}{\log\left(\frac{r_0}{k^m}\right) - \log k} < -\frac{\log N(r)}{\log r} < -\frac{\log N\left(\frac{r_0}{k^m}\right) + \log k}{\log \frac{r_0}{k^m}} \tag{2.50}$$

gebracht werden, wodurch der Ausdruck $-\log N(r)/\log r$ zwischen zwei Termen mit gleichem Grenzwert steht. Somit kann der Grenzwert für $r \to 0$ über die Folge $\{r_0/k^m\}$ für $m \to \infty$ berechnet werden.

3 Die Dimension von Mustern

3.1 Einführung

Im letzten Kapitel haben wir zwei miteinander verwandte Dimensionsbegriffe für Fraktale vorgestellt: die Skalierungsdimension (Abschnitt 2.3) und die Hausdorff-Dimension (Abschnitt 2.5). Danach beschrieben wir die Axiome für fraktale Prozesse, deren Graphen Prototypen von Zufallsfraktalen sind (Abschnitt 2.4), und für Potenzgesetze, die die grundlegende algebraische Eigenschaft darstellen, die Dimension und Selbstähnlichkeit miteinander verbindet (Abschnitt 2.6). Nun wollen wir andere, jedoch äquivalente Definitionen der Dimension sowie praktikable Verfahren zur Berechnung der Dimension von Zufallsfraktalen, insbesondere des Graphen der Brownschen Bewegung, entwickeln. Zudem lernen wir einige weitere Eigenschaften der Dimension kennen.

Wir werden zwei Schlüsselprinzipien des Skalierungsverhaltens kennenlernen und anwenden. Das erste, das sogenannte Teleskop-Mikroskop-Prinzip, besagt, daß die Verkleinerung des Maßstabs eines Objekts X (z.B. der Größe der offenen Mengen bei der Berechnung der Hausdorff-Dimension oder der Größe einer Figur bei der Messung der Skalierungsdimension) um einen Faktor s einer Vergrößerung von X um den Faktor s äquivalent ist. Das zweite Prinzip besagt, daß sich jedes Maß der „Masse" eines Fraktals mit der Hausdorff-Dimension D, das sich in einem Kasten der Seitenlänge s befindet, wie s^D verhalten muß. Dies ermöglicht alternative Wege zur Bestimmung von D.

Es gibt viele natürliche Möglichkeiten, die Masse einer fraktalen Menge X und somit ihre Hausdorff-Dimension zu bestimmen. Eine der einfachsten besteht darin, Gitter mit verschiedenen Skalen über das Objekt zu legen und in jedem Gitter die Anzahl der Quadrate, die das Objekt berühren, zu zählen. Dies führt zur „Box-Dimension" (Abschnitt 3.2). Box-Dimension und Skalierungsdimension sind komplementäre Ansätze für die Lösung einunddesselben Meßproblems: Eine Verkleinerung der Kästen ist gleichbedeutend mit einer Vergrößerung des Objekts. Mit Hilfe der Box-Dimension wurde die Dimension solcher fraktaler Kurven wie der Randkurven von Inseln und Blättern berechnet (Morse u.a. 1985). Unsere Betrachtungen ähneln denen von McGuire (1991). Für diskrete Mengen besteht eine weitere Möglichkeit darin, diejenigen Punkte auszuzählen, die sich in typischen Gitterquadraten befinden. Die Gitterquadrate werden nun durch Kugeln ersetzt, deren Mittelpunkte Punkte des Objekts sind, was zur Cluster- oder Korrelations-Dimension führt (Hentschel und Procaccia 1983, siehe auch

Abschnitt 3.3). Lovejoy u.a. (1986) verwendeten die Clusterdimension, um das Häufungsverhalten von Wetterstationen zu beschreiben. Hastings u.a. (1992) studierten anhand der Clusterdimension Muster pankreatischer Inseln. Sie wird auch verwendet, um Muster in Zeitreihen aufzufinden (Grassberger und Procaccia 1983; Sugihara und May 1990a); siehe Kapitel 7. Als nächstes entwickeln wir in den Abschnitten 3.4 und 3.5 zwei spezielle Verfahren zur Berechnung der Dimension fraktaler Kurven und Randlinien. Die erste, die Stechzirkel-Methode (Richardson 1961; siehe Mandelbrot 1977, 1982; Sugihara und May 1990a), entsteht aus der Messung der „Länge" einer fraktalen Kurve, etwa einer Küstenlinie oder eines Flusses, unter Verwendung eines ganzen Skalenbereichs. Die zweite Methode verwendet einen Potenzgesetz-Zusammenhang zwischen den Flächen und Umfängen einer Familie fraktaler Inseln. Zu den Anwendungen gehören Lovejoys (1982) Studie über Niederschlag und Wolkenmuster.

Der Korcak-Exponent (1938) für die Verteilung der Flächen einer Inselgruppe, der als Skalierungsexponent eng verwandt mit der fraktalen Dimension aus Kapitel 2 ist, wird in Abschnitt 3.6 eingeführt.

Obwohl jeweils ein spezielles Verfahren erforderlich sein kann, um die Dimension in einem ganz bestimmten Anwendungsfall zu berechnen, wird bei all diesen Ansätzen im wesentlichen die gleiche Größe gemessen, die damit die Bezeichnung *fraktale Dimension* verdient.

Wir schließen dieses Kapitel mit einer Beschreibung der wichtigsten mathematischen Eigenschaften von Dimensionsfunktionen in Abschnitt 3.7 ab. Kapitel 4 beschäftigt sich mit weiteren Verfahren zur Berechnung der Dimension von Funktionsgraphen und führt die Techniken der Fourier-Transformationen ein. Einzelheiten dazu enthält dann Kapitel 5.

3.2 Die Box-Dimension

Die Skalierungsdimension des Quadrates beruht auf der Vorstellung des Quadrates als einer nahezu disjunkten Vereinigungsmenge kleiner Einheitsquadrate. Die Hausdorff-Dimension eines Objekts ist hingegen auf die Überdeckung des Objekts mit kleinen Scheiben oder Kugeln gegründet. Diese Prinzipien führen zu den vertrauten Flächeninhaltsformeln wie etwa der für den Flächeninhalt eines Kreises,

$$A = \pi r^2. \tag{3.1}$$

Gleichung (3.1) beschreibt die Approximation des Kreises durch eine nahezu disjunkte Vereinigung kleiner Einheitsquadrate (mit einem Flächeninhalt von etwa πr^2) und die Bildung eines geeigneten Grenzwertes für den Fall, daß die Einheitsquadrate selbst immer weiter verkleinert werden. Obwohl der Kreis nicht selbstähnlich ist – er kann nicht als nahezu disjunkte Vereinigung kleinerer Kreise dargestellt werden – ist die Formel für seinen Flächeninhalt ein einfaches

Potenzgesetz. Der Exponent darin ist die bekannte Euklidische Dimension des Kreises. Ein ähnlicher, größerer Kreis vom Radius kr überdeckt k^2 mal so viele Einheitsquadrate wie ein Kreis vom Radius r. Gleichbedeutend damit ergibt eine Verkleinerung der Einheitsquadrate um den Faktor k einen kleineren Maßstab (und einen *relativ* größeren Kreis), wodurch wiederum k mal so viele Einheitsquadrate erforderlich sind (Abbildung 3.1).

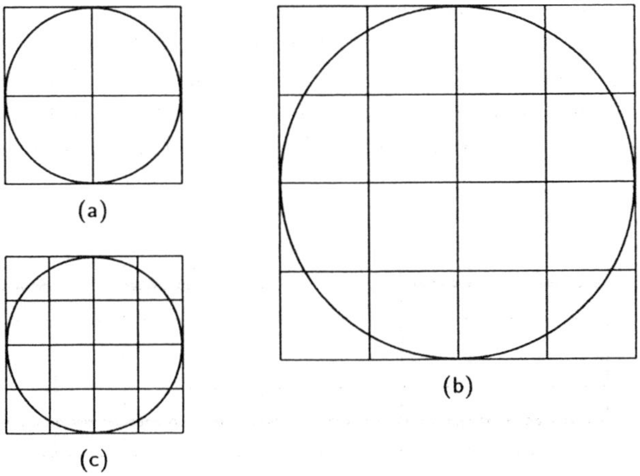

Abb. 3.1 Skalierung des Kreises. (a) Ein kleiner Kreis berührt 4 Einheitsquadrate. (b) Wird der Radius des Kreises verdoppelt, dann berührt er 16 solcher Einheitsquadrate. (c) Alternativ dazu werden die Einheitsquadrate aus (a) um einen linearen Faktor $\frac{1}{2}$ verkleinert. Der gleiche Kreis wie in (a) berührt nun 16 Einheitsquadrate. (c) kann man auch erhalten, indem man sowohl den Kreis als auch die Einheitsquadrate aus (b) um einen linearen Faktor $\frac{1}{2}$ verkleinert. Wir nennen dies das Teleskop-Mikroskop-Prinzip.

Die Box-Dimension einer Teilmenge X der Ebene ist auf ähnliche Weise durch Abzählen kleiner Einheitskästen, die X berühren, definiert. (Dies ist der einfachste Weg, mit teilweise besetzten Kästen umzugehen.) Es bezeichne $N(\Delta s)$ die Anzahl der Kästen in einem Gitter mit dem linearen Maßstab Δs, die X berühren. Dann hat X die Box-Dimension D, falls $N(\Delta s)$ dem Potenzgesetz

$$N(\Delta s) \approx c \left(\frac{1}{\Delta s}\right)^D \tag{3.2}$$

in dem Sinne asymptotisch genügt, daß

$$\lim_{\Delta s \to 0} N(\Delta s) \Delta s^D = c \tag{3.3}$$

gilt.

Die Box-Dimension D wird berechnet, indem man Gleichung (3.2) asymptotisch nach D auflöst,

$$D = \lim_{\Delta s \to 0} \left[-\frac{\log N(\Delta s)}{\log \Delta s} \right]. \tag{3.4}$$

Dies entspricht Gleichung (2.28) für die Hausdorff-Dimension bis auf den Umstand, daß minimale Überdeckungen mit „runden" offenen Kugeln (die schwer zu zählen sind) durch solche mit Kästen in einem Gitter (die leicht abzählbar sind) ersetzt werden. Folglich ist die Hausdorff-Dimension überall dort gleich der Box-Dimension, wo diese definiert ist (siehe Satz 3.4).

Wie auch bei den Rechnungen zur Hausdorff- und Skalierungsdimension in Kapitel 2 braucht der Grenzwert in Gleichung (3.4) nur für eine solche Folge $\{\Delta s_i\}$ von Maßstäben berechnet zu werden, die gegen 0 geht (siehe Anhang zu Kapitel 2). Abbildung 3.2 verdeutlicht die Berechnung der Box-Dimension der Standard-Cantor-Menge. Die Box-Dimension D ist dort, wo sie existiert, durch die nachfolgend genannte „kritische Eigenschaft" wohldefiniert. Überhaupt haben alle solchen durch Potenzgesetze definierten Exponenten ähnliche kritische Eigenschaften.

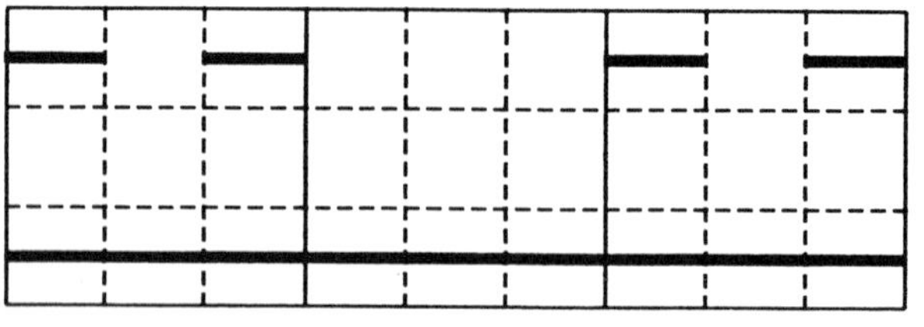

Abb. 3.2 Die Box-Dimension der Cantor-Menge und der Geraden. Die Cantor-Menge und ebenso das im Bild gezeigte Entwicklungsstadium der Cantor-Menge berührt 2 der größeren (mit durchgezogenen Linien umrandeten) und 4 der kleineren (gestrichelt umrandeten) Einheitskästen. Der lineare Maßstab der kleineren Kästen beträgt $\frac{1}{3}$ von dem der größeren. Die Fortsetzung dieser Rechnung über alle Skalen liefert für die Cantor-Menge die Box-Dimension $\log 2/\log 3$, also etwa 0,63. Die im Bild dargestellte Strecke berührt 3 der größeren Einheitskästen und 9 der kleineren. Die Fortführung dieser Rechnung über alle Skalen ergibt die Box-Dimension 1. Man vergleiche mit Abbildung 2.6 zur topologischen Dimension.

Satz 3.1 Angenommen, die Menge $\{N(\Delta s)\,\Delta s^D\}$ sei für einen bestimmten Exponenten D und ein hinreichend kleines Δs nach oben und durch eine echt positive Zahl nach unten beschränkt. Dann gilt

$$\begin{aligned} &\lim_{\Delta s \to 0} N\,\Delta s^{D'} = \infty \quad \text{für } D' < D \qquad \text{und} \\ &\lim_{\Delta s \to 0} N\,\Delta s^{D'} = 0 \quad \text{für } D' > D, \end{aligned} \tag{3.5}$$

und der Grenzwert $\lim_{\Delta s \to 0} N\,\Delta s^{D'}$ ist somit einzig für den Wert $D' = D$ sowohl endlich als auch von Null verschieden.

Beweis. Nehmen wir zuerst $D' < D$ an; dann ist $N\,\Delta s^{D'} = N\,\Delta s^D \Delta s^{D'-D}$. Wenn Δs gegen 0 geht, dann geht $\Delta s^{D'-D} = 1/\Delta s^{D-D'}$ gegen ∞, und $N\,\Delta s^D >$ 0 ist durch einen Wert beschränkt, der echt größer ist als Null (die schwächere Bedingung $N\,\Delta s^D > 0$ reicht nicht aus). Läßt man Δs gegen 0 gehen, so ergibt das den ersten Teil von Gleichung (3.5). Der zweite Teil kann auf ähnliche Weise gezeigt und somit die Schlußfolgerung gezogen werden.

Anmerkung 3.1 Dieser Satz gilt immer dann, wenn $N(\Delta s)\,\Delta s^D$ einen endlichen positiven Grenzwert für $\Delta s \to 0$ besitzt.

Ein Quadrat der Seitenlänge s hat die Box-Dimension 2 und das zweidimensionale Maß (die Fläche) $A = s^2$. Es ist auch leicht einzusehen, daß die Box-Dimension für Objekte auf der Geraden, im dreidimensionalen oder sogar jedem Euklidischen Raum definiert werden kann, und daß die Box-Dimension einer Menge, vorausgesetzt, daß sie definiert ist, nicht vom umgebenden Euklidischen Raum abhängt. Für die zugehörigen D-dimensionalen Maße ist die Situation jedoch komplizierter, und die Box-Dimension kann lediglich dazu verwendet werden, das Maß von Untermengen der Codimension 0 (d.h. Mengen, deren Dimension gleich der des umgebenden Euklidischen Raumes ist) zu berechnen. Ansonsten muß man das D-dimensionale Maß anhand der allgemeineren Hausdorff-Dimension definieren.

Satz 3.2 Angenommen, eine Figur X habe die Skalierungsdimension $D = \log n / \log k$. Dann ist die Box-Dimension von X definiert und gleich D.

Beweisskizze. Wir wollen annehmen, bei einem bestimmten Δs werden c Kästen benötigt, um X zu überdecken. Nach Satz 3.2 schreiben wir

$$X = \bigcup_{1 \le i \le n} \frac{1}{k} X + \boldsymbol{a}_i, \tag{3.6}$$

d.i. eine nahezu disjunkte Vereinigung von n um den Faktor k verkleinerten Kopien von X. Eine einzelne verkleinerte, unverschobene Kopie von X, $(1/k)X$, kann offensichtlich durch c verkleinerte Kästen der Seitenlänge $\Delta s/k$ überdeckt werden. Abgesehen von kleinen Diskrepanzen infolge der Inkommensurabilität der Translation $\boldsymbol{a}_i$ und der Einheit $\Delta s/k$ wird X durch cn verkleinerte Kästen mit der Seitenlänge $\Delta s/k$ überdeckt.

Dieser Beweis kann wiederholt werden, woraus folgt, daß X durch cn^m kleine Kästen, deren jeder die Seitenlänge $\Delta s/k^m$ hat, überdeckt wird. Daraus folgt, daß für den Grenzübergang $m \to \infty$ die Anzahl N der für die Überdeckung von X erforderlichen Kästen mit der Seitenlänge $\Delta s/k^m$ der Gleichung

$$\begin{aligned}
\lim_{m\to\infty} N(\Delta s/k^m)^D &= \lim_{m\to\infty} cn^m(\Delta s/k^m)^D \\
&= \lim_{m\to\infty} c\Delta s^D \left(\frac{n}{k^D}\right)^m \\
&= \lim_{m\to\infty} c\Delta s^D \left(\frac{n}{k^{\frac{\log n}{\log k}}}\right)^m \qquad \text{(nach Voraussetzung)} \\
&= \lim_{m\to\infty} c\Delta s^D \left(\frac{n}{n}\right)^m \\
&= c\Delta s^D
\end{aligned} \tag{3.7}$$

genügt. Nach dem Beweis der kritischen Eigenschaft von Skalierungsexponenten (Satz 3.1) gilt Gleichung (3.7) für höchstens einen Skalierungsexponenten D. Wie in Abschnitt 2.5 und im Anhang von Kapitel 2 gilt die oben formulierte Gleichung für alle hinreichend kleinen Kästen. Es ergibt sich die Schlußfolgerung.

3.2.1 Die Box-Dimension des Graphen der Brownschen Bewegung

Wie auch in Abschnitt 2.4 betrachten wir den Graphen von $y = B(t)$ auf dem Einheitsintervall $0 \leq t \leq 1$ und sehen ihn als eine nahezu disjunkte Vereinigung von 4 Segmenten an, deren jedes auf einem Viertel des Einheitsintervalls definiert ist. Angenommen, der ursprüngliche Graph kann durch N Kästen mit bekannter Seitenlänge Δs überdeckt werden. Dann kann man jedes der 4 Segmente durch N *rechteckige* Kästen der Breite $\Delta s/4$ und der Höhe $\Delta s/2$ überdecken. Jeder dieser rechteckigen Kästen ist eine nahezu disjunkte Vereinigung zweier quadratischer Kästen der jeweiligen Seitenlänge $\Delta s/4$ (Abbildung 3.3). Bei der Brownschen Bewegung hat $\Delta y^2/\Delta t$ einen endlichen Grenzwert für $\Delta t \to 0$, und deshalb geht der „näherungsweise Anstieg" $\Delta y/\Delta t$ (der Anstieg einer näherungsweisen Zufallsbewegung) gegen ∞. Somit hätte der Graph der Brownschen Bewegung für kleine Δs einen fast senkrechten Anstieg und würde alle $8N$ Kästen mit der Seitenlänge $\Delta s/4$ in Abbildung 3.3 berühren. Es ist nichts Besonderes an der Zahl 4: sie kann durch jede vollkommene Quadratzahl ersetzt werden. Dehnt man die Argumentation auf alle hinreichend kleinen Skalen aus, ergibt sich die Box-Dimension zu $\log 8/\log 4 = 1{,}5$.

Die Anzahl der Abschnitte bei der oben durchgeführten Unterteilung der t-Achse wurde aus Gründen der Einfachheit gewählt. Man hätte die t-Achse stattdessen auch in k^2 Abschnitte mit einer beliebigen ganzen Zahl $k > 1$ unterteilen und jeden dieser k^2 Abschnitte mit N rechteckigen Kästen der Breite s/k^2 und der Höhe s/k überdecken können. Jeder dieser Kästen hätte dann wiederum in k quadratische Kästen der Seitenlänge s/k^2 unterteilt werden können. Wie oben verläuft der Graph in den meisten Fällen, in denen er einen der k^2N rechteckigen Kästen der Breite s/k^2 und der Höhe s/k berührt, durch alle der in diesem enthaltenen k kleineren quadratischen Kästen. Also berührt der Graph k^3N kleine quadratische Kästen der Seitenlänge s/k^2, was abermals $D = \log k^3 / \log k^2 = 1{,}5$ ergibt. Dieses Ergebnis läßt sich ohne weiteres auf verallgemeinerte Brownsche oder fraktale Prozesse ausdehnen.

Satz 3.3 Der Graph eines fraktalen Prozesses mit dem Hurst-Exponenten H (siehe Definition 2.3) hat die Box-Dimension $2 - H$.

Beweisskizze. Zunächst wollen wir annehmen, H sei eine rationale Zahl, d.h.

$$H = \frac{m}{n}. \tag{3.8}$$

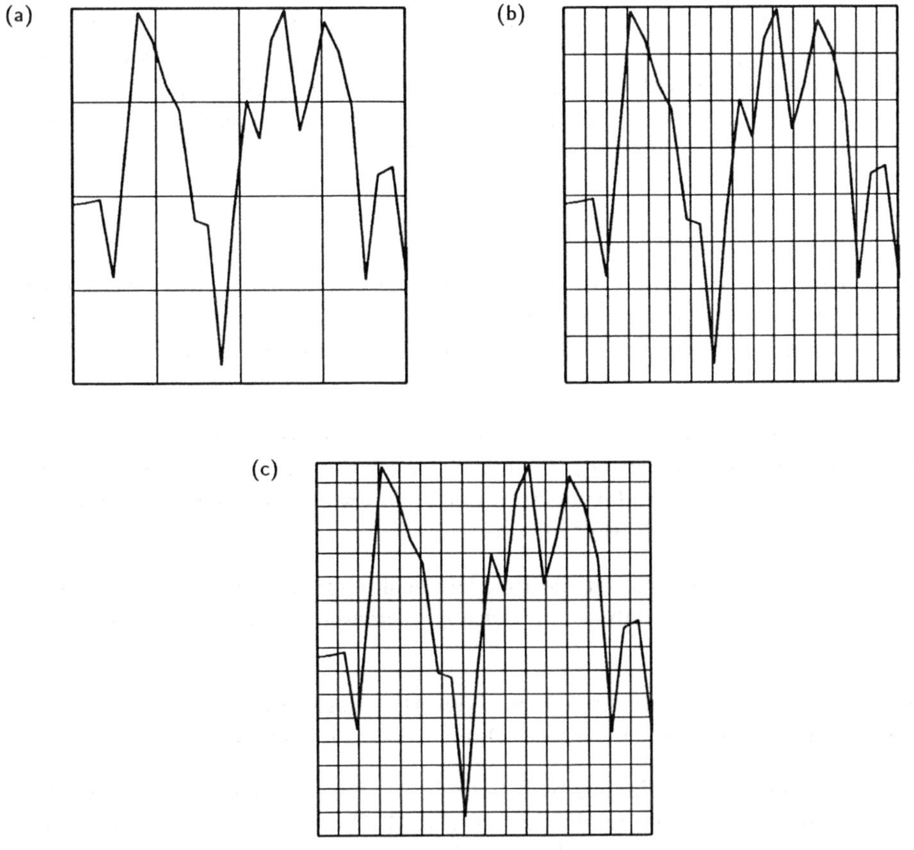

Abb. 3.3 Die Box-Dimension des Graphen der Brownschen Bewegung $y = B(t)$. (a) Der Graph von $y = B(t)$ mit einem darübergelegten Gitter aus quadratischen *Einheits*kästen mit der jeweiligen Seitenlänge Δs. Der Graph berührt 12 dieser Kästen. (b) Das Gitter wird verändert, indem man entsprechend der Selbstaffinität der Brownschen Bewegung jeden quadratischen Einheitskasten aus (a) in 8 rechteckige Kästen, jeweils mit der Breite $\Delta s/4$ und der Höhe $\Delta s/2$, unterteilt. Die reskalierte Funktion $y = \frac{1}{2}B(4t)$ ist der ursprünglichen Funktion $y = B(t)$ statistisch ähnlich; die Reskalierung des Graphen ist gleichbedeutend mit der Verkleinerung der Kästen im überdeckenden Gitter (vgl. das *Teleskop-Mikroskop-Prinzip* in Abbildung 3.1). Darüberhinaus ist der reskalierte Graph auf dem Intervall $0 \le t \le 1$ äquivalent dem Originalgraphen auf dem größeren Intervall $0 \le t \le 4$. Es ist also zu erwarten, daß der Graph von $y = B(t)$ insgesamt 48 der rechteckigen Kästen berührt. In Wirklichkeit berührt er 47 solcher Kästen. (c) Das Gitter aus (b) wird weiter verändert, indem jeder rechteckige Kasten in zwei kleinere quadratische Kästen geteilt wird, von denen jeder die Seitenlänge $\Delta s/4$ besitzt. Da die Brownsche Bewegung bei solch kleinen Skalen einen steilen „Anstieg“ hat, ist zu erwarten, daß der Graph von $y = B(t)$ entsprechend den 47 Rechtecken 94 dieser kleinen Quadrate berührt. In Wirklichkeit sind es 90, woraus sich bei diesem Maßstab eine Box-Dimension $\log(90/12)/\log 4 = 1{,}4$ ergibt. Der tatsächliche Wert beträgt 1,5.

Abgesehen davon, daß die t-Achse in 2^n Abschnitte eingeteilt ist sowie die erste Überdeckung rechteckige Kästen der Breite $s/2^n$ und der Höhe $s/2^m$ und die feinere Überdeckung kleine quadratische Kästen der Seitenlänge $s/2^n$ verwendet, kann man wie bei der Berechnung der Box-Dimension des Graphen der Brownschen Bewegung vorgehen. Wenn der ursprüngliche Graph von N Kästen der Seitenlänge s überdeckt wurde, so wird er auch von $2^n N$ rechteckigen Kästen der Breite $s/2^n$ und der Höhe $s/2^m$ oder $2^{2n-m}N$ kleinen quadratischen Kästen der Seitenlänge $s/2^n$ überdeckt. Es ergibt sich

$$D = \frac{\log 2^{2n-m}}{\log 2^n} = 2 - \frac{m}{n}. \tag{3.9}$$

Wiederum kann die Zahl 2 durch eine beliebige ganze Zahl größer als 1 ersetzt werden. Diese Argumentation kann auf irrationale Hurst-Exponenten ausgedehnt werden, wenn man dem im ersten Absatz des Anhangs zu Kapitel 2 umrissenen Weg folgt.

Anmerkung 3.2 Die Box-Dimension einer selbstaffinen Figur wird manchmal (im Gegensatz zur Skalierungsdimension) elliptische Dimension genannt, um auf die anisotropen Skalenänderungen in der oben durchgeführten Rechnung (siehe Schertzer und Lovejoy 1991) hinzuweisen.

Wie wir gesehen haben, ist die Box-Dimension einfach zu berechnen. Der folgende Satz besagt nun, daß sie mit der allgemeineren Hausdorff-Dimension übereinstimmt.

Satz 3.4 Es sei X eine Menge mit der Hausdorff-Dimension D, die in den Euklidischen Raum eingebettet ist. Dann hat X zugleich die Box-Dimension D.

Beweisskizze. Wir definieren vorübergehend eine Überdeckungsdimension D', die bis auf den Umstand analog zur Hausdorff-Dimension ist, daß quadratische Kästen offene Kugeln ersetzen. Es ist nicht schwer einzusehen, daß sich die Menge X, wenn sie mit $N(r)$ offenen Kugeln vom Radius r überdeckt werden kann, auch mit $N(r)$ quadratischen Kästen der Seitenlänge $2r$ (von denen jeder einer offenen Kugel umschrieben ist) überdecken läßt. Ebenso kann die Menge X, wenn sie sich durch $N'(\Delta s)$ offene quadratische Kästen der Seitenlänge Δs überdecken läßt, auch durch $N'(\Delta s)$ offene Kugeln vom Radius $E^{1/2}\Delta s/2$ (von denen jede einem offenen Kasten umschrieben ist) überdeckt werden, wobei E die Dimension des umgebenden Euklidischen Raumes bezeichnet (Abbildung 3.4).

Man kann leicht nachprüfen, daß

$$D' = \lim_{u\to 0}\left[-\frac{\log N'(u)}{\log u}\right] = \lim_{u\to\infty}\left[-\frac{\log N(u)}{\log u}\right] = D \tag{3.10}$$

gilt. Wir betrachten nun die Überdeckung von X mit Kästen der Seitenlänge Δs aus einem zuvor gewählten Gitter und nehmen an, daß N'' solcher Kästen benötigt werden. (Wir wollen hier keine Unterscheidung zwischen offenen und geschlossenen Kästen treffen; mit diesem technischen Problem kann man jedoch ohne weiteres fertig werden (siehe Hurewicz und Wallman 1941).) Abgesehen von diesem Detail ist offensichtlich

$$N'(\Delta s) \le N''(\Delta s). \tag{3.11}$$

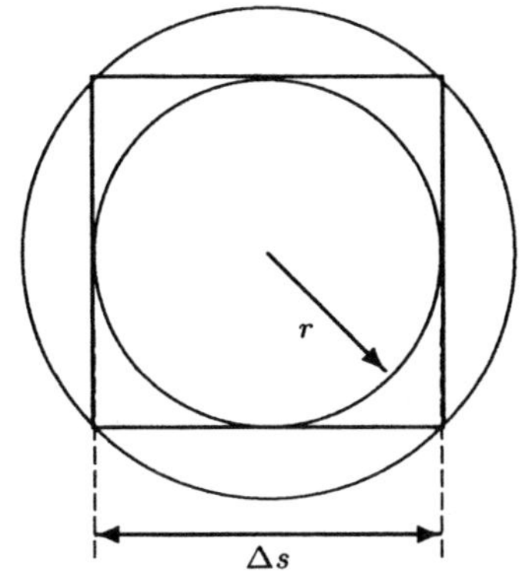

Abb. 3.4 Überdeckungen mit quadratischen Kästen und Kugeln. Ein Kreis vom Radius r (der kleinere Kreis im Bild) kann durch ein Quadrat der Seitenlänge $2r$ überdeckt werden. In ähnlicher Weise kann ein Quadrat der Seitenlänge Δs durch einen Kreis vom Radius $\sqrt{2}\,\Delta s/2$ (den größeren Kreis im Bild) überdeckt werden. Hier ist die Umgebungsdimension $E = 2$.

Es ist aber leicht zu sehen, daß jeder Kasten in der allgemeineren Überdeckung durch höchstens 2^E Gitterkästen überdeckt werden kann (siehe auch Abbildung 3.4) und somit

$$N''(\Delta s) \leq 2^E N'(\Delta s) \tag{3.12}$$

gilt. Aus den Gleichungen (3.11) und (3.12) folgt nun

$$D' = \lim_{u \to 0} \left[-\frac{\log N'(u)}{\log u} \right] = \lim_{u \to 0} \left[-\frac{\log N''(u)}{\log u} \right] = D. \tag{3.13}$$

Also ist die Box-Dimension D, was zu beweisen war.

Zusammenfassend stellen wir fest, daß es eine enge Beziehung zwischen der Box-Dimension und der Skalierungsdimension selbstähnlicher Figuren gibt. Skalierungsdimension und Box-Dimension sind komplementäre Sichtweisen auf das Skalierungsverhalten. Die Skalierungsdimension beschreibt die Auswirkung der Verkleinerung oder Vergrößerung einer Figur, die Box-Dimension dagegen die der Verkleinerung oder Vergrößerung des zugrundeliegenden Gitters. Im nächsten Abschnitt werden wir ein diskretes Analogon zur Box-Dimension, die Cluster- oder Korrelations-Dimension, definieren.

3.3 Die Clusterdimension

Wir wollen nun ein Objekt X betrachten, das aus endlich vielen Punkten oder Pixeln besteht. Obwohl X die Box-Dimension 0 hat, kann in vielen Fällen durch Potenzgesetz-Skalierung der Anzahl derjenigen mittelgroßen Kästen, die

X berühren, eine Dimension definiert werden, die eine Häufung der Punkte von X wiederspiegelt. Beispielsweise soll X_1 aus allen Gitterpunkten (den Punkten mit ganzzahligen Koordinaten (m, n)) innerhalb eines größeren Kastens der Seitenlänge S bestehen. Wir betrachten die Überdeckung von X_1 mit Kästen der Seitenlänge Δs, wobei

$$1 \ll \Delta s \ll S \tag{3.14}$$

sein soll. Da der große Kasten in $(S/\Delta s)^2 = S^2/\Delta s^2$ kleine Kästen der Seitenlänge Δs aufgeteilt werden kann und die meisten dieser Kästen im Falle $1 < \Delta s < S$ Punkte von X_1 enthalten, folgt, daß die Box-Dimension von X_1 im *Skalierungsbereich* $1 < \Delta s < S$ gleich 2 ist. Als weiteres Beispiel bestehe X_2 aus allen Gitterpunkten auf der x-Achse in einem Intervall $0 \leq x \leq S$. Da dieses Intervall mit $S/\Delta s$ kleinen Kästen der Seitenlänge Δs überdeckt werden kann und die meisten dieser Kästen dann Punkte von X_2 enthalten, wenn $1 < \Delta s < S$ ist, ist die Box-Dimension von X_2 im *Skalierungsbereich* $1 < \Delta s < S$ gleich 1.

Anstelle der besetzten Kästen könnten wir auch die Punkte innerhalb eines besetzten typischen Kastens zählen. Im Skalierungsbereich $1 < \Delta s < S$ enthält ein besetzter Kasten der Seitenlänge Δs insgesamt Δs^2 Punkte aus der Menge X_1 und Δs Punkte aus X_2.

Nach diesem Beispiel wollen wir nun die Clusterdimension eines Objekts X definieren. Wir betrachten dazu besetzte Kästen der Seitenlänge

$$s = 2r, \tag{3.15}$$

deren Mittelpunkte zu X gehören. Verhält sich die mittlere Anzahl der Punkte in einem solchen Kasten für einen bestimmten Exponenten D wie

$$\text{const} \cdot s^D, \tag{3.16}$$

dann hat X die Clusterdimension D. (Vgl. Ripleys (1981, S. 150ff.) Diskussion der Poisson-Verteilungen im D-dimensionalen Raum.)

Da es in dem Potenzgesetz (3.16) lediglich auf den Exponenten ankommt, kann die Clusterdimension über Scheiben anstelle von Kästen bzw. über Kästen aus einem bestimmten Gitter definiert werden. Man vergleiche auch den Beweis dafür, daß die Hausdorff-Dimension gleich der Box-Dimension ist (Satz 3.4).

Die erste Bemerkung, daß nämlich die Clusterdimension mit Scheiben anstelle von Kästen berechnet werden kann, ist bei Anwendungen und Berechnungen durchaus von Nutzen, da es sowohl natürlich als auch leicht ist, die Skalierung der Punktezahl innerhalb eines Abstandes r von einem typischen Punkt in einer endlichen Punktmenge zu untersuchen. Alternativ dazu kann man auch alle Abstände zwischen Punktepaaren berechnen und die Anzahl N derjenigen Abstände zählen, die kleiner als r sind. Da die Anzahl N' der Punktepaare innerhalb eines Abstandes r von einem typischen Punkt der Quotient aus $2N$ und der Anzahl der Punkte in X ist, müssen N und N' dem gleichen Potenzgesetz genügen. Beide Verfahren liefern also die gleiche Dimension. Abschnitt 12.6.3 enthält ein Programm zur Berechnung der Clusterdimension.

Die zweite Bemerkung stellt einen Zusammenhang zwischen Cluster- und Box-Dimension dar. Wir betrachten eine endliche Menge X von p Punkten im Euklidischen Raum, die die Box-Dimension D über einem geeigneten Skalierungsbereich $s_0 \leq s \leq s_1$ hat. Wir wollen die Box-Dimension mit Hilfe von Kästen aus den zur Berechnung der Skalierungsdimension verwendeten Gittern berechnen. Angenommen, der durchschnittliche besetzte Kasten mit der Seitenlänge s enthält k dieser Pixel, und es seien b Kästen besetzt. Offensichtlich ist dann

$$p = kb \qquad \text{und} \qquad k = \frac{p}{b}. \tag{3.17}$$

Aufgrund der Skaleninvarianz müssen die p Pixel auf p/k Kästen vom „Radius" s aufgeteilt werden. Darüberhinaus verhält sich die Anzahl b der besetzten Kästen wie $(1/s)^D$,

$$b = \text{const} \cdot \left(\frac{1}{s}\right)^D \quad , \quad (s_0 \leq s \leq s_1). \tag{3.18}$$

Wir fügen diese beiden Gleichungen zusammen und erhalten

$$k = \frac{p}{\text{const} \cdot \left(\frac{1}{s}\right)^D} = \text{const} \cdot s^D. \tag{3.19}$$

Somit ist die Box-Dimension, die durch den Exponenten in der oben genannten Gleichung angegeben wird, ebenfalls gleich D.

Wir haben nun gezeigt, daß Box- und Clusterdimension gleich und somit nach Satz 3.2 beide gleich der Skalierungsdimension sind, wo immer letztere definiert ist.

Lemma 3.1 Man betrachte eine Menge X mit der Box-Dimension D. Angenommen, A sei eine endliche Teilmenge, die aus zufällig ausgewählten Punkten von X besteht. Dann ist die Clusterdimension von A gleich D.

Beweisskizze. Angenommen, A bestehe aus n Punkten und X berühre k Kästen; dann beträgt die mittlere Punktezahl in jedem dieser Kästen n/k. Wir vollziehen nun den Beweis für die Gleichheit von Cluster- und Box-Dimension nach, wobei wir alle Kästen betrachten, die von X berührt werden.

Anwendungen:

1. Dieses Lemma wurde von Hastings u.a. (1992) verwendet, um die Dimension von Pankreasgängen zu berechnen (siehe Abschnitt8.3).

2. Lovejoy u.a. (1986) schätzten mit Hilfe der Clusterdimension die Dimension des globalen Netzwerks von Wetterwarten ab und untersuchten dann mit Hilfe des Lemmas sowie gewisser Eigenschaften der Dimension, ob stark gehäufte Stürme geortet werden können. Andere Anwendungen betreffen Verbindungen zwischen neuronalen Prozessen (Abschnitt 8.4) und die Artenzählung (Abschnitt 10.7.6).

3. Am anderen Ende der Größenskalen wird die Clusterdimension für Abschätzungen der Dimension von Sternen und Galaxien (Mandelbrot 1977, 1982; Szalay und Schramm 1985) verwendet.

4. Die Clusterdimension wurde von Grassberger und Procaccia (1983) dazu benutzt, die Dimension seltsamer Attraktoren zu berechnen.

3.4 Die Dimension von Randkurven

Wir beschreiben nun einige weitere Verfahren zur Berechnung der Dimension der Randkurve einer fraktalen Insel oder einer Ansammlung fraktaler Inseln. Natürlich könnte man die allgemeinen Rechenmethoden für die fraktale Dimension einer Menge des Euklidischen Raumes anwenden; man könnte z.B. die Box-Dimension der Randkurve berechnen. Es gibt jedoch zwei spezialisiertere natürliche Verfahren: die Stechzirkelmethode, die analog zur Box-Dimension ist, und den der Skalierungsdimension entsprechenden Flächen-Umfangs-Exponenten (Mandelbrot 1977, 1982).

Die Stechzirkelmethode läßt sich am besten durch eine klassische Fragestellung veranschaulichen: „Wie lang ist die britische Küste?“ (Mandelbrot 1977, 1982; vgl. Sugihara und May 1990a, worauf wir uns im folgenden beziehen). Diese Frage kann phantasievoll dadurch beantwortet werden, daß man einen Riesen die britische Küste abschreiten läßt und dessen Schritte zählt, oder, etwas praxisnäher, mit einem Stechzirkel die Küste auf einer Landkarte entlang eines Polygonzuges mit Schritten der Länge Δs umläuft. Es bezeichne $N(\Delta s)$ die Anzahl der Schritte mit der Länge Δs, die zum Abschreiten der Küste benötigt werden.

Wäre die Küste eine einfache glatte Kurve der Länge L, so wäre der Grenzwert

$$\lim_{\Delta s \to 0} N(\Delta s)\Delta s = L \tag{3.20}$$

endlich, und Gleichung (3.20) ist ja auch die aus der elementaren Differentialrechnung stammende Formel für die Länge einer rektifizierbaren Kurve. Erfahrungsgemäß ist der Grenzwert (3.20) jedoch im Falle der britischen Küste unendlich.

Wir wollen nun annehmen, daß die Randkurve eine fraktale Kurve der Skalierungsdimension $D = \log n / \log k$ sei. Dann wäre sie (zumindest statistisch) eine nahezu disjunkte Vereinigung von n Kopien ihrerselbst, von denen jede um den Skalenfaktor k verkleinert ist. Wir wollen weiter annehmen, das Abschreiten der Randkurve würde $N(\Delta s)$ Schritte der Größe Δs erfordern und eine scheinbare Länge $N(\Delta s)\Delta s$ ergeben. Nun betrachten wir die Vermessung der Randkurve mit der Schrittweite $\Delta s/k$. Wir werden jede verkleinerte Kopie direkt ausmessen. Die Vermessung einer verkleinerten Kopie mit Schritten der Größe $\Delta s/k$ ist äquivalent zu einer Vermessung der Randkurve selbst mit Schritten der Größe

Δs. Deshalb sind im Mittel $N(\Delta s)$ Schritte der Weite $\Delta s/k$ erforderlich, um jede verkleinerte Kopie der Randkurve zu durchlaufen, und es bedarf $nN(\Delta s)$ solcher Schritte, um die gesamte Randkurve abzuschreiten. Wir haben gezeigt, daß

$$N\left(\frac{\Delta s}{k}\right) = nN(\Delta s) \tag{3.21}$$

und somit

$$\begin{aligned} N\left(\frac{\Delta s}{k}\right)\left(\frac{\Delta s}{k}\right)^D &= nN(\Delta s)\left(\frac{\Delta s}{k}\right)^D \\ &= (nk)^D N(\Delta s)\Delta s^D \\ &= \left(\frac{n}{k^{\frac{\log n}{\log k}}}\right) N(\Delta s)\Delta s^D \\ &= N(\Delta s)\Delta s^D \end{aligned} \tag{3.22}$$

ist. Lassen wir k gegen ∞ gehen und reskalieren wir n passend mit Hilfe der Skalierungsdimension, so folgt aus dem Euklidischen Vergleichbarkeitsargument (vgl. Abschnitt 2.5 und den Anhang zu Kapitel 2)

$$\lim_{\Delta s \to \infty} N(\Delta s)\Delta s^D = L_D, \tag{3.23}$$

wobei L_D von Null verschieden und endlich ist. Somit ist bei diesem Verfahren, *der Stechzirkelmethode*, die Skalierungsdimension D der kritische Exponent. Die Dimension D kann bestimmt werden, indem man Gleichung (3.23) in der asymptotischen Form,

$$N(\Delta s) \approx L_D \Delta s^{-D} \qquad \text{für} \qquad \Delta s \to 0, \tag{3.24}$$

schreibt und die Werte der Gleichung (3.24) anpaßt. Die Konstante L_D in den eben formulierten Gleichungen ist das entsprechende D-dimensionale Maß für die Größe der Randkurve.

Allgemeiner formuliert, kann eine Kurve, die mit N Schritten der Größe Δs durchlaufen werden kann, mit N Scheiben vom Radius Δs überdeckt werden, und umgekehrt kann eine Kurve, die mit N Scheiben vom Radius Δs überdeckt werden kann, mit $2N$ Schritten der Größe Δs durchlaufen werden. Die Stechzirkelmethode ist also nichts weiter als eine andere Ausführung der vertrauten Hausdorff- oder Box-Dimension, und sie liefert den gleichen Wert. Ähnliche Argumentationen wurden verwendet, um einen Zusammenhang zwischen der Box- und der Skalierungsdimension (Satz 3.2) sowie der Cluster- und der Box-Dimension (Lemma 3.1) herzustellen.

Im wesentlichen vernachlässigt man feinere Züge der Randkurve, wenn man Stechzirkel der Schrittweite Δs benutzt. Das sieht man am ehesten, wenn man die iterative Konstruktion der Kochschen Schneeflocke (Abbildung 2.2) betrachtet. Das Anfangsstadium, die Stufe 0, ist ja ein gleichseitiges Dreieck. Angenommen, der Umfang dieses Dreiecks sei L, so daß jede Seite die Länge $L/3^{n+1}$ hat.

Wie im folgenden gezeigt wird, erlangt man durch Abschreiten der Kochschen Schneeflocke mit Stechzirkeln der Schrittweite

$$\Delta s = \frac{L}{3^{n+1}} \tag{3.25}$$

und einem der Eckpunkte des ursprünglichen gleichseitigen Dreiecks als Anfangspunkt die Stufe n des Dreiecks wieder und läßt nachfolgende Stadien dadurch unberücksichtigt. Selbst wenn man an einem zufällig gewählten Punkt im Kochschen Dreieck und mit einer zufälligen Schrittweite Δs, die nicht die Form 3^{n+1} hat, beginnt, vernachlässigt man dadurch Strukturen, die wesentlich kleiner als Δs sind, und rekonstruiert im wesentlichen Stufe n, wobei n näherungsweise durch Gleichung (3.25) gegeben ist.

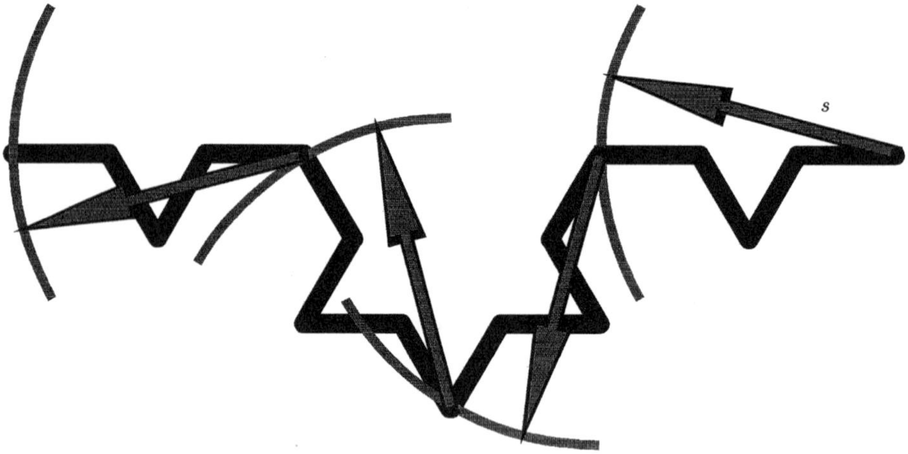

Abb. 3.5 Veranschaulichung der Stechzirkelmethode. Läuft man die Kochsche Schneeflocke mit Schritten der Länge Δs ab, so vernachlässigt man Ausstülpungen auf Skalen, die kleiner sind als Δs.

Anwendungen. Bradbury u.a. (1984) verwendeten die Stechzirkelmethode, um die Dimension der Umrisse von Strukturen in einem Australischen Korallenriff zu berechnen (siehe Kapitel 10).

3.5 Der Flächen-Umfangs-Exponent

Auf den Prinzipien der Stechzirkelmethode baut noch ein weiteres Verfahren für ein fraktales Muster aus vielen Inseln verschiedener Flächen auf, das von dem Flächen-Umfangs-Exponenten Gebrauch macht. Für ein solches Fraktal folgt aus der Skaleninvarianz ein Potenzgesetz-Zusammenhang zwischen dem Flächeninhalt A und dem Umfang p einer jeden Insel:

$$p = \text{const} \cdot A^E. \tag{3.26}$$

Wie wir sehen werden, ist der Exponent E die Hälfte der fraktalen Dimension der Randkurve, die durch irgendeine der oben beschriebenen Methoden berechnet wurde.

Regelmäßige Objekte sind einfache Beispiele. Bei einem Kreis sind beispielsweise der Umfang C, der Radius r und die Fläche A durch die Formeln $C = 2\pi r$ und $A = \pi r^2$ miteinander verknüpft.

Somit ist $r = (A/\pi)^{1/2}$ und

$$C = 2\pi^{\frac{1}{2}} A^{\frac{1}{2}}. \tag{3.27}$$

Der Flächen-Umfangs-Exponent $\frac{1}{2}$ ist die Hälfte der fraktalen Dimension 1 der glatten Randkurve des Kreises.

Wir führen nun ein Gedankenexperiment mit allgemeineren fraktalen Inselmustern durch. Als Beispiel betrachten wir zwei Inseln mit den Flächen A_1 und A_2 und den Umfängen p_1 bzw. p_2. Wir nehmen o.B.d.A. an, daß die zweite Insel die größere Fläche habe, und definieren durch

$$k = \frac{A_2^{\frac{1}{2}}}{A_1^{\frac{1}{2}}} \quad \text{oder, was gleichbedeutend ist,} \quad A_2 = k^2 A_1 \tag{3.28}$$

einen linearen Skalenfaktor k. Die Quadratwurzel in Gleichung (3.28) überführt das zweidimensionale Maß in ein eindimensionales. Dann ist die zweite Insel statistisch eine um den (eindimensionalen) Skalenfaktor k vergrößerte Kopie der ersten.

Angenommen, die Umfänge beider Inseln werden mit dem Maßstab Δs gemessen, und es sollen N_i Schritte erforderlich sein, um die i-te Insel zu umlaufen. Aufgrund der Skaleninvarianz ist die Vermessung der zweiten Insel mit dem Maßstab Δs äquivalent zu einer Vermessung der ersten Insel mit $\Delta s/k$. Da die Dimension der Randkurve der ersten Insel mit der Stechzirkelmethode berechnet werden kann, gilt

$$N_2 \left(\frac{\Delta s}{k}\right)^D = N_1 \Delta s^D \tag{3.29}$$

in Analogie zu Gleichung (3.22). Also ist den Gleichungen (3.29) und (3.28) zufolge

$$N_2 = N_1 k^D = N_1 \left(\frac{A_2}{A_1}\right)^{\frac{D}{2}}. \tag{3.30}$$

Da die Umfänge einfach $N_1 \Delta s$ bzw. $N_2 \Delta s$ betragen, folgt aus Gleichung (3.30)

$$\frac{p_2}{p_1} = \left(\frac{A_2}{A_1}\right)^{\frac{D}{2}}, \tag{3.31}$$

was für diese beiden Inseln einen Flächen-Umfangs-Exponenten von $D/2$ ergibt.

Diese Skizze kann ohne weiteres formalisiert werden, um allgemein zu beweisen, daß der Flächen-Umfangs-Exponent $D/2$ ist, wobei D die Dimension der Randkurve bezeichnet.

Ein ähnliches Gedankenexperiment verbindet den Flächen-Umfangs-Exponenten mit der Box-Dimension. Angenommen, die Randkurven einer Inselfamilie haben alle die Box-Dimension D. Das bedeutet, daß die Anzahl der Kästen, welche die Randkurve einer jeden Insel berührt, asymptotisch proportional zu $(1/\Delta s)^D$ ist, wenn wir die Randkurve dieser Inseln mit Hilfe eines Gitters vom Maßstab Δs approximieren. Wie bisher ist jedoch eine Verkleinerung des Gitters mit einem Faktor k statistisch äquivalent zu einer Vergrößerung der Inseln mit demselben Faktor k. Die Verkleinerung des Gitters mit einem Faktor k vervielfacht die Anzahl der von der Randkurve berührten Kästen asymptotisch mit dem Faktor k^D. Somit vervielfacht auch die Vergrößerung jeder Insel mit einem Faktor k die Anzahl der Kästen mit dem festen Maßstab Δs, die die Randkurve berühren, mit dem Faktor k^D. Außerdem vervielfacht die Vergrößerung die Inselfläche (die proportional zur Anzahl der Kästen mit festem Maßstab ist, die von der Insel selbst berührt werden) mit dem Faktor k^2, da die Inseln die Box-Dimension 2 haben. In einem skaleninvarianten Muster sind große Inseln jedoch vergrößerten kleinen Inseln statistisch ähnlich. Also sind Fläche und Umfang verschiedener Inseln, beide mit dem gleichen festen Maßstab gemessen, durch die Gleichung

$$\text{Umfang} \approx \text{const} \cdot k^D \approx \text{const} \cdot \text{Fläche}^{\frac{1}{2}} \tag{3.32}$$

miteinander verknüpft, was einen Flächen-Umfangs-Exponenten von $D/2$ ergibt.

Anwendungen. Krummel u.a. (1987) (siehe Kapitel 10) verwendeten den Flächen-Umfangs-Exponenten bei der Untersuchung von Landschaftsmustern. In Lovejoys (1982) früher Arbeit über Wolkenformen und Regenmuster wird sowohl der Flächen-Umfangs-Exponent als auch die Clusterdimension verwendet.

3.6 Kumulative Häufigkeiten. Der Korcak-Exponent B

Fraktale Inselmuster können noch durch einen weiteren Skalierungsexponenten beschrieben werden, und zwar den Exponenten B, den Korcak (1938, siehe Kapitel 2) bei der Untersuchung der Verteilung von Inselflächen einführte. Wir betrachten die kumulative Häufigkeitsverteilung, d.h. die Anzahl $N(a)$ von Inseln, deren Fläche größer oder gleich a ist. Aufgrund der Skaleninvarianz gilt

$$N(a) = \text{const} \cdot a^{-B}. \tag{3.33}$$

Der Exponent in Gleichung (3.33) muß negativ sein, da $N(a)$ offensichtlich eine nichtnegative, monoton fallende Funktion von a ist. Wir werden B als Korcak-Exponenten [1] bezeichnen.

Anwendungen. Korcak (1938) verwendete den Exponenten B, um die Flächenverteilung der Ägäischen Inseln zu parametrisieren; siehe Mandelbrot (1977, 1982). Hastings u.a. (1982) maßen mit Hilfe dieser Methode die räumliche Inhomogenität in vegetativen Ökosystemen. Kapitel 10 faßt die Arbeit von Hastings u.a. (1982), Meltzer (1991) und anderen auf diesem Gebiet zusammen.

Die Exponenten B und D hängen über einfache Gleichungen, in denen die Dimension des umgebenden Raumes (Mandelbrot 1977, 1982, S. 118) vorkommt, miteinander zusammen. Für fraktale Inselgruppen in der Ebene ist

$$B = \frac{1}{2} D, \qquad 0 \leq B \leq 1, \tag{3.34}$$

und allgemein gilt für fraktale Inselgruppen im n-dimensionalen Euklidischen Raum

$$B = \frac{1}{n} D, \qquad 0 \leq B \leq 1. \tag{3.35}$$

Wir wollen die Gleichungen (3.34) und (3.35) als *Mandelbrot-Formeln* bezeichnen und einen Beweis für (3.35) skizzieren, wobei wir weitgehend Mandelbrot (1977, 1982, S. 118) folgen. Zunächst betrachten wir die Berechnung von B und D für die Cantor-Menge C (Abbildung 1.1), bei der wir eine Folge von Skalen Δs wählen und sowohl die Intervalle der Länge Δs, die zur Überdeckung von C notwendig sind, als auch die Lücken der Mindestlänge Δs zwischen Punkten in C zählen. Die Ergebnisse sind in Tabelle 3.1 zusammengefaßt.

Tab. 3.1 Berechnung von B und D für die Standard-Cantor-Menge

Δs	Konstruktionsschritt der Cantor-Menge (Abb. 1.1)	Maßstab Δs: Anzahl $n_D(\Delta s)$ der Intervalle der Mindestlänge Δs	Maßstab Δs: Anzahl $n_B(\Delta s)$ der Lücken der Mindestlänge Δs
1/3	1	2	1
1/9	2	4	$1+2=3$
1/27	3	8	$1+2+4=7$
1/81	4	16	$1+2+4+8=15$
$1/3^n$	n	2^n	$1+2+\cdots+2^{n-1}=2^n-1$

Die Dimension D ist der Grenzwert

$$\lim_{\Delta s \to 0} \frac{\log n_D(\Delta s)}{\log \dfrac{1}{\Delta s}} = \frac{\log 2^n}{\log 3^n}$$

[1] Im englischsprachigen Original werden die Bezeichnungen Korcak exponent und Korcak patchiness exponent für B simultan verwendet. Patchiness (Fleckigkeit, von engl. patch: der Fleck) bezeichnet die Eigenschaft eines Gebietes, hinsichtlich bestimmter Eigenschaften räumlich nicht homogen, also fleckig zu sein. – Anm. d. Übers.

$$= \frac{n \log 2}{n \log 3}$$
$$= \frac{\log 2}{\log 3}, \tag{3.36}$$

und der Korcak-Exponent B ist der Grenzwert

$$\lim_{\Delta s \to 0} \frac{\log n_B(\Delta s)}{\log \dfrac{1}{\Delta s}} = \lim_{\Delta s \to 0} \frac{\log(2^n - 1)}{\log 3^n}$$
$$= \frac{\log 2}{\log 3}, \tag{3.37}$$

da offensichtlich

$$\lim_{\Delta s \to 0} \frac{\log(2^n - 1)}{\log 2^n} = 1 \tag{3.38}$$

gilt. Es ist also $D = B$.

Anmerkung 3.3 Wir haben Δs in den oben formulierten Grenzwerten auf Werte der Form $1/3^n$ beschränkt. Einem Standard-Argument zufolge (siehe Gleichungen (2.46) bis (2.50)) sind diese Grenzwerte auf *allen* Skalen wohldefiniert. Wir wollen den Beweis skizzieren. Zu einem allgemeineren Maßstab Δs wählen wir n gemäß

$$\frac{1}{3^{n+1}} < \Delta s \leq \frac{1}{3^n}, \tag{3.39}$$

was

$$n = \operatorname{int}\left(-\frac{\log \Delta s}{\log 3}\right) \tag{3.40}$$

erfordert. Dabei bedeutet $\operatorname{int}(u)$ den ganzzahligen Anteil von u, d.h. die größte ganze Zahl, die kleiner oder gleich u ist. Aus Gleichung (3.39) folgt

$$\lim_{\Delta s \to 0} \frac{\log \Delta s}{n} = \log 2 \tag{3.41}$$

und, da die Anzahl $n_D(\Delta s)$ der zur Überdeckung der Cantor-Menge erforderlichen Intervalle der Länge Δs eine monoton fallende Funktion von Δs ist, zugleich

$$\lim_{\Delta s \to 0} \frac{\log n_D(\Delta s)}{n} = \log 2. \tag{3.42}$$

Entsprechend ist

$$\lim_{\Delta s \to 0} \frac{\log n_B(\Delta s)}{n} = \log 2. \tag{3.43}$$

Demnach verhält sich also Δs asymptotisch wie 3^n, und sowohl $n_D(\Delta s)$ als auch $n_B(\Delta s)$ gehen asymptotisch mit 2^n. Also sind die Grenzwerte in den Gleichungen (3.36) und (3.37) wohldefiniert, und es gilt $B = D$.

3.6.1 Der allgemeine Fall (Mandelbrot 1982, S. 118)

Allgemeiner wollen wir annehmen, daß ein in die Gerade $\mathbb{R}$ eingebettetes Fraktal X die Skalierungsdimension $D = \log k / \log n$ hat. Wir nehmen weiterhin an, daß es $n_B(\Delta s)$ Lücken der Mindestlänge Δs zwischen den Punkten gibt. Dann ist das Fraktal X statistisch die Vereinigungsmenge von k reskalierten Kopien seinerselbst, deren jede um den Faktor n verkleinert ist. Das Fraktal X besitzt also asymptotisch

$$n_B\left(\frac{\Delta s}{n}\right) \approx k n_B(\Delta s) \tag{3.44}$$

Lücken der Mindestlänge $\Delta s/n$ (unter Vernachlässigung der Anzahl derjenigen Lücken von der Größenordnung k, die bei der Bildung der Vereinigungsmenge entstehen). Durch Iteration der Gleichung (3.44) folgt

$$n_B\left(\frac{\Delta s}{n^m}\right) = k^m n_B(\Delta s), \qquad m = 1, 2, 3, \ldots \tag{3.45}$$

und damit

$$n_B(\Delta s) = \text{const} \cdot \Delta s^{\frac{\log k}{\log n}}. \tag{3.46}$$

Wie oben folgt aus Gleichung (3.46) $B = D$. Eine ähnliche Argumentation führt für fraktale Inselgruppen, die in den n-dimensionalen Euklidischen Raum eingebettet sind, auf die Beziehung

$$D = nB \qquad \text{oder} \qquad B = \frac{1}{n}D. \tag{3.47}$$

3.7 Eigenschaften der Dimension

Wir geben nun eine Zusammenfassung der wichtigsten Eigenschaften von Dimensionsfunktionen einschließlich aller äquivalenten Definitionen der fraktalen Dimension D und der topologischen Dimension D_{top}. Wir betrachten zunächst zwei Objekte X und Y mit der fraktalen Dimension $D(X)$ bzw. $D(Y)$, die in den Euklidischen Raum E eingebettet sind.

3.7.1 Teilmengenbeziehungen

Wir wollen zuerst annehmen, daß X eine Teilmenge von Y sei. Dann genügen die fraktale Dimension D und die topologische Dimension D_{top} den Teilmengenbeziehungen

$$D(X) \leq D(Y) \qquad \text{und} \qquad D_{top}(X) \leq D_{top}(Y).$$

3.7.2 Topologische und fraktale Dimension

Die topologische und die fraktale Dimension hängen folgendermaßen miteinander zusammen: Für jede topologische Mannigfaltigkeit X oder für den Euklidischen Raum selbst ist die fraktale gleich der topologischen Dimension. Die Klasse der topologischen Mannigfaltigkeiten umfaßt die regulären Objekte der Euklidischen Geometrie (Punkte, Strecken, Bögen, Polygone), die Graphen glatter (differenzierbarer) Funktionen und offene Mengen sowie deren topologische Hüllenoperationen. Kurz: die „schönen" Objekte der Differentialrechnung sind topologische Mannigfaltigkeiten. Im allgemeinen gilt

$$D_{top}(X) \leq D(X) \leq D(E) = D_{top}(E).$$

Wir können deshalb die Differenz $D(X) - D_{top}(X)$ als ein Maß für die Unregelmäßigkeit oder das von dem einer Mannigfaltigkeit abweichende Verhalten von X interpretieren. Ähnlich interpretieren wir die Beziehung zwischen $D(X)$ und $D(E) = D_{top}(E)$ als ein Maß dafür, wie gut E lokal von X ausgefüllt wird.

3.7.3 Schnittbeziehungen

Man kann ganz leicht erkennen, daß sich zwei zufällig gezogene Geraden in der Euklidischen Ebene in einem Punkt, zwei zufällig gewählte Ebenen im dreidimensionalen Euklidischen Raum in einer Geraden schneiden. Dies folgt daraus, daß für zwei Teilräume X und Y in allgemeiner Lage (d.i. eine exakte Ausdrucksweise für eine zufällige Lage) im Euklidischen Raum E

$$D_{top}(X \cap Y) = D_{top}(X) + D_{top}(Y) - D_{top}(E)$$

und

$$D(X \cap Y) = D(X) + D(Y) - D(E)$$

gilt.

Anwendungen (siehe Mandelbrot 1977, 1982; Hastings u.a. 1982; Vicsek 1989; Erzan und Sinha 1991). Wir betrachten ein *selbstähnliches* fraktales Muster in der Raumzeit, wobei der durch den Vektor $\boldsymbol{x}$ repräsentierte Raum n-dimensional sei. Dadurch wird der $(\boldsymbol{x}, t)$-Raum $(n+1)$-dimensional mit n-dimensionalen Hyperflächen t = const und eindimensionalen Linien $\boldsymbol{x}$ = const. Aufgrund der Schnittbeziehungen haben die Schnitte t = const die typische Skalierungsdimension

$$D_{t=const} = D + n - (n+1) = D - 1,$$

und die Schnitte $\boldsymbol{x}$ = const haben die typische Skalierungsdimension

$$D_{\mathbf{x}=const} = D + 1 - (n+1) = D - n.$$

Somit gilt

$$D_{t=const} = D_{\mathbf{x}=const} + n - 1.$$

Erzan und Sinha (1991) verwenden dies, um die Dynamik des Bak-Tang-Weisenfeldschen (1987) Erdbebenmodells zu untersuchen. *Vorsicht:* Diese Ergebnisse gelten nicht für allgemeinere selbstaffine Fraktale.

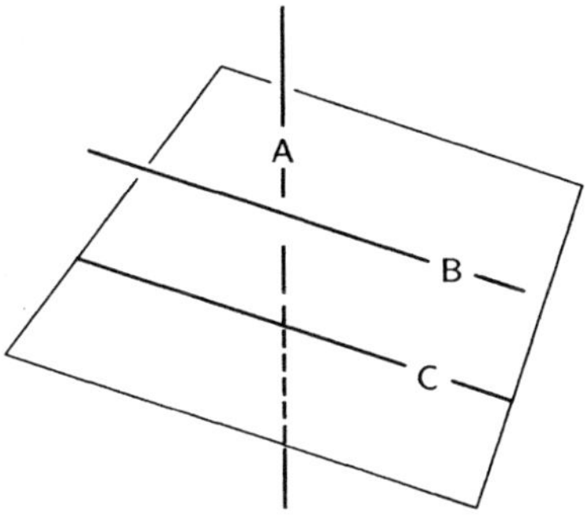

Abb. 3.6 Schnittbeziehungen. Die Gerade A und die horizontale Ebene P befinden sich in allgemeiner Lage im dreidimensionalen Raum und schneiden deshalb einander in einer Menge der Dimension $1 + 2 - 3 = 0$, d.h. in einem Punkt. Die zur Ebene P parallele Gerade B und die in der Ebene P enthaltene Gerade C befinden sich nicht in allgemeiner Lage. Die Gerade B berührt P nirgends, während C die Ebene P in einer Geraden berührt.

3.7.4 Projektionsbeziehungen

Wir betrachten eine Projektion aus dem dreidimensionalen Euklidischen Raum in die Euklidische Ebene. Der gesamte dreidimensionale Euklidische Raum sowie die meisten darin enthaltenen Ebenen werden auf die gesamte Euklidische Ebene projiziert (nur die zu einer „vertikalen" Geraden in Abbildung 3.7 parallelen Ebenen werden auf Geraden projiziert). Die meisten Geraden werden wiederum auf Geraden projiziert und alle Punkte auf Punkte. Man beachte, daß wir anstelle der meisten Ebenen eine (bezüglich der Projektionsrichtung) zufällige Ebene betrachten könnten. Diese geometrischen Projektionsbeziehungen spiegeln die Tatsache wieder, daß für ein skaleninvariantes Objekt X, das in den m-dimensionalen Euklidischen Raum eingebettet ist, die Projektion in den n-dimensionalen Euklidischen Raum die fraktale Dimension $\max\{D(X), n\}$ hat. Ähnliches gilt für die topologische Dimension.

Darüberhinaus gilt dieses Ergebnis für Zufallsabbildungen von maximalem Rang aus dem m-dimensionalen in den n-dimensionalen Euklidischen Raum. Eine Abbildung hat maximalen Rang, wenn ihre Jacobi-Matrix maximalen Rang (in diesem Falle n) hat. Daraus folgt zwar, daß die Abbildung lokal eine Projektion in den n-dimensionalen Euklidischen Raum ist, aber die Richtung der Projektion kann sich im m-dimensionalen Euklidischen Raum von Punkt zu Punkt ändern.

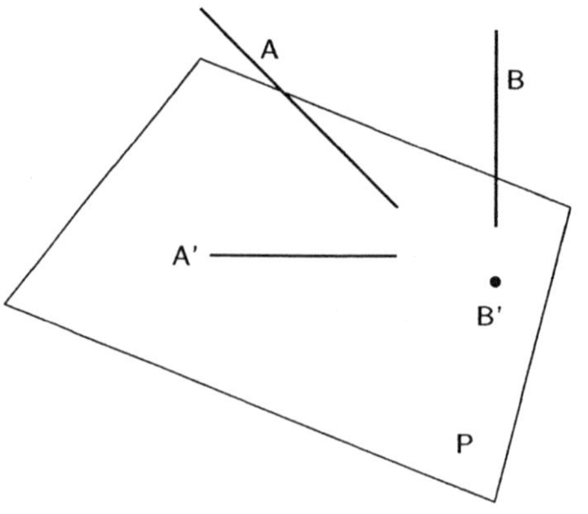

Abb. 3.7 Projektionsbeziehungen. Die Geraden A und B werden vertikal (orthogonal) auf die horizontale Ebene P projiziert, wodurch die Gerade A' (der Normalfall: die Gerade A befindet sich in allgemeiner Lage) und der Punkt B' (die Gerade B ist vertikal und daher nicht in allgemeiner Lage) entstehen.

4 Die Dimension von Funktionsgraphen

4.1 Einführung

Im vorigen Kapitel haben wir Theorie und Rechenverfahren für die fraktale Dimension (und damit zusammenhängende Exponenten) räumlicher Muster entwickelt. Nun betrachten wir die Dimension von Funktionsgraphen, insbesondere der Graphen von Zeitreihen. Obwohl die Verfahren aus Kapitel 3 auf Gruppen *fraktaler Inseln* der Form

$$\{t : f(t) \geq c\} \tag{4.1}$$

angewandt werden können, gibt es noch weitere Methoden zur Berechnung der fraktalen Dimension (und damit zusammenhängender Exponenten) von Graphen skaleninvarianter oder selbstaffiner Funktionen und Zeitreihen (aufgefaßt als Funktionen mit diskretem Definitionsbereich), die einen größeren Teil der verfügbaren Informationen nutzen.

In den nächsten drei Abschnitten wollen wir diese Methoden entwickeln: in Abschnitt 4.2 die Methode der zweiten Momente, bei der der fraktale Hurst-Exponent durch Anpassung der Daten an die axiomatische Beschreibung eines fraktalen Prozesses (siehe auch Definition 2.3) berechnet wird; in Abschnitt 4.3 die damit nahe verwandte Methode der lokalen zweiten Momente (ähnlich der Korrelation; siehe auch Gleichung (2.26)); und in Abschnitt 4.4 Verfahren der Wertebereichserweiterung, die von der Renormierungs-Eigenschaft der fraktalen Prozesse (siehe auch Gleichung (2.27)) Gebrauch machen.

Die Berechnungsverfahren aus dem vorigen Kapitel liefern auch Skalierungsexponenten für die Graphen fraktaler Prozesse. Abschnitt 4.5 stellt mit einer Beschreibung der Mandelbrot- (1977, 1982) Formeln für diese neuen Exponenten eine Weiterführung von Abschnitt 3.6.1 dar. In Abschnitt 4.6 werden die Techniken der Fourier-Transformation eingeführt, die dann in Kapitel 5 ausführlicher behandelt werden. Wir wollen die Einführung jedoch mit einer eindringlichen Warnung beenden: Bei der fraktalen Analyse kurzer Zeitreihen muß man, ebenso wie bei jedem anderen statistischen Verfahren, sehr sorgfältig vorgehen. Eine einfache Möglichkeit, Verläßlichkeitsgrenzen abzuschätzen, besteht darin, ein erstes oder letztes Glied der Reihe auszulassen und die Analyse zu wiederholen. Zudem können Simulationsverfahren angewandt werden.

Die Untersuchung der fraktalen Exponenten von Zeitreihen und Funktionen läßt schließlich zwei spezielle Fragen entstehen, nämlich ob Daten von Trends zu bereinigen sind, und wann Summen gebildet werden müssen. Die erste Frage betrifft Daten, die lineare oder zyklische Trends enthalten können; die zweite läßt sich am besten durch ein Beispiel veranschaulichen. Beim Modellieren des Abflußverhaltens von Flüssen betrachteten Hurst (1951, 1956) und Mandelbrot (1977, 1982) den kumulativen Abfluß (die Summe aller Abflüsse bis zu einer bestimmten Zeit) anstelle der Abflüsse selbst als fraktalen Prozeß. Die Begründung für diese Wahl und, allgemeiner, die Antworten auf beide Fragen werden in Kapitel 9 gegeben.

4.2 Die Methode der zweiten Momente

Das dritte Axiom für fraktale Prozesse (siehe Definition 2.3, nachfolgend nochmals genannt) eröffnet einen natürlichen Weg, den Hurst-Exponenten H für ein gegebenes fraktales Modell experimenteller Daten zu bestimmen. In einem fraktalen Prozeß haben die entsprechenden Zuwächse Δy für jeden beliebigen Wert Δt den Erwartungswert 0 und genügen der Gleichung

$$\mathrm{E}\left(\Delta y^2\right) = c\Delta t^{2H}. \tag{4.2}$$

Für ein Beispiel aus einem fraktalen Prozeß ist der Mittelwert von Δy^2 eine unbeeinflußte Abschätzung des Erwartungswertes $\mathrm{E}(\Delta y^2)$. Der Exponent $2H$ in Gleichung (4.2) kann empirisch bestimmt werden, indem man unter Verwendung der linearen Regression logarithmisch transformierte Daten an die logarithmierte Gleichung (4.2),

$$\log \mathrm{E}\left(\Delta y^2\right) = \log c + 2H \log \Delta t, \tag{4.3}$$

anpaßt. Zusätzlich kann man ihn lokal im Skalierungsintervall von Δt bis $2\Delta t$ durch Berechnung des Verhältnisses

$$\frac{\mathrm{E}\left([y(t+2\Delta t) - y(t)]^2\right)}{\mathrm{E}\left([y(t+\Delta t) - y(t)]^2\right)} \tag{4.4}$$

bestimmen. Noch genauer folgt aus Axiom (iii)

$$H = \frac{1}{2}\left\{\log \mathrm{E}\left([y(t+2\Delta t) - y(t)]^2\right) - \log \mathrm{E}\left([y(t+\Delta t) - y(t)]^2\right)\right\}. \tag{4.5}$$

Da der Hurst-Exponent H eines fraktalen Prozesses nicht von der zeitlichen Schrittweite abhängt, kann mit Hilfe lokaler Berechnungen der Form (4.5) überprüft werden, ob ein bestimmter Prozeß fraktal ist. Man kann allgemeinere Intervalle oder sogar Fenster, die mehr als zwei Datenpunkte enthalten, einsetzen, um ähnliche lokale fraktale Exponenten zu erhalten. Ähnliche Fenster-Techniken sind auf alle Berechnungen fraktaler Exponenten anwendbar. Sie werden später eingesetzt, um Skalierungsbereiche in Mustern von Ökosystemen (Abschnitt 10.5) und in natürlichen Zeitreihen (Kapitel 9 und 11) zu bestimmen.

Warnung und Kritik. Im Falle langer Zeitreihen ist der mittlere Zuwachs Δy sehr klein im Vergleich zu den oben besprochenen zweiten Momenten, und die Begriffe „zweites Moment" und Varianz können bedeutungsgleich verwendet werden. Das ist jedoch nicht der Fall bei kurzen Zeitreihen, und wir ziehen es vor, die Hypothesen über den Erwartungswert und das zweite Moment unabhängig zu prüfen. Ähnliche Vorsicht ist bei den nachfolgend beschriebenen Korrelationsverfahren geboten.

4.3 Die (korrelationsähnliche) Methode der lokalen zweiten Momente

Der Hurst-Exponent kann auch mit Hilfe von Gleichung (2.26) aus dem Korrelations-Koeffizienten aufeinanderfolgender Zuwächse bestimmt werden (Axiom (iv) aus Definition 2.3). Unter der Annahme, daß die Zuwächse den Erwartungswert 0 haben, läßt sich der Korrelations-Koeffizient ρ direkt aus seiner Definition bestimmen:

$$\rho = \frac{\mathrm{E}\left([y(t+2\Delta t) - y(t+\Delta t)][y(t+\Delta t) - y(t)]\right)}{\left\{\mathrm{E}\left([y(t+2\Delta t) - y(t+\Delta t)]^2\right)\mathrm{E}\left([y(t+\Delta t) - y(t)]^2\right)\right\}^{1/2}}. \tag{4.6}$$

Dies ist der Erwartungswert des Produktes zweier aufeinanderfolgender Zuwächse, dividiert durch das geometrische Mittel ihrer zweiten Momente. Die Mittelwerte der Terme $[y(t+2\Delta t)-y(t+\Delta t)][y(t+\Delta t)-y(t)]$, $[y(t+2\Delta t)-y(t+\Delta t)]^2$ und $[y(t+\Delta t) - y(t)]^2$ dienen als unabhängige Abschätzungen für die Erwartungswerte. Der lokale Hurst-Exponent ist dann entsprechend der Herleitung in Gleichung (2.26) durch die Gleichung

$$2^{2H} = 2 + 2\rho \qquad \text{oder} \qquad H = \frac{\log(2+2\rho)}{\log 4} \tag{4.7}$$

gegeben.

Allgemeiner ausgedrückt dienen die Gleichungen (4.6) und (4.7) zur Berechnung des lokalen fraktalen Exponenten über dem Skalierungsintervall von Δt bis $2\Delta t$, selbst wenn der Erwartungswert nicht Null und ρ *nicht* der Korrelations-Koeffizient ist. Die Gültigkeit der Axiome kann für einen fraktalen Prozeß nachgeprüft werden, indem man diese lokalen Berechnungen für mehrere Werte von Δt wiederholt. Dieses Verfahren wird in Kapitel 11 angewandt, um zu überprüfen, ob Populationsfluktuationen wirklich fraktal sind.

4.3.1 Ein Gedankenexperiment

Wir betrachten eine kurze Zeitreihe, die bei einem fraktalen Prozeß mit $H > \frac{1}{2}$ entstanden ist; man erwartet also, daß die Zuwächse positiv korreliert sind. In diesem Fall erwarten wir, daß der mittlere Zuwachs ungleich Null ist. Können nun die oben beschriebenen Verfahren noch angewandt werden? Sie können angewandt werden, falls der Koeffizient ρ zur Abschätzung des lokalen fraktalen Exponenten verwendet und nicht als Korrelations-Koeffizient interpretiert wird.

4.4 Wachstum des Werteumfangs

Das Renormierungsprinzip kann, mit einer nachfolgend genannten Einschränkung, zur Berechnung des fraktalen Exponenten H aus dem Wachstum des Werteumfangs verwendet werden. Dieses Verfahren ist eng mit dem des reskalierten Werteumfangs von Mandelbrot und Van Ness (1968) und Mandelbrot und Wallis (1969) verwandt. Der Werteumfang eines fraktalen Prozesses $\{y(t)\}$ über einem Zeitintervall Δt ist als Differenz zwischen Minimal- und Maximalwert von $y(t)$ auf diesem Intervall definiert. Wir wollen mit $R(\Delta t)$ den mittleren Werteumfang des Prozesses $\{y(t)\}$ über allen Intervallen der Dauer Δt bezeichnen. Das Skalierungsverhalten des Werteumfangs $R(\Delta t)$ als Funktion der Dauer Δt kann durch Renormierung leicht bestimmt werden.

Ist $\{y(t)\}$ ein fraktaler Prozeß mit dem fraktalen Exponenten H, dann ist für jede beliebige Konstante $c > 0$ der Prozeß

$$y_c = \frac{1}{c^H} y(ct) \tag{4.8}$$

ein weiterer fraktaler Prozeß mit den gleichen statistischen Eigenschaften. Also sollte für die Prozesse $\{y(t)\}$ und $\{y_c(t)\} = \{(1/c^H)y(ct)\}$ über allen Intervallen der gleiche Werteumfang zu erwarten sein. Aus Gleichung (4.8) würde dann folgen, daß der Werteumfang des Prozesses $\{y_c(t)\}$ über einem Intervall der Dauer Δt das $1/c^H$-fache des Werteumfangs des Prozesses $\{y(t)\}$ über einem Intervall der Dauer $\Delta t/c$ ist. Ersetzt man $\Delta t/c$ durch Δt, so folgt, daß sich der Werteumfang wie

$$R(\Delta t) = c\Delta t^H \tag{4.9}$$

verhalten sollte. Im Falle eines fraktalen Prozesses mit diskreter Zeit gilt Gleichung (4.9) jedoch nur für hinreichend große Zeitintervalle, da es in einem kleinen Zeitintervall nicht genügend Datenpunkte gibt, um den Werteumfang angemessen zu bestimmen.

Unglücklicherweise kann man viele natürliche Prozesse nur zu diskreten Zeitpunkten erfassen. Deshalb muß Gleichung (4.9) korrigiert werden, bevor sie zur

Bestimmung des fraktalen Exponenten realer Daten herangezogen werden kann. Es ist klar, daß durch die Beschränkung der Berechnung des Werteumfangs von $y(t)$ über einem Zeitintervall auf einige wenige Punkte aus diesem Intervall der Werteumfang unterschätzt wird und somit $R(\Delta t)$ für kurze Intervalle schneller wächst als Δt^H (siehe Tabelle 4.1).

Tab. 4.1 Wachstum des Werteumfangs $R(\Delta t)$ für $\Delta t \leq 5$, verglichen mit dem Wert $(\Delta t)^{1/2}$, der den Axiomen für einen zeitlich kontinuierlichen Brownschen Prozeß zufolge zu erwarten wäre.

Zeitdifferenz Δt	Erwarteter Wert von $R(\Delta t)$ aus der Analyse aller Wege	$(\Delta t)^{1/2}$
1	1,0	1,0
2	1,5	1,414
3	2,0	1,732
4	2,375	2,0
5	2,75	2,236

Somit ist für den Prozeß, der durch eine Erfassung der Brownschen Bewegung zu diskreten Zeitpunkten definiert ist, $H = 0{,}63$ und *nicht*, wie erwartet, $H = 0{,}5$.

4.5 Weitere Verfahren

Die Rechenverfahren aus Kapitel 3 können auch zur Bestimmung der Skalierungsexponenten für die Graphen fraktaler Prozesse angewandt werden. Wir wollen an dieser Stelle die nützlichsten Verfahren wiederholen.

Die fraktale Dimension D des Graphen kann mit Hilfe der Box-Dimension oder eines ähnlichen Verfahrens bestimmt werden; man kann auch die fraktale Dimension D_0 der Menge der Nullstellen des Graphen bestimmen. Formal ist D_0 nichts anderes als die fraktale Dimension der Menge

$$\{t : y(t) = 0\}. \tag{4.10}$$

Da die Menge der Nullstellen lediglich die Schnittmenge des Graphen mit der Geraden $y = 0$ im zweidimensionalen Euklidischen Raum ist, gilt

$$D_0 = D + 1 - 2 = D - 1. \tag{4.11}$$

Man kann auch den Korcak-Exponenten B für die Intervalle auf der t-Achse mit positivem $y(t)$ oder sogar für alle Intervalle, die bei Unterteilung der t-Achse durch Nullstellen entstehen, berechnen. Der Exponent B ist durch das Potenzgesetz

$$N(L > l) = cl^{-B} \tag{4.12}$$

definiert, wobei $N(L > l)$ die Anzahl der Intervalle mit einer Länge größer als l bezeichnet. Dann ist

$$B = D_0, \tag{4.13}$$

was aus einer Beweisführung ähnlich der von Abschnitt 3.6.1 folgt.

Die Berechnung der fraktalen Dimension des Graphen der Brownschen Bewegung ergibt

$$D = 2 - H \tag{4.14}$$

und damit

$$D_0 = 1 - H \qquad \text{und} \qquad B = 1 - H. \tag{4.15}$$

Damit sind die Mandelbrotschen Beziehungen zwischen den Exponenten komplett.

Diese Beziehungen haben bedeutende Auswirkungen auf Anwendungen; beispielsweise ist der Korcak-Exponent für die Verteilung der Dauern von Fluten und Dürreperioden eng mit dem Potenzgesetz für den Werteumfang des Abflußverhaltens von Flüssen verwandt (siehe Kapitel 9).

4.6 Die Methode der Fourier-Transformation

Die Fourier-Transformation eröffnet den Weg zu einem weiteren äußerst nützlichen Exponenten H. Wir wollen die Fourier-Transformationen hier nur kurz erwähnen, die meisten Einzelheiten aber auf Kapitel 5 verschieben.

Wir stellen uns zunächst eine Fläche, etwa die Ozeanoberfläche, vor, die aus einer Vielzahl von Wellen besteht. Wir können solche Flächen mathematisch beschreiben, indem wir einfachere Wellen aus Sinus- und Cosinusfunktionen überlagern. Die Fourier-Transformationen stellen die Fläche durch die Amplituden (und Vorzeichen, also die Fourier-Koeffizienten) der Sinus- und Cosinuswellen dar, die die Fläche aufbauen. Ist die Fläche fraktal, dann sollten die Amplituden einem Potenzgesetz genügen, das von den fraktalen Exponenten der Fläche abhängt. In dem einfacheren Fall einer fraktalen Kurve verhält sich das Leistungsspektrum (die Menge der Varianzen der Fourier-Koeffizienten) wie

$$\frac{c}{f^{1+2H}}, \tag{4.16}$$

wobei f die Frequenz ist. Flächen können nach zwei Richtungen analysiert werden. Die Leistungsspektren von Flächen verhalten sich wie

$$\frac{c}{f_1^{1+2H} f_2^{1+2H}} = \frac{c}{(f_1 f_2)^{1+2H}}, \tag{4.17}$$

wobei f_1 und f_2 die Frequenzen in den beiden Richtungen sind. Obwohl diese Verfahren problemlos und oft verwendet werden, um fraktale Kurven und

Flächen (die Mandelbrot-Weierstraß-Fraktale von Berry und Lewis (1980)) zu konstruieren, verlangt ihre Anwendung einige Sorgfalt (siehe insbesondere die Warnung in Abschnitt 5.1).

5 Die Fourier-Transformation

5.1 Einführung

In Kapitel 4 wurde auf den Nutzen der Fourier-Transformation für die Berechnung fraktaler Exponenten hingewiesen. Dieses Kapitel behandelt nun die mathematischen Einzelheiten. Die Fourier-Transformation einer Zeitreihe zeigt den Aufbau dieser Reihe aus einfachen periodischen Funktionen; entsprechend beschreibt dann die Fourier-Transformation räumlicher Daten eine räumliche Periodizität. Wir werden zeigen, daß die Fourier-Koeffizienten der Brownschen und fraktalen Prozesse Potenzgesetz-artigen Skalierungsregeln genügen, die denen entsprechen, welche das selbstähnliche Verhalten dieser Prozesse charakterisieren. Die Skalierungsregeln der Fourier-Koeffizienten lassen sich ohne weiteres zur Berechnung der zugehörigen fraktalen Exponenten verwenden. Umgekehrt kann man die bekannteste Klasse von zufälligen fraktalen Kurven und Flächen, die Mandelbrot-Weierstraß-Fraktale (Berry und Lewis 1980, Mandelbrot 1982), durch Anwendung der inversen Fourier-Transformation auf geeignet skalierte „Fourier-Koeffizienten" mit zufälligen Phasen konstruieren. Diese Konstruktion erzeugt komplizierte Muster aus einer Vielzahl von Wellen, die intuitiv an ein Bild der Ozeanoberfläche erinnern.

Dieses Kapitel ist folgendermaßen angelegt: Abschnitt 5.2 enthält einen Rückblick auf die Grundlagen der Fourier-Transformationen, der mit der Fourier-Reihe einer auf dem Einheitsintervall $0 \leq t \leq 1$ definierten stetigen Funktion f beginnt. Die Fourier-Reihe stellt die Funktion f als Überlagerung von Sinus- und Cosinusfunktionen dar. In Abschnitt 5.3 wird dann die praktische Durchführung erarbeitet. Die Fourier-Transformation wird gewöhnlich mit Hilfe eines Computer-Algorithmus ausgeführt, der als schnelle Fourier-Transformation (FFT) bezeichnet wird (siehe Aho u.a. 1974; Burrus und Parks 1985; Horowitz und Sahni 1978; Kreyszig 1988). Die FFT verwendet komplexe exponentielle Ausdrücke anstelle der äquivalenten Sinus- und Cosinusterme. Häufig bezeichnet man die Menge der Fourier-Koeffizienten einer Funktion als ihr *Spektrum*. Die schnelle Fourier-Transformation hat eine lange Geschichte (siehe Cooley u.a. 1967; Aho u.a. 1974, S. 276), die sich bis zu Runge und König (1924), Danielson und Lanczos (1942) und Good (1958) zurückverfolgen läßt; die gebräuchlichste Art ihrer Durchführung stammt von Cooley und Tukey (1965). Die grundlegenden Leistungsspektren (im wesentlichen die Quadrate der Amplituden des Spektrums) werden in Abschnitt 5.4 behandelt; in Abschnitt 5.5 leiten wir die

Fourier-Reihe der Brownschen Bewegung aus den Axiomen her und stellen die entsprechende Skalierungsregel für Brownsche und fraktale Prozesse auf. In Abschnitt 5.6 wird der umgekehrte Vorgang für die Konstruktion von Mandelbrot-Weierstraß-Fraktalen (Berry und Lewis 1980) beschrieben.

Warnung und Kritik. Obwohl die Fourier-Transformation einer beliebigen Folge von Fourier-Koeffizienten (eines Spektrums) periodisch ist, d.h. $f(0) = f(1)$, wird die Fourier-Analyse häufig auf nichtperiodische Funktionen wie Zufallsbewegungen angewandt. Durch das Fehlen der Periodizität entstehen bei jeder diskreten Fourier-Transformation zusätzliche Terme mit hoher Frequenz, und um diese zu vermeiden, *müssen* die Skalierungsbereiche sorgfältig ausgewählt werden.

5.2 Rückblick auf die Fourier-Transformation

Die Fourier-Transformation einer Funktion f beschreibt f als Summe von Vielfachen einfacher periodischer Funktionen, nämlich des Sinus und des Cosinus, mit einer Grundfrequenz und ihren Harmonischen. Die Koeffizienten dieser Funktionen beschreiben das Verhalten von f auf Skalen, die ihren jeweiligen Frequenzen entsprechen. Sowohl Periodizität als auch das Verhalten einer Zufallsbewegung können durch entsprechende Muster in der Fourier-Transformation von f eindeutig widergespiegelt werden.

5.2.1 Der Standardfall: Die Fourier-Transformation einer stetigen Funktion f auf dem abgeschlossenen Intervall [0, 1]

Es sei f eine stetige Funktion, die auf dem abgeschlossenen Intervall [0, 1] definiert ist und die Bedingung $f(0) = f(1)$ erfüllt. Die Fourier-Transformation stellt in diesem Fall die Funktion f als Summe einfacher periodischer Funktionen (als Fourier-Reihe) dar:

$$f(t) = \sum a_n \cos 2\pi nt + \frac{1}{2}a_0 + \sum b_n \sin 2\pi nt. \qquad (5.1)$$

Hierbei laufen alle Summen über $n = 1, 2, 3, \ldots$, und die Koeffizienten sind durch die Integrale

$$a_n = 2 \int f(t) \cos 2\pi nt \, dx \qquad (n = 0, 1, 2, 3, \ldots) \qquad (5.2)$$

und

$$b_n = 2 \int f(t) \sin 2\pi nt \, dt \qquad (n = 1, 2, 3, \ldots) \tag{5.3}$$

gegeben, die alle über dem Einheitsintervall gebildet werden.

Ausgehend von der Zerlegung (5.1) folgen die Gleichungen (5.2) und (5.3) aus den Orthogonalitäts-Beziehungen der Sinus- und Cosinusfunktion:

$$\left.\begin{aligned}
&\int \sin 2\pi mt \, \sin 2\pi nt \, dt = \begin{cases} 0 & \text{für} \quad m \neq n, \\ \frac{1}{2} & \text{für} \quad m = n, \end{cases} \\
&\int \cos 2\pi mt \, \cos 2\pi nt \, dt = \begin{cases} 0 & \text{für} \quad m \neq n, \\ 1 & \text{für} \quad m = n = 0, \\ \frac{1}{2} & \text{für} \quad m = n > 0, \end{cases} \\
&\int \sin 2\pi mt \, \cos 2\pi nt \, dt = 0.
\end{aligned}\right\} \tag{5.4}$$

Diese Orthogonalitätsbeziehungen lassen sich leicht mit Hilfe von Integrationsformeln aus der elementaren Differentialrechnung herleiten. Gleichung (5.3) folgt aus der Integration

$$\begin{aligned}
\int f(t) \sin 2\pi mt \, dt &= \int f(t) \left(\sum a_n \cos 2\pi nt + \frac{1}{2} a_0 + \sum b_n \sin 2\pi nt \right) dt \\
&= \sum a_n \int \cos 2\pi nt \, \sin 2\pi mt \, dt + \frac{1}{2} a_0 \int \sin 2\pi mt \, dt \\
&\quad + \sum b_n \int \sin 2\pi nt \, \sin 2\pi mt \, dt = \frac{1}{2} b_m .
\end{aligned} \tag{5.5}$$

Für Gleichung (5.2) wird ein ähnliches Integral, nämlich $\int f(t) \cos 2\pi mt \, dt$, verwendet.

Eine von uns benötigte Schlüsseleigenschaft der Fourier-Transformation ist ihre *Linearität*. Die Fourier-Transformation kann als eine Abbildung T aus dem Vektorraum aller geeigneten (stückweise stetigen) Funktionen über dem Intervall $0 \leq t \leq 1$ in den Vektorraum aller Folgen von Fourier-Koeffizienten betrachtet werden. Es sei c eine Konstante, und wir wollen die Fourier-Transformation einer Funktion f als $T(f)$ schreiben. Dann gilt

$$T(f_1 + f_2) = T(f_1) + T(f_2) \qquad \text{und} \qquad T(cf) = cT(f). \tag{5.6}$$

Diese Eigenschaft, die Linearität, folgt unmittelbar aus der analogen Eigenschaft für die Integrale (5.2) und (5.3), welche die Fourier-Koeffizienten definieren.

5.3 Ausführung der Fourier-Transformation

Die Grundlage einer effizienten Anwendung der Techniken der Fourier-Transformation ist ein sehr geistreicher numerischer Algorithmus für die Berechnung der Transformationen. Er ist als schnelle Fourier-Transformation (FFT) bekannt und für den Computer in den meisten mathematischen Anwendungspaketen verfügbar. Obwohl wir den FFT-Algorithmus selbst aufgrund seiner mathematischen Kompliziertheit nicht darlegen werden, wollen wir doch seinen Zusammenhang mit der Fourier-Transformation aus Abschnitt 5.2 andeuten. Kapitel 12 enthält dazu ein Programm.

Die FFT stellt eine diskrete Version der Fourier-Transformation, die sogenannte diskrete Fourier-Transformation (DFT), dar. Die DFT erfordert nur eine endliche Menge von Datenpunkten, z.B. aus einer Zeitreihe, anstelle der oben verwendeten stetigen Funktion f und ist damit für die meisten Anwendungen nützlicher als die Standard-Fourier-Transformation. Die DFT und die FFT lassen sich am leichtesten durch komplexe Exponentialfunktionen anstelle von Sinus und Cosinus beschreiben.

Die Beziehung zwischen Sinus- und Cosinusfunktionen und den komplexen Exponentialfunktionen lautet

$$\exp(i\phi) = \cos\phi + i\sin\phi, \tag{5.7}$$

und dementsprechend gilt

$$\cos\phi = \frac{\exp(i\phi) + \exp(-i\phi)}{2} \qquad \text{und} \qquad \sin\phi = \frac{\exp(i\phi) - \exp(-i\phi)}{2i}. \tag{5.8}$$

Anhand dieser Beziehung kann die Fourier-Reihe (5.1) durch komplexe Exponentialfunktionen und komplexe Koeffizienten ausgedrückt werden, indem man die Bauelemente $\cos 2\pi nt$ und $\sin 2\pi nt$ durch die entsprechenden Kombinationen von $\exp(2\pi int)$ und $\exp(-2\pi int)$ ersetzt. Es ergibt sich

$$f(t) = \sum c_n \exp(2\pi int) \tag{5.9}$$

mit einer Summation über alle ganzen Zahlen $n = \ldots, -2, -1, 0, 1, 2, \ldots$.

Formeln für die Koeffizienten c_n können durch ähnliche Substitutionen in den Gleichungen (5.2) und (5.3) oder den direkten Gebrauch der Orthogonalitäts-Beziehungen

$$\int \exp(2\pi imt)\exp(-2\pi int)\,dt = \begin{cases} 1 \text{ für } m = n, \\ 0 \text{ für } m \neq n \end{cases} \tag{5.10}$$

hergeleitet werden. Das Integral wird wiederum über dem Einheits-Intervall gebildet. Man beachte jedoch die Verwendung der komplexen Konjugation $\exp(-2\pi int)$ anstelle von $\exp(2\pi int)$ in den Integralen gewisser Produkte an dieser Stelle und auch im folgenden. Wir erhalten

$$c_n = \int f(t)\exp(-2\pi int)\,dt. \tag{5.11a}$$

Anmerkung. Manche Autoren (Aho u.a. 1974; Horowitz und Sahni 1984) definieren die diskrete Fourier-Transformation als die komplexe Konjugation unserer Transformation. Beispielsweise ersetzen sie Gleichung (5.11a) durch

$$c_n = \int f(t) \exp(2\pi int)\, dt \tag{5.11b}$$

und nehmen eine entsprechende Änderung auch in Gleichung (5.7) vor. Andere (Burrus und Parks 1985; Kreyszig 1988) befolgen unsere Vorzeichenregelung. Da wir zur Berechnung fraktaler Exponenten nur die Beträge der Fourier-Koeffizienten benötigen werden, hat die Wahl der Vorzeichenregelung über die mathematische Herleitung hinaus keine Auswirkung.

Die diskrete Fourier-Transformation (DFT) ist durch die Konstruktion eines diskreten Analogons der Standard-Fourier-Transformation definiert. So werden Irrtümer vermieden, wie sie bei Problemen der diskreten numerischen Integration auftreten, wenn man eine Zeitreihe zu einer stetigen Funktion erweitern will. Die Funktion f auf dem Einheitsintervall wird durch den Vektor

$$\boldsymbol{f} = (f_0, f_1, \ldots, f_{n-1}) \tag{5.12}$$

ersetzt; bei der DFT wird f als Summe der Vektoranaloga komplexer Exponentialfunktionen, nämlich der Vektoren $\boldsymbol{v}_j$ mit der k-ten Komponente

$$\exp\left(2\pi i \frac{jk}{n}\right), \tag{5.13}$$

dargestellt. Beispielsweise ist der Vektor $\boldsymbol{v}_0 = (1, 1, \ldots, 1)$ das Analogon der Funktion $\exp(2\pi i 0 t)$, der Vektor

$$\boldsymbol{v}_1 = \left(1, \exp\left(2\pi i \frac{1}{n}\right), \exp\left(2\pi i \frac{2}{n}\right), \exp\left(2\pi i \frac{3}{n}\right), \ldots, \exp\left(2\pi i \frac{n-1}{n}\right)\right)$$

ist die Entsprechung der Funktion $\exp(2\pi i t)$, und der Vektor

$$\boldsymbol{v}_j = \left(1, \exp\left(2\pi i j \frac{1}{n}\right), \exp\left(2\pi i j \frac{2}{n}\right), \exp\left(2\pi i j \frac{3}{n}\right), \ldots, \exp\left(2\pi i j \frac{n-1}{n}\right)\right)$$

die der Funktion $\exp(2\pi i j t)$.

Wir wollen uns nun mit den Methoden der linearen Algebra die DFT verschaffen. Es sei M die Matrix, deren j-te Spalte gerade $\boldsymbol{v}_j$ ist. Dann ist der (j, k)-te Eintrag von M (j-te Spalte, k-te Zeile) durch

$$M_{jk} = \exp\left(2\pi i \frac{jk}{n}\right) \tag{5.14}$$

gegeben. Ist beispielsweise $n = 4$ so ist

$$M = \begin{bmatrix} 1 & 1 & 1 & 1 \\ 1 & i & -1 & -i \\ 1 & -1 & 1 & -1 \\ 1 & -i & -1 & i \end{bmatrix}. \tag{5.15}$$

Es sei N die konjugierte Matrix zu M:

$$N_{jk} = \exp\left(-2\pi i \frac{jk}{n}\right). \tag{5.16}$$

Durch direktes Ausrechnen erhält man, daß das Produkt MN eine Diagonalmatrix mit den Elementen n auf der Diagonalen ist. Deshalb ist

$$\frac{1}{n} MN = I, \tag{5.17}$$

die Einheitsmatrix, d.h., die Matrizen $(1/n)M$ und N sind invers zueinander, und die Spalten von M sind eine Basis für den Vektorraum der n-dimensionalen komplexwertigen Vektoren.

Da M und N symmetrische Matrizen sind, können wir Zeilen und Spalten fast beliebig vertauschen. Insbesondere werden wir den Vektor $\boldsymbol{f}$ mit seinem transponierten Vektor, dem Spaltenvektor $\boldsymbol{f}^\top$ identifizieren, wann immer $\boldsymbol{f}$ mit einer Matrix multipliziert wird, und einfach $\boldsymbol{f}$ anstelle von $\boldsymbol{f}^\top$ schreiben. Wir schreiben nun

$$\boldsymbol{f} = \frac{1}{n} MN\boldsymbol{f} \tag{5.18}$$

und betrachten die Transformationen

$$\boldsymbol{f} \to N\boldsymbol{f} \tag{5.19}$$

sowie

$$\boldsymbol{g} \to \frac{1}{n} M\boldsymbol{g}. \tag{5.20}$$

Die Transformation (5.19) transformiert $\boldsymbol{f}$ in den Vektor $\boldsymbol{g} = N\boldsymbol{f}$, dessen Elemente g_i die Koeffizienten in der Entwicklung von $\boldsymbol{f}$ als Linearkombination der Zeilen der Matrix $(1/n)M$ sind; es gilt

$$\boldsymbol{f} = \sum_j g_j \frac{1}{n} \boldsymbol{v}_j, \tag{5.21}$$

was zu beweisen war. Deshalb ist die Transformation (5.19) die diskrete Fourier-Transformation (DFT), und (5.20) ihre Umkehrung.

Wir merken an, daß die DFT und die inverse DFT automatisch linear sind, da die Multiplikation mit einer Matrix linear ist, siehe (5.6). Umgekehrt könnte man die Matrix-Darstellung formal aus der Linearität herleiten. Wir wollen jedoch den mehr rechnerischen und weniger abstrakten Lösungsweg wählen.

Ferner gibt es keinerlei Probleme mit der Konvergenz oder der Art und Weise, wie Vektoren durch die Fourier-Transformation dargestellt werden können, da keine Grenzwerte oder unendlichen Summen vorliegen. Man kann zeigen, daß zwischen der Fourier-Transformation einer Funktion und der DFT der Zeitreihe, die man aus den Werten der Funktion erhält, wenn man sie in diskreten Intervallen betrachtet, ein enger Zusammenhang besteht. Die Einzelheiten sind jedoch kompliziert und sollen hier ausgelassen werden.

Wir betrachten nun eine auf dem Computer vorgenommene Ausführung der DFT: $\boldsymbol{f} \to M\boldsymbol{f}$. Die Berechnung des Produkts $M\boldsymbol{f}$ verläuft zwar auf keinerlei Umwegen, bedeutet aber für große n einen großen Rechenaufwand. Die Berechnung einer $n \times n$-Matrix mit einem Vektor der Länge n auf die herkömmliche Weise erfordert n^2 (komplexe) Multiplikationen und n^2 (komplexe) Additionen, also eine Anzahl der Größenordnung n^2 von Rechenschritten. (Dies wird in der einschlägigen Literatur gewöhnlich als $\mathcal{O}(n^2)$ Rechenoperationen bezeichnet.) Für große n kann der Rechenaufwand unvertretbar hoch werden. Ist bei einem Zeitreihen-Problem z.B. $n = 10\,000$, dann sind der Größenordnung nach 10^8 Operationen auszuführen. Die analoge zweidimensionale DFT für zweidimensionale Felder (Funktionen von zwei diskreten Variablen) ist sogar noch aufwendiger: schon eine kleine zweidimensionale (300×300)-DFT erfordert der Größenordnung nach 10^{10} Rechenschritte.

Ist n jedoch eine Zweierpotenz, dann haben die zur Berechnung der DFT verwendeten Matrizen M nützliche Symmetrieeigenschaften. Diese beschleunigen die Rechnung bedeutend und führen schließlich zur schnellen Fourier-Transformation (FFT). Diese Eigenschaften können verwendet werden, um die Berechnung einer DFT der Länge n auf zwei Berechnungen einer DFT der Länge $n/2$ sowie n Additionen und Subtraktionen zu reduzieren. Abbildung 5.1 verdeutlicht diese Symmetrie für den Fall $n = 4$.

Um den Preis der Erhöhung der Komplexität des Programms verwendet die FFT diese Symmetrieeigenschaften, um die Anzahl der zur Durchführung der DFT erforderlichen Berechnungen deutlich zu verringern. Die DFT erfordert für einen Vektor der Größe n der Größenordnung nach $n \log_2 n$ Operationen. Das stellt für $n > 16$ eine bedeutende praktische Verbesserung gegenüber dem Rechenaufwand der DFT (der Größenordnung nach n^2 Operationen) dar. Abbildung 5.2 veranschaulicht den relativen Rechenaufwand der FFT und der grundlegenden DFT-Algorithmen.

5.4 Leistungsspektren

Es ist angebracht, auch andere Darstellungen der in der Fourier-Transformation auftretenden Spektren oder Koeffizienten einzuführen. Diese Koeffizienten werden häufig durch Amplituden und Phasen beschrieben; das Leistungsspektrum

Die DFT eines Vektors der Länge 4,

$$\begin{bmatrix} 1 & 1 & 1 & 1 \\ 1 & i & -1 & -i \\ 1 & -1 & 1 & -1 \\ 1 & -i & -1 & i \end{bmatrix} \begin{bmatrix} w \\ x \\ y \\ z \end{bmatrix} = \begin{bmatrix} w+x+y+z \\ w+ix-y-iz \\ w-x+y-z \\ w-ix-y+iz \end{bmatrix} = \begin{bmatrix} (w+y)+(x+z) \\ (w-y)+i(x-z) \\ (w+y)-(x+z) \\ (w-y)-i(x-z) \end{bmatrix},$$

kann durch zwei DFT der Länge 2,

$$\begin{bmatrix} 1 & 1 \\ 1 & -1 \end{bmatrix} \begin{bmatrix} w \\ y \end{bmatrix} = \begin{bmatrix} w+y \\ w-y \end{bmatrix}$$
$$\begin{bmatrix} 1 & 1 \\ 1 & -1 \end{bmatrix} \begin{bmatrix} x \\ z \end{bmatrix} = \begin{bmatrix} x+z \\ x-z \end{bmatrix},$$

sowie die Additionen und Subtraktionen

$$(w+y) \pm (x+z) \qquad \text{bzw.} \qquad (w-y) \pm i(x-z)$$

berechnet werden.

Abb. 5.1 Symmetrieeigenschaften von DFT-Matrizen.

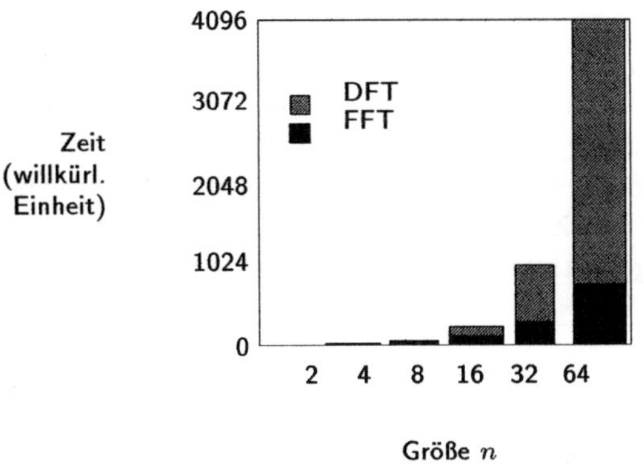

Abb. 5.2 Relativer Rechenaufwand der diskreten Fourier-Transformation (DFT) und der schnellen Fourier-Transformation (FFT).

einer Funktion ist die Folge der Amplitudenquadrate ihrer Fourier-Koeffizienten. Wir stellen hier nochmals die exakten Definitionen zusammen.

Als erstes sei f entsprechend Abschnitt 5.2 eine stetige Funktion auf dem Intervall $[0, 1]$ mit $f(0) = f(1)$. Wir erinnern uns an die Fourier-Reihe von f:

$$f(t) = \sum a_n \cos 2\pi nt + \frac{1}{2}a_0 + \sum b_n \sin 2\pi nt. \tag{5.22}$$

Nun fassen wir die Sinus- und Cosinusterme mit gleicher Frequenz zusammen und erhalten

$$f(t) = \frac{1}{2}a_0 + \sum(a_n \cos 2\pi nt\ + b_n \sin 2\pi nt). \tag{5.23}$$

Da sich aus der Formel für den Cosinus der Differenz zweier „Winkel“

$$c_n \cos[2\pi(nt - \delta n)] = c_n \cos 2\pi\delta_n\ \cos 2\pi nt\ + c_n \sin 2\pi\delta_n\ \sin 2\pi nt \tag{5.24}$$

ergibt, können wir die Fourier-Reihe (5.23) in der Form

$$f(t) = \sum c_n \cos[2\pi(nt - \delta_n)] \tag{5.25}$$

aufschreiben, wobei die *Amplituden*

$$c_0 = \frac{1}{2}a_0, \qquad c_n = \left(a_n^2 + b_n^2\right)^{1/2} \quad (n > 0), \tag{5.26}$$

und die *Phasen* δ_n (die für $c_n > 0$ wohldefiniert ist) den Bedingungen

$$a_n = c_n \cos\delta_n \qquad \text{und} \qquad b_n = c_n \sin\delta_n \qquad (n > 0) \tag{5.27}$$

genügen. Hier wird c_n anders verwendet als bei der DFT und der FFT; man darf beides nicht miteinander verwechseln.

In Gleichung (5.25) ist deutlich die Idee erkennbar, daß eine stetige Funktion aus vielen Wellen auf verschiedenen Skalen $1/n$ mit geeigneten Amplituden c_n und Phasen δ_n aufgebaut werden kann.

Amplituden und Phasen lassen sich viel leichter durch die komplexe exponentielle Darstellung der Fourier-Transformation sowie der DFT und der FFT beschreiben. In beiden Fällen enthalten die Koeffizienten c_n sowohl die Information über die Amplitude als auch über die Phase. Jede komplexe Zahl $z = x + iy$ kann als Produkt $re^{i\phi}$ aus einer reellen Zahl r und einer komplexen Zahl $e^{i\phi}$ vom Betrag 1 geschrieben werden, wobei die mit $|z|$ bezeichnete *Amplitude* durch

$$|z| = r = (x^2 + y^2)^{1/2}$$

bestimmt ist und die *Phase* ϕ (die für $r > 0$ im Intervall $0 \leq \phi < 2\pi$ wohldefiniert ist) den Bedingungen

$$x = r\cos\phi \qquad \text{und} \qquad y = r\sin\phi$$

genügt; man vergleiche dies mit den Gleichungen (5.26) und (5.27). Es ergibt sich die *Amplitude* $|c_n|$ und die *Phase* für die FFT und die DFT (die Phase wird geringfügig anders interpretiert als bei der Standard-Fourier-Transformation).

Die Amplituden werden gewöhnlich durch das *Leistungsspektrum* dargestellt, welches die zu jeder einzelnen Frequenz gehörige „Energie“ angibt. Das Leistungsspektrum ist nichts anderes als die Folge der Amplitudenquadrate, obwohl wir im diskreten Fall (DFT und FFT) die Frequenz j auf das Intervall

$$0 < j < \frac{n}{2} \tag{5.28}$$

beschränken, wobei n die Anzahl der Datenpunkte (Komponenten des Vektors $\boldsymbol{f}$ und seiner Transformierten) ist.

Anmerkung. Der Koeffizient c_0 ist im wesentlichen der Mittelwert der Komponenten des Vektors $\boldsymbol{f}$. Für $j > n/2$ entwickeln sich die Frequenzen zurück in dem Sinne, daß die zu dem Vektor

$$\begin{aligned} \boldsymbol{v}_j = \Big(1, \exp\left(2\pi i j \frac{1}{n}\right), \exp\left(2\pi i j \frac{2}{n}\right), \exp\left(2\pi i j \frac{3}{n}\right), \ldots, \\ \exp\left(2\pi i j \frac{n-1}{n}\right)\Big), \qquad \frac{n}{2} < j < n-1, \end{aligned}$$

gehörende Frequenz $n - j$ ist. Die entsprechenden Fourier-Koeffizienten liefern jedoch keine neuen Informationen für den Fall der DFT oder FFT eines reellwertigen Vektors, da die Amplituden $|c_j|$ und Phasen ϕ_j für reelle Daten den Symmetriebedingungen

$$|c_j| = |c_{n-j}| \qquad \text{und} \qquad \phi_j = -\phi_{n-j} \qquad \left(0 < j < \frac{n}{2}\right) \tag{5.29}$$

genügen. Das folgt aus einer einfachen Rechnung (vgl. Burrus und Parks 1985, S. 27).

5.5 Die Fourier-Transformation der Brownschen Bewegung

Da die Brownsche Bewegung (ebenso wie ihre fraktale Verallgemeinerung) skaleninvariant ist, sollte es auch ihre Fourier-Transformationen sein, und somit sollten ihre Fourier-Koeffizienten (bzw. deren Statistik) geeigneten Potenzgesetzen genügen. Wir werden zeigen, wie sich das Potenzgesetz für die Brownsche Bewegung formal und einfach aus den Axiomen für die Brownsche Bewegung mit Hilfe elementarer Differentialrechnung ergibt. Diese Potenzgesetze werden im nächsten Abschnitt und in Kapitel 12 verwendet, um eine Klasse von Fraktalen, die Mandelbrot-Weierstraß-Fraktale, zu erzeugen. Diese mehr technischen Ergebnisse werden im nächsten Abschnitt zusammengefaßt.

Es sei f eine Brownsche Funktion auf dem Intervall $[0, 1]$ mit $f(0) = f(1)$. Wir wollen das Spektrum der Funktion f oder, um genauer zu sein, Skalierungsregeln für ihr Spektrum berechnen. Dabei ist es am einfachsten, komplexe Exponentialfunktionen zu verwenden und dann Statistiken zur Verteilung der Zufallsvariablen C_n entsprechend den Fourier-Koeffizienten

$$c_n = \int f(t) e^{-2\pi i n t}\, dt \tag{5.30}$$

für zufällig gewählte Brownsche Funktionen f zu berechnen. Wir werden sehen, daß die Fourier-Koeffizienten den Erwartungswert 0, zufällige Phasen und Potenzgesetz-artig skalierbare Varianzen haben.

Satz 5.1 Der Erwartungswert $\mathrm{E}(C_n)$ ist 0.

Beweis. Die Schlüsselidee ist die Linearität des Erwartungswertes einer Zufallsvariablen. Wir fixieren n bei einem bestimmten Wert und wollen aus der Definition des Riemann-Integrals den Erwartungswert

$$\mathrm{E}\left(\int f(t)\exp(-2\pi i n t)\,dt\right) \tag{5.31}$$

berechnen. Für jede Riemann-Summe, die das Integral in (5.31) approximiert, gilt

$$\begin{aligned}\mathrm{E}\left(\sum f(t_j^*)\exp(-2int_j)\right) &= \sum \mathrm{E}(f(t_j^*)\exp(-2\pi i n t_j)) \\ &= \sum \exp(-2\pi i n t_j)\mathrm{E}(f(t_j^*)) = 0,\end{aligned} \tag{5.32}$$

da zu jedem Zeitpunkt t_j^* der Erwartungswert $\mathrm{E}(f(t_j^*))$ der Brownschen Bewegung 0 ist (es gibt kein Abdriften nach rechts oder links). Der Übergang zum Riemann-Integral durch Bildung von Grenzwerten, wenn die Schrittweite der Riemann-Summe gegen 0 geht, zeigt, daß der Erwartungswert (5.31) Null ist, was zu beweisen war.

Eigentlich haben wir gezeigt, daß sowohl der Real- als auch der Imaginärteil des Erwartungswertes der komplexen Zufallsvariablen

$$C_n = X_n + iY_n \tag{5.33}$$

gleich Null sind. Wir werden diese Tatsache später zur Beschreibung der Phasenstatistik des Spektrums ausnutzen.

Wir setzen nun die Berechnung des Skalierungsverhaltens des Erwartungswertes des Leistungsspektrums

$$\mathrm{E}(|C_n|^2) = \mathrm{E}\left(\left|\int f(t)e^{-2\pi i n t}\,dt\right|^2\right) \tag{5.34}$$

fort. (Da der Erwartungswert des Koeffizienten C_n Null ist, ist der Erwartungswert des Koeffizienten $\mathrm{E}(|C_n|^2)$ des Leistungsspektrums zugleich die Varianz des Koeffizienten C_n.) Dazu berechnen wir $\mathrm{E}(|C_n|^2)$ als Funktion von n und $\mathrm{E}(|C_1|^2)$.

Satz 5.2 Es gilt

$$\mathrm{E}(|C_n|^2) = \frac{1}{n^2}\mathrm{E}(|C_1|^2) \qquad (n > 0). \tag{5.35}$$

Beweis. Es sei im folgenden $n > 0$. Der erste Schritt erfordert die Integration

$$\int f(t)\exp(-2\pi i n t)\,dt \tag{5.36}$$

mit Hilfe einer Substitution, bei der im wesentlichen der Faktor $\exp(-2\pi int)$ durch $\exp(-2\pi iu)$ ersetzt wird. Dazu sei $u = nt$, also

$$t = \frac{u}{n} \qquad \text{und} \qquad dt = \frac{du}{n}. \tag{5.37}$$

Die Integration durch Substitution ergibt

$$\begin{aligned}\int_0^1 f(t)\exp(-2\pi int)\,dt &= \frac{1}{n}\int_0^n f\left(\frac{u}{n}\right)\exp(-2\pi iu)\,du\\ &= \frac{1}{n}\left(\int_0^1 f\left(\frac{u}{n}\right)\exp(-2\pi iu)\,du\right.\\ &\quad + \int_1^2 f\left(\frac{u}{n}\right)\exp(-2\pi iu)\,du\\ &\quad \left.+\cdots+\int_{n-1}^n f\left(\frac{u}{n}\right)\exp(-2\pi iu)\,du\right).\end{aligned} \tag{5.38}$$

Der gesuchte Erwartungswert kann nun durch die Berechnung des Betragsquadrates beider Seiten von Gleichung (5.38) bestimmt werden:

$$\begin{aligned}&\left|\int_0^1 f(t)\exp(-2\pi int)\,dt\right|^2\\ &= \left(\frac{1}{n}\right)^2\left|\int_0^1 f\left(\frac{u}{n}\right)\exp(-2\pi iu)\,du + \int_1^2 f\left(\frac{u}{n}\right)\exp(-2\pi iu)\,du\right.\\ &\qquad \left.+\cdots+\int_{n-1}^n f\left(\frac{u}{n}\right)\exp(-2\pi iu)\,du\right|^2\\ &= \left(\frac{1}{n}\right)^2\sum_j\left|\int_{j-1}^j f\left(\frac{u}{n}\right)\exp(-2\pi iu)\,du\right|^2\\ &\quad + \left(\frac{1}{n}\right)^2\sum_{j\neq k}\left(\int_{j-1}^j f\left(\frac{u}{n}\right)\exp(-2\pi iu)\,du + \overline{\int_{k-1}^k f\left(\frac{u}{n}\right)\exp(-2\pi iu)\,du}\right).\end{aligned} \tag{5.39}$$

Hierbei bezeichnet der Querstrich die komplexe Konjugation, und das letzte Gleichheitszeichen macht es erforderlich, das Quadrat $|z|^2$ eines jeden Betrages als das Produkt der Zahl z und ihrer komplexen Konjugation umzuschreiben. Für $j \neq k$ gilt jedoch

$$\begin{aligned}&\mathrm{E}\left(\left|\int_{j-1}^j f\left(\frac{u}{n}\right)\exp(-2\pi iu)\,du \times \int_{k-1}^k f\left(\frac{u}{n}\right)\exp(-2\pi iu)\,du\right|\right)\\ &= \mathrm{E}\left(\int_{j-1}^j f\left(\frac{u}{n}\right)\exp(-2\pi iu)\,du \times \overline{\int_{k-1}^k f\left(\frac{u}{n}\right)\exp(-2\pi iu)\,du}\right)\end{aligned}$$

$$= \mathrm{E}\left(\int_{j-1}^{j}\left[f\left(\frac{u}{n}\right)-\frac{f(j-1)}{n}\right] exp(-2\pi i u)\,du\right.$$
$$\left.\overline{\times\int_{k-1}^{k}\left[f\left(\frac{u}{n}\right)-\frac{f(k-1)}{n}\right]\exp(-2\pi i u)\,du}\right)$$

(da die Fourier-Transformation linear und die Fourier-Reihe einer Konstanten gerade die Konstante selbst ist; oder durch direktes Ausrechnen)

$$= \mathrm{E}\left(\int_{j-1}^{j}\left[f\left(\frac{u}{n}\right)-\frac{f(j-1)}{n}\right]\exp(-2\pi i u)\,du\right)$$
$$\overline{\times\,\mathrm{E}\int_{k-1}^{k}\left[f\left(\frac{u}{n}\right)-\frac{f(k-1)}{n}\right]\exp(-2\pi i u)\,du\Bigg)}$$

(da die beiden Integranden und somit die beiden Integrale unabhängig sind)

$$= 0 \tag{5.40}$$

(nach Satz 5.1: Der Erwartungswert der Fourier-Koeffizienten der Brownschen Bewegung ist 0).

Deshalb folgt aus Gleichung (5.39)

$$\left|\int_0^1 f(t)\exp(-2\pi i n t)\,dt\right|^2$$
$$= \left(\frac{1}{n}\right)^2\left(\left|\int_0^1 f\left(\frac{u}{n}\right)\exp(-2\pi i u)\,du\right|^2+\left|\int_1^2 f\left(\frac{u}{n}\right)\exp(-2\pi i u)\,du\right|^2\right.$$
$$\left.+\cdots+\left|\int_{n-1}^{n} f\left(\frac{u}{n}\right)\exp(-2\pi i u)\,du\right|^2\right). \tag{5.41}$$

Außerdem hat jeder Term auf der rechten Seite von Gleichung (5.41) den gleichen Erwartungswert, so daß wir lediglich

$$\int_0^1 f\left(\frac{u}{n}\right)\exp(-2\pi i u)\,du \tag{5.42}$$

als ein Integral einer direkt auf der u-Achse definierten Brownschen Funktion aufzuschreiben brauchen. An dieser Stelle bringen wir die Selbstähnlichkeit der Brownschen Funktionen ins Spiel, also die Tatsache, daß für jede von Null verschiedene Konstante c und jede Brownsche Funktion f die reskalierte Funktion $c^{-1/2}f(cs)$ selbst eine Brownsche Funktion ist, welche die gleiche Statistik wie die Originalfunktion $f(s)$ hat (siehe Abschnitt 2.4). Deshalb ist die Statistik des Integrals (5.42) die gleiche wie die des reskalierten Integrals

$$n^{1/2}\int_0^1 f\left(\frac{u}{n}\right)\exp(-2\pi i u)\,du, \tag{5.43}$$

und damit gilt

$$\begin{aligned}
\mathrm{E}\left(\left|\int_0^1 f\left(\frac{u}{n}\right)\exp(-2\pi i u)\,du\right|^2\right) &= \mathrm{E}\left(\frac{1}{n}\left|\int_0^1 f(u)\exp(-2\pi i u)\,du\right|^2\right) \\
&= \frac{1}{n}\mathrm{E}\left(\left|\int_0^1 f(u)\exp(-2\pi i u)\,du\right|^2\right).
\end{aligned} \tag{5.44}$$

Die Gleichungen (5.42) bis (5.44) können in der Aussage

$$\mathrm{E}\left(\left|\int_{j-1}^{j} f\left(\frac{u}{n}\right)\exp(-2\pi i u)\,du\right|^2\right) = \frac{1}{n}\mathrm{E}\left(\left|\int_0^1 f(u)\exp(-2\pi i t)\,dt\right|^2\right) \tag{5.45}$$

zusammengefaßt werden.

Wir bilden nun von beiden Seiten der Gleichung (5.41) Erwartungswerte und schlußfolgern mit Hilfe von Gleichung (5.45)

$$\mathrm{E}\left(\left|\int_0^1 f(t)\exp(-2\pi i n t)\,dt\right|^2\right) = \frac{1}{n^2}\mathrm{E}\left(\left|\int_0^1 f(u)\exp(-2\pi i u)\,du\right|^2\right) \tag{5.46}$$

und damit

$$\mathrm{E}\left(|C_n|^2\right) = \frac{1}{n^2}\mathrm{E}\left(|C_n|^2\right), \tag{5.47}$$

was zu beweisen war.

Eine eingehende Betrachtung der Details in dem eben geführten Beweis einschließlich einer sorgfältigen Untersuchung der Auswahl einer zufälligen Stichprobe aus der Gesamtheit aller Brownschen Bewegungen führt zu folgendem Ergebnis:

Satz 5.3 Die Verteilungen der Fourier-Koeffizienten C_n sind genau wie komplexwertige Zufallsvariablen unabhängig und Gaußsch. Das bedeutet, daß die reellen und komplexen Komponenten jeweils unabhängige Gaußsche Zufallsvariablen sind und die Amplituden eine „halbe“ Normalverteilung bilden, deren Wahrscheinlichkeitsdichte-Funktion wie $\exp(-\mathrm{const}\cdot|c_n|^2)$ abfällt. Die Koeffizienten der Cosinus- und Sinusterme einer reellen Darstellung sind jeweils unabhängig und Gaußsch.

Wir gelangen schließlich zu folgendem Ergebnis:

Satz 5.4 Die Phasen der Fourier-Koeffizienten sind auf dem Intervall $[0, 2\pi]$ gleichmäßig verteilt.

Beweis. Die Wahrscheinlichkeitsdichte-Funktion für die Phase ϕ ist durch das folgende Doppelintegral über dem Sektor $\phi < \theta < \phi + \Delta\phi$ bis auf einen konstanten Faktor gegeben:

$$\int\int \exp\left(-\frac{1}{2}x^2\right)\exp\left(-\frac{1}{2}y^2\right)\,dx\,dy = \int\int \exp\left[-\frac{1}{2}\left(x^2+y^2\right)\right]\,dx\,dy$$

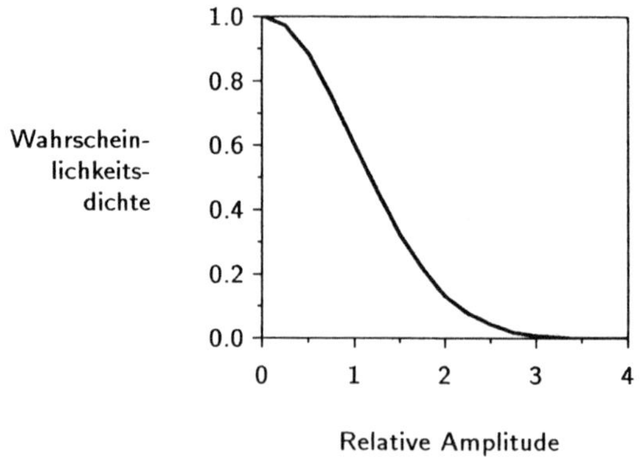

Abb. 5.3 Die Verteilung der Wahrscheinlichkeitsdichte-Funktion über den Amplituden eines typischen Fourier-Koeffizienten c_n.

$$\begin{aligned}
&= \int\int \exp\left(-\frac{1}{2}r^2\right)\,dx\,dy \\
&\quad (\text{wegen } r^2 = x^2 + y^2) \\
&= \int\int \exp\left(-\frac{1}{2}r^2\right)\,r\,dr\,d\theta \\
&= \int_{\phi}^{\phi+\Delta\phi} d\theta = \Delta\phi. \qquad (5.48)
\end{aligned}$$

Da das Integral (5.48) von der Phase ϕ unabhängig ist, ist die Phase gleichmäßig verteilt. (Der Beweis erinnert an den Trick aus der elementaren Differentialrechnung zur Berechnung des bestimmten Integrals von $\exp(-\frac{1}{2}x^2)$ über der reellen Geraden.)

5.6 Fourier-Transformation fraktaler Prozesse; Mandelbrot-Weierstraß-Fraktale

Wir fassen nun alle Ergebnisse aus dem letzten Abschnitt samt ihrer Verallgemeinerungen in dem folgenden Theorem zusammen:

Theorem 5.1 Es sei f eine fraktale Funktion auf dem Intervall $[0, 1]$ mit $f(0) = f(1)$ und mit dem fraktalen Ähnlichkeitsexponenten H. Es sei weiterhin $\{c_n : n > 0\}$ das Spektrum (die Fourier-Reihe der c_n). Dann ist jedes c_n eine unabhängige Stichprobe aus einer komplexwertigen Normalverteilung mit dem

Erwartungswert 0 und der Erwartungsvarianz (dem Betragsquadrat)

$$\text{const} \cdot n^{-1-2H}. \tag{5.49}$$

Lemma 5.1 Die Phasen sind unabhängig und gleichmäßig auf dem Intervall $[0, 2\pi]$ verteilt.

Lemma 5.2 Das Leistungsspektrum eines fraktalen Prozesses genügt dem Potenzgesetz $\text{const} \cdot n^{-1-2H}$.

Diese Ergebnisse legen ein Verfahren zur Erzeugung einer Klasse von Zufallsfraktalen, der sogenannten Mandelbrot-Weierstraß-Fraktale, durch die Erzeugung geeigneter Spektren und die anschließende Anwendung der inversen Fourier-Transformation nahe. Um diese Fraktale zu erzeugen (Berry und Lewis 1980), muß man

1. einen fraktalen Exponenten H wählen (H muß im Intervall $0 < H < 1$ liegen, damit man alle Dimensionsbeziehungen erhält);
2. die Anzahl N der Terme (Fourier-Koeffizienten) wählen, die bei der Simulation verwendet werden sollen (man beachte, daß N zugleich die höchste auftretende Frequenz ist);
3. N unabhängige zufällige Phasen $\phi_1, \ldots, \phi_N$ gleichmäßig aus dem Intervall $[0, 2\pi]$ auswählen;
4. „Amplituden" $|c_n|$ aus Normalverteilungen mit dem Mittelwert 0 und einer zu n^{-1-2H} proportionalen Varianz wählen (negative Werte sind möglich, man kann aber auch die absoluten Beträge der normalen Zufallsvariablen nehmen);
5. das Spektrum $\{|c_n| \exp(i\phi_n)\}$ bilden;
6. die inverse Fourier-Transformation (vorzugsweise die inverse FFT) auf dieses Spektrum anwenden, um einen komplexwertigen fraktalen Prozeß $f(t)$ zu erhalten; und schließlich
7. den Realteil von $f(t)$ nehmen, um das gewünschte Fraktal zu erhalten (da wir dem Spektrum keine Symmetriebedingung auferlegt haben).

Die inverse FFT ist bis auf Skalenfaktoren zugleich die Konjugierte der FFT, so daß die gewöhnliche FFT an ihrer Stelle verwendet werden kann. Eine Aufbereitung des oben beschriebenen Algorithmus für den Computer befindet sich in Abschnitt 12.5.

Dieser Algorithmus kann ohne weiteres auf zwei Dimensionen erweitert werden, wodurch man Mandelbrot-Weierstraßsche fraktale Blätter erhält, die durch reell-wertige Funktionen $z = f(x, y)$ definiert sind. Die *zweidimensionale* Fourier-Transformation eines solchen fraktalen Blattes erfordert *zwei* Integrationen, jeweils eine in x- und in y-Richtung. Somit skalieren die Amplituden der zweidimensionalen Fourier-Koeffizienten wie

$$c(m, n) = \mathrm{const} \cdot m^{-\frac{1}{2}-H} n^{-\frac{1}{2}-H} \tag{5.50}$$

und das entsprechende Leistungsspektrum wie

$$\mathrm{const} \cdot m^{-1-2H} n^{-1-2H}. \tag{5.51}$$

Fraktale Inseln sind einfach als Punktmengen (x, y) mit $z \geq 0$ in einem See von Punkten mit $z < 0$ definiert und durch Küstenlinien mit $z = 0$ begrenzt (siehe Abbildung 1.2).

Historische Anmerkung. Weierstraß „erfand" die Mandelbrot-Weierstraßschen fraktalen Kurven im neunzehnten Jahrhundert (bevor es die Wissenschaft von den Fraktalen gab), um Beispiele stetiger, aber nirgendwo differenzierbarer Kurven angeben zu können. Für $H < 1$ haben Mandelbrot-Weierstraß-Fraktale gerade diese Eigenschaft.

III Die Brücke zu Anwendungen

Beginnend mit den grundlegenden statistischen Eigenschaften und Faktoren, die die Wahl des Modellierungsverfahrens beeinflussen, werden in den nächsten Kapiteln die wichtigsten Verfahren zur fraktalen Modellierung räumlicher (und zeitlicher) Muster entwickelt und veranschaulicht. Die breit gefächerten Möglichkeiten der fraktalen Modellierung werden durch Anwendungen auf Erdbeben-Modelle und die Entwicklungsbiologie in Kapitel 8 sowie Wetter und Klima in Kapitel 9 angedeutet.

6 Modellierung räumlicher und zeitlicher Muster

6.1 Einführung

Das Ziel dieses Kapitels besteht darin, die hauptsächlichen Verfahren der fraktalen Modellierung räumlicher (und zeitlicher) Muster vorzustellen. Korcak (1938) stieß auf eine hyperbolische Verteilung der Flächen der Ägäischen Inseln,

$$N(a) = \text{const} \cdot a^{-B}, \tag{6.1}$$

wobei er mit Hilfe der linearen Regression logarithmisch transformierte Daten an die logarithmierte Gleichung (6.1),

$$\log N(a) = \log(\text{const}) - B \log a, \tag{6.2}$$

anpaßte.

Dies sind nun die ersten entscheidenden Schritte der fraktalen Modellierung: die Wahl eines geeigneten Potenzgesetzes sowie die Anwendung logarithmischer Transformationen und schließlich der linearen Regression, um ein logarithmisch transformiertes lineares Modell anzupassen.

Der Aufbau dieses Kapitels folgt diesen Schritten und beginnt mit einer Zusammenfassung der fraktalen Exponenten in Abschnitt 6.2 sowie einem Rückblick auf die lineare Regression in Abschnitt 6.3. Fraktales Verhalten kann zumindest teilweise getestet werden, indem man die Anpassungsgüte bei der linearen Regression sowohl visuell als auch mit Hilfe des Korrelations-Koeffizienten ermittelt. Simulationsmethoden können ebenfalls angewandt werden; siehe Abschnitt 6.4. Es gibt jedoch noch weitere nützliche Tests und grundlegende Abweichungen von fraktalem Verhalten. Diese werden in den Abschnitten 6.5 und 6.6 diskutiert.

6.2 Zusammenfassung der fraktalen Exponenten

In den Tabellen 6.1 und 6.2 sind die in Teil II entwickelten fraktalen Exponenten zusammengefaßt. Es ist oft wünschenswert, fraktale Exponenten mit Hilfe

Tab. 6.1 Fraktale Exponenten räumlicher Muster

Dimension	Exponent, Formel, Definition	Typische Anwendungen
Skalierungs-dimension	$D, n = \text{const} \cdot k^D$, falls X eine Vereinigungsmenge von n ähnlichen, jeweils durch einen linearen Skalenfaktor k verkleinerten Kopien seinerselbst ist	Verzweigungsvorgänge wie Gefäßbildung, Strömungssysteme usw.
Hausdorff-Dimension	$D, n = \text{const} \cdot k^D$, wobei die kleinste Überdeckung von X mit Kugeln vom Radius $1/k$ aus n solchen Kugeln besteht	Meist theoretische Grundlagen
Box-Dimension	$D, n = \text{const} \cdot k^D$, falls X eine Anzahl n von Kästen der Seitenlänge $1/k$ eines Gitters im umgebenden Raum E schneidet	Berechenbare Version der Hausdorff-Dimension, „verfügbarer Standort" auf einem Blatt (Morse 1985), Abschnitte 3.1, 3.2
Cluster-(Korrelations-)dimension	$D, n = \text{const} \cdot r^D$, falls X eine diskrete Menge ist und n Punkte von X innerhalb eines von einem typischen Punkt aus X ausgehenden Radius r liegen	Dimension diskreter Muster wie pankreatischer Inseln (Hastings u.a. 1992), Abschnitt 8.3
Korcak-Exponent	$B, n = \text{const} \cdot a^{-B}$, falls B eine Vereinigung disjunkter „Inseln" ist und n Inseln die Mindestgröße a (im umgebenden Raum E) haben	Ägäische Inseln (Korcak 1938), Ökosystem-Muster (Hastings u.a. 1982), Kapitel 10
Hurst-Exponent	$H, \Delta z = \text{const} \cdot \Delta s^H$, falls X der Graph einer Brownschen Funktion f ist, Δs und Δz die Längenskalen im Definitions- bzw. Wertebereich von f bezeichnen	Zeitreihen (Hurst 1951, 1956; Sugihara und May 1990a), Kapitel 9 und 11

verschiedener Methoden zu berechnen und dann die Ergebnisse zu vergleichen (zur Veranschaulichung siehe insbesondere Kapitel 11).

6.2.1 Die Mandelbrot-Formeln (1977, 1982; siehe Abschnitte 3.6, 4.5)

In vielen Fällen hängen die Exponenten B, D und H miteinander zusammen. Für den Korcak-Exponenten B von fraktalen Inselmustern im n-dimensionalen Euklidischen Raum und die fraktale Dimension D ihrer Randkurven gilt die Beziehung $D = \min\{nB, n\}$. Das „Minimum" ist erforderlich, da aufgrund der Teilmengen-Beziehung für die Dimension $D \leq n$ gilt, B aber bei manchen Anwendungen 1 überschreiten kann (Meltzer 1990; Meltzer und Hastings 1992; siehe Kapitel 9).

Tab. 6.2 Verfahren für Zeitreihen (größtenteils Berechnung des Hurst-Exponenten H)

Verfahren	Formel, Definition	Typische Anwendungen
Zweites Moment (grob gesprochen „Wachstum der Varianz")	Δx^2=const $\cdot\ \Delta t^{2H}$, wobei Δt die zeitliche Schrittweite und Δx^2 das zweite Moment der entsprechenden räumlichen Zuwächse ist	Axiome, Populationsfluktuationen, Kapitel 11
Wachstum des Werteumfangs	$R(\Delta t)$=const $\cdot\ \Delta t^H$, wobei Δt die zeitliche Schrittweite und $R(\Delta t)$ der mittlere Werteumfang (Differenz von Maximal- und Minimalwert von x) über Zeitintervallen der Länge Δt ist. *Warnung:* Für kleine Δt ist ein Korrekturfaktor nötig; siehe Abschnitt 4.4	Gebräuchlichstes Verfahren für Zeitreihen (Hurst 1951, 1956; Sugihara und May 1990a), Kapitel 9 und 11
Lokales zweites Moment	2^{2H}=$2 + 2\rho$, wobei ρ die Korrelation zwischen aufeinanderfolgenden räumlichen Zuwächsen *in dem Fall* ist, daß die Zuwächse den Erwartungswert Null haben. Siehe Abschnitt 4.3 für den allgemeinen Fall	Wie Wachstum der Varianz, guter Test für Multiskalierung, Abschnitt 8.2 sowie Kapitel 10 und 11
Leistungs-spektrum	$E(f)$=const $\cdot\ f^{-1-2H}$, wobei f die Frequenz und $E(f)$ der zur Frequenz f gehörige Koeffizient des Leistungsspektrums ist	Zusammenhang mit der Spektralanalyse, Mandelbrot-Weierstraß-Fraktale, Simulation, Kapitel 5

Die fraktale Dimension D des Graphen (im n-dimensionalen Raum) eines fraktalen Prozesses mit dem Hurst-Exponenten H im $(n-1)$-dimensionalen Raum beträgt $D = n - H$.

6.3 Die lineare Regression

Fraktale Exponenten werden mit Hilfe der linearen Regression als Anstiege logarithmisch transformierter Daten bestimmt. Wir wollen im folgenden die Hauptideen dieses Verfahrens beschreiben (siehe Hogg und Tanis 1977, S. 232-7, 324-6; Draper und Smith 1981).

6.3.1 Bezeichnungen

Der Einfachheit halber werden wir für den Rest dieses Kapitels *logarithmisch transformierte* Datenpunkte durch geordnete Paare (x_i, y_i) darstellen und die Anwendung der *linearen Regression* zur Anpassung solcher logarithmisch transformierter experimenteller Daten an lineare Funktionen

$$y = a + bx \tag{6.3}$$

diskutieren. Hier und auch im folgenden gehen wir von n Datenpunkten (x_i, y_i) aus, und alle Summen sollen über $1 \leq i \leq n$ laufen.

Ist $y = a + bx$, so können wir jedem Wert x_i der unabhängigen Variablen x den vorhergesagten y-Wert

$$y_i = a + bx_i \tag{6.4}$$

und den entsprechenden *Rest* oder unerklärten Fehler

$$y_i - a - bx_i \tag{6.5}$$

zuordnen. Die lineare Regression minimiert diese Fehler, indem sie die Summe

$$\sum (y_i - a - bx_i)^2 \tag{6.6}$$

der Quadrate oder, was gleichbedeutend ist, ihren Mittelwert

$$\sigma^2 = \frac{1}{n} \sum (y_i - a - bx_i)^2 \tag{6.7}$$

minimiert. Aus diesem Grund heißt die lineare Regression auch Methode der *kleinsten Quadrate*.

Die Parameter a und b (genauer gesagt die *Abschätzungen der maximalen Wahrscheinlichkeit* von a und b) lassen sich ohne weiteres mit Hilfe der elementaren Differentialrechnung bestimmen. Die Summe $\sum (y_i - a - bx_i)^2$ der Quadrate der Reste ist eine quadratische Funktion der Variablen a und b und kann deshalb problemlos minimiert werden, indem man die partiellen Ableitungen nach a und b bildet und sie gleich 0 setzt. Dies ergibt ein Paar linearer Gleichungen in den Variablen a und b. Ihre Lösung lautet

$$\left.\begin{aligned} b &= \frac{n \sum x_i y_i - \sum x_i \sum y_i}{n \sum x_i^2 - \left(\sum x_i\right)^2}, \\ a &= \frac{\sum y_i - b \sum x_i}{n}. \end{aligned}\right\} \tag{6.8}$$

Die Formel für den Anstieg b kann als der Quotient

$$b = \frac{\text{covar}}{\text{var}(x)} = \frac{\text{covar}}{\sigma_x^2} \tag{6.9}$$

geschrieben werden, wobei covar die Kovarianz von x und y bezeichnet und etwa als die Formel

$$\frac{\Delta x \Delta y}{\Delta x^2} = \frac{\Delta y}{\Delta x},$$

für den Anstieg einer Geraden aufgefaßt werden kann.

Es besteht ein einfacher Zusammenhang zwischen der Kovarianz von x und y und der Größe des unerklärten Fehlers. Der *Korrelationskoeffizient* ρ zwischen x und y ist als

$$\begin{aligned}
\rho &= \frac{\text{covar}}{[\text{var}(x)\text{var}(y)]^{1/2}} \\
&= \frac{\text{covar}}{\left[\sigma_x^2 \sigma_y^2\right]^{1/2}} \\
&= \frac{n\sum x_i y_i - \sum x_i \sum y_i}{\left[\left(n\sum x_i^2 - \left(\sum x_i\right)^2\right)\left(n\sum y_i^2 - \left(\sum y_i\right)^2\right)\right]^{1/2}}
\end{aligned} \tag{6.10}$$

definiert und gibt an, wie stark Änderungen der unabhängigen Variablen x von entsprechenden Änderungen der abhängigen Variablen y begleitet werden. Dann kann man erkennen, daß die Varianz σ^2 der unerklärten Fehler (die den Mittelwert 0 haben) und die Varianz σ_y^2 von y unter Einbeziehung des Korrelationskoeffizienten ρ über die Gleichung

$$\sigma^2 = \left(1 - \rho^2\right)\sigma_y^2 \tag{6.11}$$

miteinander zusammenhängen. Ist der Anstieg b ungleich Null, dann haben der Korrelationskoeffizient ρ und der Anstieg b das gleiche Vorzeichen; anderenfalls ist der Korrelationskoeffizient notwendigerweise Null.

Die Verteilung der experimentellen Werte von a, b und ρ läßt sich unter den üblichen Annahmen, daß die unabhängigen Variablen exakt gemessen werden können und die Reste unabhängige Stichproben aus einer Normalverteilung mit fester Varianz sind, ohne weiteres analytisch bestimmen. (Wir werden die Verteilung von a nicht zu betrachten haben.)

Es soll nun B die Zufallsvariable bezeichnen, die dem Anstieg einer Regressionsgeraden durch n Punkte mit dem Nennanstieg b_0 entspricht. Dann hat die transformierte Zufallsvariable

$$T = (B - b_0)\frac{\left[(n-2)\sigma_x^2\right]^{1/2}}{\left[\left(1-\rho^2\right)\sigma_y^2\right]^{1/2}} \tag{6.12}$$

eine t-Verteilung mit $n - 2$ Freiheitsgraden. Auflösen nach B ergibt

$$B = b_0 + T\frac{\left[\left(1-\rho^2\right)\sigma_y^2\right]^{1/2}}{\left[(n-2)\sigma_x^2\right]^{1/2}}, \tag{6.13}$$

wobei T eine Zufallsvariable mit einer t-Verteilung bezeichnet. Die t-Verteilung mit k Freiheitsgraden hat die Varianz

$$\frac{k}{k-2}, \tag{6.14}$$

vorausgesetzt, daß $k > 2$ ist. Deshalb genügt B einer ähnlichen Verteilung mit dem Mittelwert 0, der Varianz

$$\operatorname{var}(B) = \frac{\left(1-\rho^2\right)\sigma_y^2}{(n-4)\sigma_x^2} \tag{6.15}$$

und der Standardabweichung

$$[\operatorname{var}(B)]^{1/2} = \frac{\left[\left(1-\rho^2\right)\sigma_y^2\right]^{1/2}}{\left[(n-4)\sigma_x^2\right]^{1/2}}. \tag{6.16}$$

Verläßlichkeitsgrenzen kann man problemlos aus Tabellen der t-Verteilung entnehmen.

Für n größer als etwa 25 oder 30 folgt aus der normalen Approximation der t-Verteilung, daß T näherungsweise normal verteilt ist mit dem Mittelwert 0 und der Varianz 1. Also ist B näherungsweise normal verteilt mit dem Mittelwert b_0 und der Varianz

$$\operatorname{var}(b) = \frac{\left(1-r^2\right)\sigma_y^2}{(n-2)\sigma_x^2}. \tag{6.17}$$

In diesem Fall können Verläßlichkeitsgrenzen für b_0 leicht mit Hilfe eines Taschenrechners oder aus Tabellen der Normalverteilung erhalten werden; z.B. liegt b_0 im Intervall

$$b - 1{,}96[\operatorname{var}(b)]^{1/2} \leq b_0 \leq b + 1{,}96[\operatorname{var}(b)]^{1/2}. \tag{6.18}$$

Die Statistik von B kann man verstehen, indem man unter Verwendung von Gleichung (6.11) für die Varianz σ^2 des Restes oder unerklärten Fehlers (Differenzen zwischen vorhergesagten und beobachteten y-Werten) die Gleichung für die Varianz von B neu formuliert:

$$\operatorname{var}(B) = \frac{\left(1-\rho^2\right)\sigma_y^2}{(n-4)\sigma_x^2} = \frac{\sigma^2}{(n-4)\sigma_x^2}. \tag{6.19}$$

Dies ist der Quotient aus der Varianz der Reste und der Varianz von x und ein Maß für die Mittelung, die in Gleichung (6.8) für den Anstieg b enthalten ist. Anhand dieser Ergebnisse können Verläßlichkeitsgrenzen für fraktale Exponenten *abgeschätzt* werden; siehe die Programme in Kapitel 12.

In ähnlicher Weise soll R die Zufallsvariable bezeichnen, die dem Korrelationskoeffizienten in Stichproben von n Punkten mit dem Nenn-Korrelationskoeffizienten ρ_0 entspricht. Ist $\rho_0 = 0$, dann hat die transformierte Zufallsvariable

$$T = (n-2)^{1/2} \frac{R}{\left(1-R^2\right)^{1/2}} \tag{6.20}$$

ebenfalls eine t-Verteilung mit $n-2$ Freiheitsgraden. Allgemeiner ist die transformierte Zufallsvariable

$$W = \frac{1}{2} \ln \left(\frac{1+R}{1-R} \right) \tag{6.21}$$

näherungsweise normal verteilt mit dem Mittelwert

$$\frac{1}{2} \ln \left(\frac{1+\rho_0}{1-\rho_0} \right) \tag{6.22}$$

und der Varianz

$$\frac{1}{n-3}. \tag{6.23}$$

6.4 Simulationsverfahren

Die eben beschriebenen Methoden zur Bestimmung von Verläßlichkeitsgrenzen werden durch Simulationsmethoden gut ergänzt. Wegen der Schwierigkeit, alle möglichen Fehler zu betrachten, ist es wahrscheinlich sogar am besten, geeignete Verläßlichkeitsgrenzen mit Hilfe von Simulationsmethoden zu erschließen. Beispielsweise wird bei der experimentellen Bestimmung der Clusterdimension D einer diskreten fraktalen Menge X der wirkliche Wert von D unterschätzt. Die Clusterdimension wird experimentell bestimmt, indem man die Anzahl $n(r)$ der Punkte innerhalb einer Kugel vom Radius r um jeden Punkt von X zählt und die Daten an die hyperbolische Verteilung

$$n(r) = \text{const} \cdot r^D \tag{6.24}$$

anpaßt. Für große r reichen viele der Scheiben $\mathrm{B}(x, r)$ mit dem Radius r über den Rand hinaus und enthalten weniger Punkte als erwartet. Also muß der Wertebereich von r entsprechend eingeschränkt werden. Selbst dann ergäbe eine Computersimulation den experimentellen Wert $D = 1{,}91 \pm 0{,}24$ für 100 Versuche, deren jeder aus 20 zufällig in der Ebene verteilten Punkten besteht (siehe Abschnitt 8.3). Für Simulationen gibt es noch viele weitere Anwendungen; siehe z.B. Abschnitt 4.4 über den Hurst-Exponenten für kurze Zeitreihen.

Verläßlichkeitsgrenzen für fraktale Exponenten können jedoch ohne weiteres durch Simulationsverfahren gewonnen werden. Ist beispielsweise unter einer bestimmten Annahme D_0 der kleinste der Werte der Dimension D, die bei 95 von 100 (oder besser 950 von 1000) Versuchen erhalten wurden, dann ist unter ebendieser Annahme D mit der Wahrscheinlichkeit 0,95 größer als D_0.

6.5 Stationarität

Eine wichtige charakteristische Eigenschaft fraktaler Prozesse ist, daß ihre Zuwächse stationär, d.h. von der Zeit unabhängig sind. Das bedeutet, daß eine Teilfolge einer fraktalen Zeitreihe die gleichen fraktalen Exponenten hat wie die ursprüngliche Reihe. Ebenso sind die Zuwächse von dem gerade aktuellen Wert des Prozesses unabhängig. Beide Bedingungen lassen sich ohne weiteres überprüfen. In Abschnitt 8.2 wird z.B. eine 40 Jahre dauernde Zeitreihe von Erdbeben in Japan (1988) als stationär nachgewiesen. Im Gegensatz dazu sind die in Kapitel 11 untersuchten Zeitreihen von Vogelpopulationen nicht fraktal, da die Populationszuwächse von der aktuellen Populationszahl abhängen.

Stationarität in fraktalen Mustern ist ähnlich definiert und kann problemlos visuell getestet werden. Betrachten wir z.B. ein Muster von Inseln in einem Rechteck in der Ebene. Ist das Muster fraktal und wird das Rechteck in vier kleinere Rechtecke unterteilt, dann haben die Inseln in jedem der Rechtecke das gleiche allgemeine Erscheinungsbild und insbesondere die gleichen fraktalen Exponenten.

Von der räumlichen Anordnung unabhängige Prozesse sollten stationäre Muster erzeugen. Anhand dieser einfachen Beobachtung können Unterschiede in Ökosystem- und anderen Dynamiken bestimmt werden, siehe z.B. die in Kapitel 10 behandelte Arbeit von Hastings u.a. (1982) über den Okefenokee-Sumpf. Meltzer (1990) und Meltzer und Hastings (1992) fanden, noch allgemeiner, die Dynamik einer sich verändernden Steppe in Zimbabwe in entsprechenden Änderungen fraktaler Exponenten wieder; siehe ebenfalls Kapitel 10.

Schließlich sei gesagt, daß man mit der fraktalen Analyse kurzer Zeitreihen ebenso wie mit jeder anderen statistischen Methode vorsichtig sein muß. Die oben beschriebenen Methoden der Suche nach Stationarität werden sich als nützlich erweisen: Man muß nur die analytischen Verfahren auf Teile der Reihe ebenso wie auf die ganze Reihe anwenden.

6.6 Erweiterungen fraktalen Verhaltens

Viele natürliche Muster weisen fraktales Verhalten nur auf einem begrenzten Skalenbereich auf. Mandelbrot (1977, 1982) betrachtete die Dimension eines lockeren Fadenknäuels auf verschiedenen Skalen. Insbesondere erscheint das Knäuel dreidimensional auf Skalen, die zwar groß genug sind, um viele Fäden zu umfassen, aber klein im Vergleich zum Knäueldurchmesser, eindimensional bei kleineren Skalen, die nur einen einzigen Faden erfassen, aber groß sind im Vergleich zum Fadendurchmesser, und wieder dreidimensional auf Skalen, die klein sind im Vergleich zum Fadendurchmesser. Wie können wir zwischen dem einzigen

Skalierungsbereich der Fraktale und solchem Multiskalierungsverhalten unterscheiden? Welche anderen natürlichen Verallgemeinerungen von Fraktalen gibt es?

Wir haben gezeigt, wie man mittels logarithmischer Transformationen und linearer Regression Potenzgesetze an experimentelle Daten anpaßt, und haben den Korrelationskoeffizienten, ein Maß für die Güte dieser Anpassung, eingeführt. Unglücklicherweise kann der Korrelationskoeffizient in vielen Fällen groß sein, wo ein lineares Modell (linear für logarithmisch transformierte Daten und damit ein Potenzgesetz für die ursprünglichen, nicht transformierten Daten) nicht geeignet ist. Die Definitionen der fraktalen Exponenten liefern fast immer (außer für den Flächen-Umfangs-Exponenten) monotone Funktionen, die gewöhnlich eine hohe Korrelation ergeben.

Glücklicherweise können aber oft bei der graphischen Darstellung der Daten und der Suche nach Mustern unter den Resten (den Differenzen zwischen den Datenpunkten und der Regressionsgeraden) vielfache Skalierungsbereiche entdeckt werden – die Reste sind in jedem Skalierungsbereich unabhängig. Solche Muster können häufig durch statistische Tests wie etwa den Durbin-Watson-Test (Johnson 1973, S. 249-59; Draper und Lawrence 1981; siehe Meltzer und Hastings 1992 oder Kapitel 10 für ökologische Anwendungen) gefunden werden. Bei diesem Test werden Korrelationen zwischen Resten u_i mit der Statistik

$$\frac{\sum(u_i - u_{i-1})^2}{\sum(u_i)^2} \tag{6.25}$$

gemessen. Sind die Reste unabhängig und identisch verteilt, dann ist $\mathrm{E}[(u_i - u_{i-1})^2] = 2\mathrm{E}(u_i^2)$, und die Durbin-Watson-Statistik ist ungefähr 2. Sie wird kleiner als 2, falls die Reste positive serielle Korrelation aufweisen; wegen der Einzelheiten siehe Draper und Smith (1981).

Scheinen anderenfalls logarithmisch transformierte Daten in ein stückweise lineares Modell zu passen, dann kann man die lineare Regression auf getrennten Intervallen, die sich nur an den Endpunkten überlappen, ausführen, und die Endpunkte können so gewählt werden, daß der mittlere quadratische Fehler minimal wird. Ergibt die lineare Regression dann signifikant voneinander abweichende Anstiege auf aneinandergrenzenden Abschnitten, sollte man die Fraktal-Hypothese mit einem einzigen Potenzgesetz verwerfen und durch die *Multiskalierungs*-Hypothese, die von verschiedenen Potenzgesetzen auf verschiedenen Abschnitten ausgeht, ersetzen.

Multifraktalität stellt eine weitere mögliche Abweichung vom fraktalen Verhalten dar. Wir betrachten ein fraktales Muster von Inseln, die durch unterseeische Berge oder die Überflutung eines Gebirges entstehen. Formal bedeutet dies nach der Konstruktion von Mandelbrot-Weierstraß-Fraktalen in Abschnitt 5.6 die Betrachtung der Fläche

$$z = f(x, y) \tag{6.26}$$

und des durch

$$\{(x, y) : f(x, y) \geq c\} \tag{6.27}$$

definierten Inselmusters. Die Randkurven dieser Inseln sind die durch

$$\{(x, y) : f(x, y) = c\} \tag{6.28}$$

definierten Höhenlinien. (Topographische Karten stellen die Erdoberfläche anhand ähnlicher Höhenlinien dar.) Ist die durch Gleichung (6.26) definierte Fläche ein Fraktal, dann sind die fraktalen Dimensionen der Inseln unabhängig von der Höhe c des Meeresspiegels. Ergibt die oben beschriebene Konstruktion im umgekehrten Fall fraktale Inseln, deren fraktale Dimension von c abhängt, dann spricht man von einer *multifraktalen* Fläche. Lovejoy und Schertzer (1991) fanden heraus, daß sich starke Regenfälle dichter häufen als schwache; in formaler Sprechweise: die Dimension der Menge der Zeitpunkte, zu denen der Regen mit einer Intensität von mindestens c fiel, sank mit steigendem c. Also sind diese Muster multifraktal. Im Gegensatz dazu scheint das Skalierungsverhalten des Bak-Tang-Weisenfeldschen (1987) Erdbebenmodells und einiger realer Erdbeben unabhängig von einer Intensitätsschwelle (siehe Hastings und Troyan 1991) und somit nicht multifraktal zu sein. Es kann jedoch multiskalierend sein – dazu bedarf es einer weiterführenden Analyse.

Eine weitere Abweichung von fraktalem Verhalten ist räumliche Anisotropie. Die Dimension eines Ausschnittes aus einer fraktalen Fläche ist von der Wahl des Ausschnitts unabhängig – somit sind Fraktale im Raum isotrop. Das Vorhandensein räumlicher Anisotropie kann zu komplexeren Modellen mit einer elliptischen Dimension (vgl. Lovejoy und Schertzer 1991) oder einfach zu einer Suche nach Abweichungen von fraktalem Verhalten führen. Räumliche Anisotropie kann durch Berechnung der mit Schnitten durch räumliche Muster verbundenen fraktalen Exponenten überprüft werden: für räumlich anisotrope Muster ist der fraktale Exponent unabhängig von der Schnittrichtung.

Unsere Arbeit mit Zeitreihen von Erdbeben (Abschnitt 8.2) enthält zusätzliche Stationaritätstests der Zeitreihen, von denen der einfachste darin besteht, die fraktalen Exponenten für Ausschnitte der Zeitreihe einzeln zu berechnen. Die Exponenten jedes Segments sind bei einer stationären Zeitreihe gleich. Hastings u.a. (1982) testeten auf ähnliche Weise die Stationarität räumlicher Muster, indem sie den Korcak-Exponenten für räumlich getrennte Teilmengen von Vegetations-„inseln“ berechneten: die fraktale Dimension eines Teils eines räumlich stationären Musters ist von der gewählten Fläche unabhängig.

Obwohl viele Autoren einfach davon ausgehen, daß sich fraktale Modelle auf das gerade zu untersuchende System anwenden lassen, haben wir am Schluß doch das Gefühl, daß es wichtig ist, ihre Anwendbarkeit zu beweisen. Dies kann mit Hilfe statistischer Methoden, aber auch durch eine qualitative Suche nach der Skaleninvarianz von Fraktalen geschehen. Das Fehlen natürlicher Skalen (zumindest über begrenzten Gebieten) bei physikalischen Modellen bedeutet Skaleninvarianz (über diesen Gebieten), und ihr Vorhandensein kann Skaleninvarianz ausschließen.

7 Alternative Modelle

7.1 Einführung

Wir beschreiben hier kurz einige alternative Modelle für Dynamiken und Zeitreihen und vergleichen sie mit den fraktalen Modellen: Es sind dies die zellulären Automaten (siehe Wolfram 1984, 1985, 1986), die linearen und stochastischen linearen Modelle sowie die niederdimensionale nichtlineare Vorhersage (Sugihara und May 1990b) auf der Grundlage des niederdimensionalen Chaos (siehe Grassberger und Procaccia 1983). Zelluläre Automaten werden in Abschnitt 8.2 auf Erdbebenmodelle und in Kapitel 10 auf vegetative Ökosysteme angewandt. In Kapitel 11 über Modelle für die auf eine Spezies beschränkte Populationsdynamik wird die Nützlichkeit der fraktalen Modelle, der niederdimensionalen nichtlinearen Vorhersage und der linearen Modelle für die Vorhersage des lokalen Aussterbens einer Spezies verglichen.

7.2 Die zugrundeliegende Dynamik

In diesem Abschnitt wollen wir kurz eine Klasse von dynamischen Modellen untersuchen, die in der Lage sind, fraktale Muster zu erzeugen. Es sind dies die zellulären Automaten oder CA-Modelle (Wolfram 1984, 1985, 1986). CA-Modelle sind diskrete Evolutionsmodelle in Raum und Zeit. Die Zeit wird gewöhnlich durch die nichtnegativen ganzen Zahlen repräsentiert, die Zellen in einem eindimensionalen CA-Modellraum in der Regel durch eine endliche Menge $\{0, 1, \ldots, n-1, n\}$ aufeinanderfolgender ganzer Zahlen. Bei einem zweidimensionalen CA-Modell ist der Raum ein Schachbrett, das einer Menge von Punkten mit ganzzahligen Koordinaten entspricht. Zu jedem Zeitpunkt t ist jeder Zelle ein Zustand aus einer (üblicherweise endlichen) Menge möglicher Zustände zugeordnet. Der Zustand einer jeden Zelle zum Zeitpunkt $t+1$ ist abhängig vom Zustand einer oder mehrerer Zellen zum Zeitpunkt t. Levin und Paine (1974) entwickelten ein CA-Modell, das sie als Fleckendynamik bezeichneten, um die Dynamik von Immigration und Aussterben in Raum und Zeit zu modellieren. Wir werden dieses Modell in Kapitel 9 eingehender untersuchen.

Selbst eindimensionale CA-Modelle können eine beträchtliche dynamische Komplexität aufweisen (Wolfram, 1984), darunter Punkt- und periodische Attraktoren, Fraktale und Chaos. Wir wollen nun ein Beispiel, nämlich ein Analogon zu Conways (siehe Gardner 1983) Spiel des Lebens, beschreiben. Dieser zelluläre Automat besitzt zwei Zustände: 0 (frei) und 1 (besetzt). Das System entwickelt sich gemäß der Formel

$$u(x,\, t+1) = \begin{cases} 0 \text{ für } u(x-1,\, t) + u(x,\, t) + u(x+1,\, t) = 0 \text{ oder } 3, \\ 1 \text{ für } u(x-1,\, t) + u(x,\, t) + u(x+1,\, t) = 1 \text{ oder } 2 \end{cases}$$

für den jeweils nächsten Zustand. Diese Regel ist ein Spielmodell für dichteabhängiges Wachstum: eine bestimmte Zelle wird im „nächsten Jahr" besetzt sein, wenn einige, aber nicht alle ihrer Nachbarn in „diesem Jahr" besetzt sind. Das eindimensionale Spiel des Lebens ist also das, was Wolfram (1984) als „totalistischen" zellulären Automaten bezeichnet: Der Zustand einer Zelle zur Zeit $t+1$ hängt einzig und allein von der Anzahl der besetzten Zellen in einer gewissen Nachbarschaft dieser Zelle zur Zeit t ab.

Das eindimensionale Spiel des Lebens entwickelt sich aus einer einzigen Quelle in Form zweier benachbarter besetzter Zellen zu einem Sierpiński-Dreieck (ein Fraktal mit der Dimension $\log 3/\log 2$; siehe Mandelbrot 1977, 1982); aus zufälligen Anfangsbedingungen können sich sehr komplexe Muster ergeben; siehe Abbildung 7.1. Das ursprüngliche zweidimensionale Spiel des Lebens ist noch komplexer, aber nicht totalistisch: Eine Zelle wird zum Zeitpunkt $t+1$ unter einer der folgenden Bedingungen besetzt sein: (1) die Zelle ist zur Zeit t besetzt, ebenso wie 2 oder 3 der anderen 8 Zellen in dem 3×3-Quadrat, dessen Mitte sie ist; oder (2) die Zelle ist leer, aber 3 der anderen 8 Zellen in diesem Quadrat sind besetzt.

Das in Kapitel 8 beschriebene Bak-Tang-Weisenfeldsche (1987) Sandkasten-Modell für Erdbeben und viele Modelle neuronaler Netze (siehe Linsker 1988) sind ebenfalls CA-Modelle.

Anmerkung 7.1 Es besteht eine enge Beziehung zwischen manchen CA-Modellen und den mit ihnen verwandten PDE-Modellen[1] . Die numerische Lösung partieller Differentialgleichungen auf endlichen Gittern liefert zelluläre Automaten mit reellwertigen Zuständen. Betrachten wir beispielsweise die Diffusionsgleichung in einer Raumdimension,

$$\frac{\partial u}{\partial t} = \frac{1}{2}\frac{\partial^2 u}{\partial x^2}. \tag{7.1}$$

Wir können Gleichung (7.1) diskretisieren, indem wir $\partial u/\partial t$ durch den Differenzenquotienten $[u(x,\, t+h) - u(x,\, t)]/h$ und $\partial^2 u/\partial x^2$ durch einen ähnlichen Differenzenquotienten, nämlich $[u(x+k,\, t) + u(x-k,\, t) - 2u(x,\, t)]/k$, ersetzen, wobei h die zeitliche und k die räumliche Schrittweite ist. Setzen wir beide Schrittweiten gleich 1, so erhalten wir die diskrete Gleichung

$$u(x,\, t+1) - u(x,\, t) = \frac{1}{2}[u(x+1,\, t) + u(x-1,\, t) - 2u(x,\, t)]$$

[1]Für engl. partial differential equation: partielle Differentialgleichung – Anm. d. Übers.

(a)

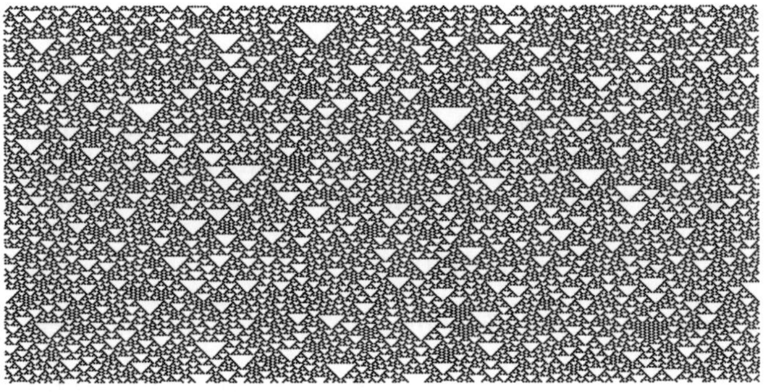

(b)

Abb. 7.1 Die Evolution im eindimensionalen Spiel des Lebens. (a) Ausgehend von zwei benachbarten besetzten Zellen wird ein Sierpiński-Dreieck erzeugt. (b) Zufällige Anfangsbedingungen liefern komplexe Muster.

oder, einfacher,

$$u(x,\, t+1) = \frac{1}{2}[u(x+1,\, t) + u(x-1,\, t)]. \tag{7.2}$$

Umgekehrt ergeben die Diffusionsgrenzen geeigneter CA-Modelle partielle Differentialgleichungen. Die Mathematik ist analog zur üblichen Herleitung der Wärmeleitungsgleichung (Kreyszig 1988). Levin und Paine (1974) wählten diesen Ansatz zur Modellierung der Dynamik von Ökosystemen; siehe auch Kapitel 10.

7.3 Lineare Modelle

Die mathematische Untersuchung von Dynamiken war erstmalig für die klassische Physik kleiner Systeme erforderlich. Sie führte zur parallelen Entwicklung der klassischen Mathematik (Differentialrechnung und Differentialgleichungen) und der klassischen Physik in der Zeit vom siebzehnten bis neunzehnten Jahrhundert. Die mathematischen Modelle umfaßten Differentialgleichungssysteme

$$\frac{d\boldsymbol{x}}{dt} = \boldsymbol{g}(\boldsymbol{x},\, t) \tag{7.3}$$

und ihre Analoga in der diskreten Zeit,

$$\boldsymbol{x}(t+h) = \boldsymbol{x}(t) + h\boldsymbol{g}(\boldsymbol{x},\, t) + \cdots = \boldsymbol{f}(\boldsymbol{x},\, t), \tag{7.4}$$

wobei $\boldsymbol{x}(t)$ den *Zustand* des Systems zum Zeitpunkt t darstellt. Wir wollen das System (7.4) mit diskreter Zeit betrachten und o.B.d.A. annehmen, daß die zeitliche Schrittweite $h = 1$ beträgt. Ein System wie (7.4) heißt *autonom*, wenn seine Entwicklung nicht explizit von der Zeit abhängig ist, in welchem Fall sich

$$\boldsymbol{x}(t+1) = \boldsymbol{f}(\boldsymbol{x}(t)) \tag{7.5}$$

ergibt. Ein Zustand $\boldsymbol{x}_{eq}$ heißt *Gleichgewicht*, falls das System im Zustand $\boldsymbol{x}_{eq}$ verbleibt, wenn dieser der Anfangszustand ist;

$$\boldsymbol{x}_{eq} = \boldsymbol{f}(\boldsymbol{x}_{eq}). \tag{7.6}$$

Das Gleichgewicht $\boldsymbol{x}_{eq}$ heißt stabil, falls sich der Zustand des Systems auf $\boldsymbol{x}_{eq}$ zu bewegt, wenn sich der Ausgangszustand hinreichend nahe bei $\boldsymbol{x}_{eq}$ befindet. Das heißt, es gibt ein $\varepsilon > 0$, so daß aus $\|\boldsymbol{x}(0) - \boldsymbol{x}_{eq}\| < \varepsilon$ folgt:

$$\begin{aligned} \lim_{t\to\infty} \boldsymbol{x}(t) &= \lim_{t\to\infty} \boldsymbol{f}(\boldsymbol{f}(\ldots \boldsymbol{f}(\boldsymbol{x}(0)) \ldots)) \qquad (t \text{ Iterationen von } \boldsymbol{f}) \\ &= \boldsymbol{x}_{eq}. \end{aligned} \tag{7.7}$$

Bei den meisten klassischen Systemen kann die Funktion $\boldsymbol{f}$ *für den jeweils nächsten Zustand* in der Nähe des Gleichgewichts $\boldsymbol{x}_{eq}$ in eine konvergente Taylor-Reihe

$$\boldsymbol{f}(\boldsymbol{x}) = \boldsymbol{f}(\boldsymbol{x}_{eq}) + \left[\frac{\partial f_i}{\partial x_j}\right] (\boldsymbol{x} - \boldsymbol{x}_{eq}) + (\text{Glieder höherer Ordnung}) \tag{7.8}$$

entwickelt werden, wobei $[\partial f_i/\partial x_j]$ die Jacobi-Matrix der partiellen Ableitungen von $\boldsymbol{f}$ ist. Wir beachten

$$\boldsymbol{f}(\boldsymbol{x}_{eq}) = \boldsymbol{x}_{eq} \tag{7.9}$$

und formulieren Gleichung (7.8) folgendermaßen um:

$$\boldsymbol{f}(\boldsymbol{x}) - \boldsymbol{x}_{eq} = \left[\frac{\partial f_i}{\partial x_j}\right] (\boldsymbol{x} - \boldsymbol{x}_{eq}) + (\text{Glieder höherer Ordnung}). \tag{7.10}$$

Ist die Größe des dominanten (größten) Eigenwertes der Matrix $[\partial f_i/\partial x_j]$ *nicht* gleich 1, kann die Dynamik der Funktion für den jeweils nächsten Zustand in hinreichend kleiner Nachbarschaft von $\boldsymbol{x}_{eq}$ durch Vernachlässigung der „Glieder höherer Ordnung“ in Gleichung (7.10) approximiert werden:

$$\boldsymbol{f}(\boldsymbol{x}) - \boldsymbol{x}_{eq} = \left[\frac{\partial f_i}{\partial x_j}\right](\boldsymbol{x} - \boldsymbol{x}_{eq}). \tag{7.11}$$

Dieser Vorgang heißt *Linearisierung*, und das entsprechende *lineare Modell* (7.11) kann durch die Substitutionen

$$\boldsymbol{u} = \boldsymbol{x} - \boldsymbol{x}_{eq} \qquad \text{und} \qquad M = \left[\frac{\partial f_i}{\partial x_j}\right] \tag{7.12}$$

zu

$$\boldsymbol{u}(t+1) = \boldsymbol{g}(\boldsymbol{u}(t)) = M\boldsymbol{u}(t) \tag{7.13}$$

vereinfacht werden. Obwohl lineare Modelle bedeutende Vereinfachungen der Dynamik mit sich bringen, ermöglichen sie häufig interessante Einblicke in das Verhalten solcher komplexen Systeme wie etwa der Ökosysteme (May 1974). Beispielsweise erscheinen die Populationszahlen in vielen Ökosystemen relativ stabil, und ein Großteil der Theorie der Eigenwerte von Zufallsmatrizen wurde eigens zu dem Zweck entwickelt, die (Ljapunov-)Stabilität dieser Systeme zu verstehen (May 1972, 1974). Siehe auch Hastings (1983).

Solche Modelle wie (7.13) sind dadurch *deterministisch*, daß sie keine zufälligen Komponenten enthalten. Hastings (1983) erweiterte die Modelle von May (1974) durch die Einführung von Termen $\Delta\boldsymbol{w}(t)$ einer Zufallsbewegung, erhielt das lineare *stochastische* Modell

$$\boldsymbol{u}(t+1) = M\boldsymbol{u}(t) + \Delta\boldsymbol{w}(t), \tag{7.14}$$

und untersuchte den Zusammenhang zwischen den Eigenwerten von M und der asymptotischen Statistik von $\boldsymbol{u}(t)$. Siehe auch Kapitel 11.

Anmerkung 7.2 In dem Spezialfall, daß M die Einheitsmatrix ist, beschreibt Gleichung (7.14) einfach eine Zufallsbewegung. Hat M einen Spektralradius $\rho(M)$ kleiner als 1, dann hat Gleichung (7.14) ein stabiles Gleichgewicht bei 0, und für große Zeiten ist u normal verteilt mit dem Erwartungswert 0 und der Varianz

$$\frac{\mathrm{E}\left((\Delta\boldsymbol{w})^2\right)}{1 - [\rho(M)]^2}.$$

Viele Systeme ohne stabile Gleichgewichte zeigen dennoch stabiles Verhalten. Beispielsweise haben viele Systeme einschließlich gewisser Lotka-Volterra-Modelle für Räuber-Beute-Wechselwirkungen (siehe May 1974) ein stabiles zyklisches Verhalten. Grob gesagt ist ein Zyklus stabil, falls die Bahnen benachbarter Punkte sich dem Zyklus nähern und ihn dann verfolgen, während die Zeit gegen ∞ geht (siehe Hirsch und Smale 1974). Manche Lotka-Volterra-Modelle weisen stabile Zyklen auf (siehe May 1974), obwohl die Zyklen im ursprünglichen Modell lediglich neutral stabil waren (Bahnen benachbarter Punkte blieben in der Nähe des Zyklus, näherten sich ihm aber nicht).

Im Jahre 1963 beschrieb E.N. Lorenz komplexes stabiles *aperiodisches* Verhalten bei einem Modell für das Fließverhalten einer Flüssigkeit – dieses wohluntersuchte Beispiel hat den Namen Lorenz-Attraktor erhalten. Stabile Gleichgewichte und stabile Grenzzyklen sind klassische Beispiele für *Attraktoren*. Eine kompakte Teilmenge A des Zustandsraumes eines dynamischen Systems heißt Attraktor, falls (1) A invariant ist (d.h. falls der Zustand des Systems in A beginnt, verbleibt er auch in A); (2) Bahnen, die hinreichend nahe bei A beginnen, sich A nähern; und (3) A minimal ist (keine echte abgeschlossene Teilmenge von A hat diese Eigenschaften). Wegen mathematischer Details siehe Hirsch und Smale (1974). Die Bedeutung der Untersuchung von Attraktoren liegt darin, daß die Geometrie eines Attraktors häufig einen großen Teil seiner Dynamik wiederspiegelt – beispielsweise entsprechen bei zeitlich kontinuierlichen Modellen stabile Zyklen Attraktoren, die wie Kreise aussehen (formal gesprochen: homeomorph zu ihnen sind) und insbesondere *eindimensional* sind. Im nächsten Abschnitt werden wir Methoden beschreiben, mit denen man niederdimensionale Attraktoren auffinden und untersuchen kann.

7.4 Niederdimensionale nichtlineare Modelle

Viele natürliche und nichtlineare mathematische Systeme weisen komplexeres stabiles Verhalten auf, wie die Existenz von weiteren Attraktoren neben den Gleichgewichten und Grenzzyklen zeigt. E.N. Lorenz (1963) fand vielleicht das erste solche Verhalten im mathematischen Modell eines natürlichen Systems – einen *seltsamen Attraktor* in einer verkürzten Version der Navier-Stokes-Gleichungen für atmosphärische Strömungen. Lineare Modelle können die Dynamik seltsamer Attraktoren nicht wiedergeben. Es bedarf also eines anderen Ansatzes, um die Nichtlinearitäten zu zähmen.

Die zeitlich diskrete logistische Gleichung (siehe May 1974) der Populationsdynamik stellt ein lehrreiches Beispiel dar. Bei diesem Modell ist

$$y(t) = ry(t-1)[1 - y(t-1)], \tag{7.15}$$

wobei die Zustandsvariable $y(t)$ die Populationszahl zur Zeit t in geeigneten willkürlichen Einheiten und der Parameter r die innere Wachstumsrate darstellt und die Nichtlinearitäten von dem dichteabhängigen Faktor $(1 - y(t-1))$ herrühren. (Gleichung (7.15) wird gewöhnlich in der Form $y(t+1) = ry(t)[1 - y(t)]$ geschrieben; unsere eher unübliche Schreibweise haben wir wegen Abbildung (7.2) gewählt.) Der Einfachheit halber werden wir Gleichung (7.15) in

$$y_{neu} = ry(1 - y) \tag{7.16}$$

umschreiben.

Dieses Modell zeigt eine breite Vielfalt einfacher und komplizierter Verhaltensweisen, die vom Wert der inneren Wachstumsrate r (May 1974) abhängen. Wir beschränken r auf das Intervall $0 \leq r \leq 4$, damit Gleichung (7.16) eine Abbildung des abgeschlossenen Einheitsintervalls $0 \leq y \leq 1$ auf sich selbst definiert. Für $r < 3$ existieren stabile Gleichgewichte, die durch die Formel

$$y_{eq} = \max\left\{0, \frac{1}{r-1}\right\} \tag{7.17}$$

beschrieben werden. Für $r > 3$ ist die Situation bedeutend komplizierter. Wenn r langsam wächst, wird zuerst der Punktattraktor y_{eq} instabil und gabelt sich in einen Attraktor auf, der aus einem Punktepaar der Periode 2 besteht. Später erhält man kleinere periodische Attraktoren der Perioden 4, 8, 16 usw. Für $r >$ 3,75 gibt es schließlich viele Gebiete, die komplexes Verhalten (May 1974; Li und Yorke 1975) einschließlich des Chaos, einer stabilen Form scheinbar zufälligen Verhaltens, aufzuweisen scheinen. Andere Parameterwerte wie etwa $r =$ 3,83 ergeben jedoch stabile periodische Punkte. Beispielsweise wird bei $r =$ 3,83 ein stabiler Zyklus mit der Periode 3 „geboren", gabelt sich dann auf, so daß bei wachsendem r die Perioden 6, 12 usw. entstehen, und verschwindet vollständig in dem Moment, wo $r =$ 3,85 ist (Smale und Williams 1976). Siehe auch Collet und Eckmann (1980) hinsichtlich einer ausführlicheren Beschreibung der Dynamik der zeitlich diskreten logistischen Gleichung.

Oberflächlich betrachtet scheint für viele Werte $r >$ 3,57 die Zeitreihe $\{y(t)\}$ der durch Iteration von Gleichung (7.16) erzeugten Populationszahlen (y-Werte) nicht von einer zufälligen Folge unterscheidbar zu sein. Suchen wir jedoch nichtlineare Korrelationen zwischen den Populationswerten, indem wir geordnete Paare $(y(t-1), y(t))$ aufeinanderfolgender Werte graphisch darstellen, so wird die deterministische Natur des zeitlich diskreten logistischen Modells sichtbar. Grassberger und Procaccia (1983) verallgemeinerten die in Abbildung 7.2 veranschaulichten Ideen mit ihrem Algorithmus zur Berechnung der Korrelationsdimension. Angenommen, es sei eine Zeitreihe $\{x(t)\}$ gegeben. Dann zeichne man für jede positive ganze Zahl n alle n-Tupel

$$(x(t), x(t+1), \ldots, x(t+n-1))$$

aufeinanderfolgender Werte im n-dimensionalen *umgebenden* Euklidischen Raum auf und bestimme die *Einbettungs*dimension D (Cluster- oder Hausdorff-Dimension) des entstehenden Musters. Ist D kleiner als n, dann entsprechen die n-Tupel $(x(t), x(t+1), \ldots, x(t+n-1))$ nicht zufällig gewählten Punkten im n-dimensionalen Euklidischen Raum. Ist darüberhinaus n erst einmal groß genug, damit sich D stabilisiert, haben die Einbettungen in den n-dimensionalen und $(n+1)$–dimensionalen Euklidischen Raum die gleiche Dimension D, und das bedeutet, daß $x(t+n)$ auf nichtlineare Weise vom n-Tupel

$$(x(t), x(t+1), \ldots, x(t+n-1))$$

abhängt.

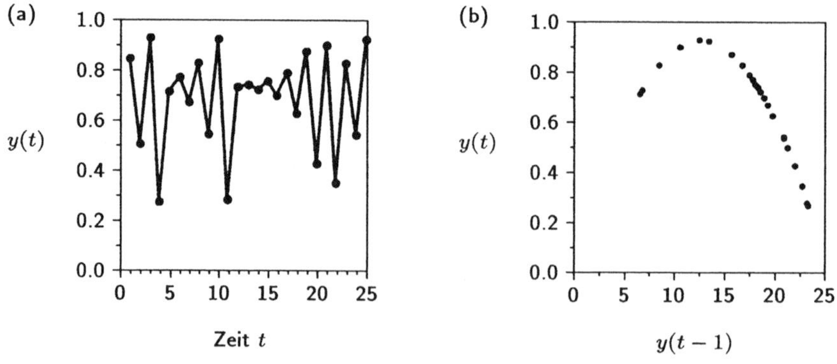

Abb. 7.2 Zwei Sichtweisen auf die zeitlich diskrete logistische Gleichung. (a) Ein Graph der Zeitreihe aus 25 Punkten, die durch die Gleichung $y(t) = ry(t-1)$ erzeugt wurde, zeigt kein erkennbares Muster. (b) Zeichnet man die entsprechenden 24 Punkte $(y(t-1), y(t))$, so zeigt sich deutlich die ursprüngliche Funktion $y(t) = ry(t-1)$.

Diese Dimension entspricht im wesentlichen der Anzahl der Freiheitsgrade in einem nichtlinearen Sinne. Darüberhinaus haben wir durch diese Konstruktion im wesentlichen eine Menge von Koordinaten für die Parametrisierung des Attraktors gefunden: Wir ordnen jedem Punkt im Attraktor das n-Tupel $(x(0), x(1), \ldots, x(n-1))$ zu, das durch n aufeinanderfolgende Messungen der Größe x entsteht.

Sugihara und May (1990b) entwickelten anhand dieser Ideen eine Methode, um niederdimensionales Chaos von Meßfehlern in natürlichen Zeitreihen zu unterscheiden. Das Verfahren ist auf vielen Gebieten, von Modellen für Seuchenausbrüche bis hin zu Langzeit-Wettervorhersagen, mit Erfolg angewandt worden.

Anmerkung 7.3 Theoretisch sollte jeder durch einen Generator von Pseudo-Zufallszahlen erzeugte Wert statistisch von allen vorhergehenden Werten unabhängig sein, und somit sollte die Menge der durch einen solchen Generator erzeugten n-Tupel die Dimension n haben. Im wesentlichen verwendete Marsaglia (1968) dies als Test für Generatoren von Pseudo-Zufallszahlen. Siehe auch Knuth (1981). Dieses Verhalten ist jedoch schwer zu erreichen, da Generatoren von Pseudo-Zufallszahlen deterministische Algorithmen sind.

Warnung. Der Grassberger-Procaccia-Algorithmus erfordert eine relativ lange Zeitreihe von Punkten (von der Größenordnung 10^D, wobei D die Dimension des zugrundeliegenden Attraktors ist; Ghil u.a. 1991; Ruelle 1990; Smith 1988). Viele natürliche Zeitreihen sind jedoch hochdimensional oder kurz oder beides. In diesem Fall wird man in die Welt der statistischen Modelle einschließlich der Zufallsfraktale geführt.

Tabelle 7.1 enthält drei Ansätze für die Modellierung von Zeitreihen.

Tab. 7.1 Zusammenfassung dreier Ansätze für die Modellierung von Zeitreihen

Modell	Linear (mit Rauschen)	Niederdimensional nichtlinear	Fraktal
Grundansatz	linear stochastisch	nichtlinear deterministisch	zufällig beschreibend
Vorhersagbarkeit des nächsten Ereignisses	ja	ja	nein
Langzeit-Vorhersagbarkeit	ja	nein	nein
Skaleninvarianz	nein	manchmal	ja
Skaleninvarianz über Skalierungsbereichen	manchmal	manchmal	ja
Grassberger-Procaccia-Dimension von Zeitreihen (nach Elimination von Trends)	hoch	niedrig	hoch
Zur Anpassung nötige Datenmengen	klein	groß	relativ klein

8 Beispiele

8.1 Einführung

In diesem Kapitel stellen wir die Anwendung von Fraktalen bei der Untersuchung räumlicher Muster anhand einiger anschaulicher Beispiele dar: der Arbeiten von Hastings und Troyan (1991) über Skalierung bei Erdbeben-Zeitreihen (Abschnitt 8.2), von Hastings u.a. (1992) über pankreatische Inseln (Abschnitt 8.3) und von Caserta u.a. (1990) über neuronale Prozesse (Abschnitt 8.4). Der folgende Abschnitt beschäftigt sich mit der Möglichkeit oder Unmöglichkeit der Vorhersage von Erdbeben und stellt die Frage nach möglichen meßbaren Unterschieden zwischen Erdbeben, die in der Nähe von Verwerfungen entstehen, und solchen inmitten der Kontinente, also weit von Verwerfungen entfernt. Was ist zuerst da – die Verwerfung oder das Erdbeben? Die letzten beiden Abschnitte untersuchen eine mögliche universelle Rolle der diffusionsbegrenzten Aggregation in der Entwicklungsbiologie (Witten und Sander 1981; Meakin und Tolman 1989), wie sie von Caserta u.a. (1990), Kleinfeld u.a. (1990) und Hastings u.a. (1992) in Betracht gezogen wurde.

8.2 Erdbebenmodelle

Wir untersuchen die Skalierungseigenschaften einiger wirklicher und künstlicher Erdbeben-Zeitreihen wie etwa der Serie der Japanischen Erdbeben (Abbildung 8.1). Diese Untersuchung wird von dem Bak-Tang-Weisenfeldschen (1987) „Sandkasten“-Modell angeregt, einem zellulären Automaten also, der die wichtigsten phänomenologischen Aspekte der Erdbebendynamik wiederspiegeln soll. Das Modell formalisiert folgendes Gedankenexperiment: Wir betrachten einen Sandkasten, in den langsam und zufällig verteilt Sand eingefüllt wird. Wo der Anstieg eines Sandberges (der die „lokale Spannung“ repräsentiert) einen bestimmten kritischen Wert übersteigt, fällt Sand von höhergelegenen zu benachbarten niedrigeren Punkten und verringert damit den lokalen Anstieg. Wo infolge dieser lokalen Korrektur an neuen Punkten der kritische Wert überschritten wird, entstehen Kaskaden. Das Modell gibt also die Dynamik von Energiespeicherung in Form von Spannung und Energiefreisetzung beim Überschreiten eines kritischen Spannungswertes und Kaskadenbildung bei Überlastung des Systems in der Nähe eines Spannungsabbaus wieder.

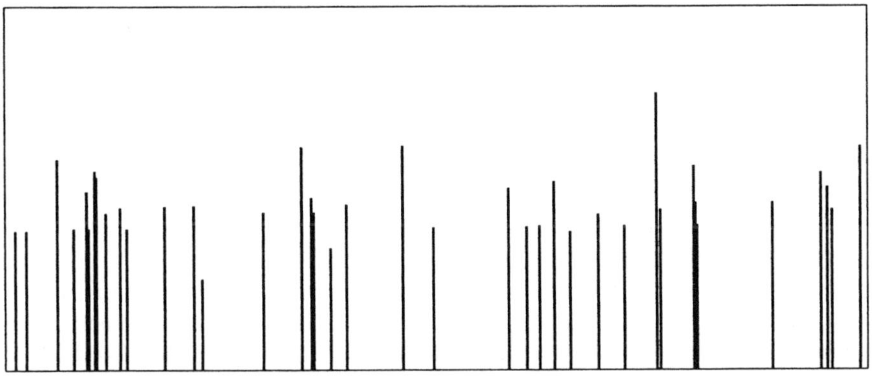

Abb. 8.1 Große Erdbeben in Japan. Eine graphische Darstellung der Zeitpunkte (auf der horizontalen Achse) und der Stärken (zwischen 4 und 9 auf der vertikalen Achse) der Ereignisse während der ersten 2400 im Katalog von Utsu (1988) verzeichneten Tage. Es sind nur Ereignisse eingezeichnet, die Schaden angerichtet haben oder eine Stärke von mindestens 6,0 besitzen. Welche Muster stecken in diesen Daten?

Das Sandkasten-Modell läßt sich auf einfache Weise als zweidimensionaler zellulärer Automat beschreiben. Die Zellen sind auf Gitterpunkten in einem Gebiet der Ebene angeordnet. Der Zustand $z(x, y)$ einer jeden Zelle (x, y) kann die Werte 0, 1, 2 oder 3 annehmen; er entspricht der *Spannung* im Punkt (x, y). Nun wird in zufällig und unabhängig ausgewählte Zellen Sand gefüllt und die entsprechende Spannungserhöhung durch die Zustandsänderung $z \to z+1$ ausgedrückt. Durch die Zuführung von Sand kann der Zustand einer Zelle vorübergehend den Wert 3 überschreiten, so daß Sand in nahegelegene Zellen abrutscht, was einen lokalen Spannungsabbau bedeutet. Das wird durch die Zustandsänderungen

$$\left.\begin{array}{l} z(x,\, y) \to z(x,y) - 4, \\ z(x',\, y') \to z(x',\, y') + 1 \text{ bei den vier Nachbarn von } (x,\, y) \end{array}\right\} \tag{8.1}$$

dargestellt. Das Bak-Tang-Weisenfeld-Modell hat keine natürliche Skala, wodurch seine Dynamik, möglicherweise abgesehen von Skalen, die mit der Größe des „Sandkastens" vergleichbar sind, skaleninvariant wird. Deshalb ist das Modell skaleninvariant, und somit muß die Beziehung zwischen jedem Paar miteinander zusammenhängender, das Modell beschreibender Parameter ein Potenzgesetz sein. Beispielsweise sagt das Bak-Tang-Weisenfeld-Modell das Gutenberg-Richter-Gesetz (1942, 1956a, b)

$$\text{Anzahl(Energiefreisetzung} > E) = \text{const} \cdot E^{-c} \tag{8.2}$$

für die Verteilung energiefreisetzender Erdbeben vorher. Damit gleichbedeutend gilt

$$\log[\text{Anzahl(Stärke} > M)] = \text{const} - cM, \tag{8.3}$$

da die Stärke M der Logarithmus der Energiefreisetzung ist.

Wie gut gibt das Bak-Tang-Weisenfeld-Modell die Dynamik realer Erdbeben wieder? Wir beantworten diese Frage, indem wir die Skalierungseigenschaften wirklicher und simulierter Erdbeben-Zeitreihen untersuchen: siehe Tang und Bak (1988) sowie Erzan und Sinha (1991) im Hinblick auf Modellergebnisse. Als eine Anwendung wollen wir die Konsequenzen für die Vorhersagbarkeit von Erdbeben beschreiben. Insbesondere testen wir wirkliche und Modelldaten auf Stationarität (haben Teile der Reihe die gleiche Statistik, insbesondere die gleichen Exponenten, wie die ganze Reihe?), die Anzahl der Skalierungsbereiche sowie Mono- bzw. Multifraktalität (sind die Skalierungseigenschaften von Erdbeben-Zeitreihen unabhängig von einer Mindeststärke M_c oder nicht?).

Zudem fragen wir auch nach guten alternativen Beschreibungen (z.B. exponentielle Wartezeit-Modelle) für die Zeitreihen. Die *Hypothese der seismischen Lücken* besagt, „daß die Erdbebengefahr mit der seit dem letzten großen Erdbeben an bestimmten Verwerfungen oder Plattenrändern vergangenen Zeit wächst" (Kagan und Jackson 1991). Diese Hypothese steht im Einklang mit einem exponentiellen Wartezeit-Modell, nicht aber mit einem fraktalen Modell, demzufolge die Gefahr in jedem Gebiet relativ konstant ist. Kagan und Jackson (siehe auch die Besprechung von Monastersky 1992) fanden vor kurzem heraus, daß Erdbeben mit größerer Wahrscheinlichkeit in der Nähe früherer Aktivitäten wiederkehren, was offensichtlich der Hypothese der seismischen Lücken widerspricht und die fraktale Hypothese stützt.

8.2.1 Die Methoden

Wir haben den Korcak-Exponenten B für die Verteilungslücken zwischen Erdbeben berechnet:

$$\text{Anzahl(Lücke} > t) = \text{const} \cdot t^{-B}. \tag{8.4}$$

(Den Standardverfahren entsprechend wurden logarithmisch transformierte Daten an die logarithmierte Gleichung $\log[\text{Anzahl(Lücke} > t)] = \text{const} - B \log t$ angepaßt.)

Die Stationarität wurde durch Berechnung des Korcak-Exponenten für Ausschnitte aus der Zeitreihe getestet, die Multiskalierung durch den Vergleich von Datenpunkten mit Regressionsgeraden und durch die Betrachtung exponentieller Wartezeit-Modelle. Durch die Beschränkung der Zeitreihe auf Erdbeben mit einer Stärke oberhalb eines kritischen Wertes und die Suche nach Auswirkungen auf den Korcak-Exponenten wurde schließlich die Multifraktalität getestet. Beide Aspekte konnten gleichzeitig geprüft werden – beispielsweise besteht die Zeitreihe von Utsu (1988) (Abbildung 8.1) aus 600 Erdbeben, von denen 536 mindestens die Stärke 6,0 haben. Die Reihe der 536 Ereignisse wurde in kleinere Reihen von jeweils 101 Aktivitäten (100 Lücken) unterteilt. Wir haben zudem anhand von Computersimulationen künstliche Zeitreihen mit Potenzgesetz-artigen

Lücken erzeugt und somit Verläßlichkeitsgrenzen für die Messung von B bestimmt sowie nach dem Sandkasten-Modell eine Zeitreihe für weitere Vergleiche aufgestellt.

8.2.2 Die Ergebnisse

Wir beginnen mit einer empirischen Studie über die Verteilung der Korcak-Exponenten mit Hilfe von Computersimulationen, um eine Statistik für spätere Vergleiche aufzustellen. Die Ergebnisse sind in den Tabellen 8.1 und 8.2 aufgeführt.

Tab. 8.1 Die Verteilung des Korcak-Exponenten für simulierte Reihen der Länge 100, basierend auf jeweils 25 Wiederholungen.

Nennwert für B	Beobachtetes B (Mittel ± Standardabweichung)	Minimum	Maximum
0,8	0,81 ± 0,13	0,57	1,08
1,0	1,00 ± 0,19	0,70	1,49
1,25	1,28 ± 0,26	0,87	1,98

Tab. 8.2 Die Auswirkung der Länge einer Zeitreihe auf die Verteilung ihres Korcak-Exponenten bei einem Nennwert für den Exponenten von 1,2. Es wurden 100 Wiederholungen jeder Reihe untersucht.

Länge	Beobachtetes B (Mittel ± Standardabweichung)	Minimum	Maximum
10	1,06 ± 0,50	0,00	2,64
100	1,16 ± 0,23	0,65	1,74

Anhand dieser statistischen Daten erkannten wir die untersuchte Zeitreihe als stationär, multiskalierend und monofraktal (im Gegensatz zur Multifraktalität in jedem der Intervalle). Jedoch konnten wir ein anderes exponentielles Wartezeit-Modell nicht ausschließen. Abbildung 8.2 stellt die multiskalierenden und exponentiellen Zeit-Modelle dar, und Tabelle 8.3 enthält die Tests auf Multifraktalität und Stationarität.

Man beachte, daß die großen Ereignisse eine zufällige Teilmenge aller Ereignisse zu sein scheinen. Wir haben auch in der Nachbarschaft großer Ereignisse kein besonderes Verhalten vorgefunden. Darüberhinaus sahen Computersimulationen (Sandkasten-Modell) und reale Zeitreihen einander auf Zeitskalen ähnlich, die groß waren im Vergleich mit dem Zugabeintervall von Sand.

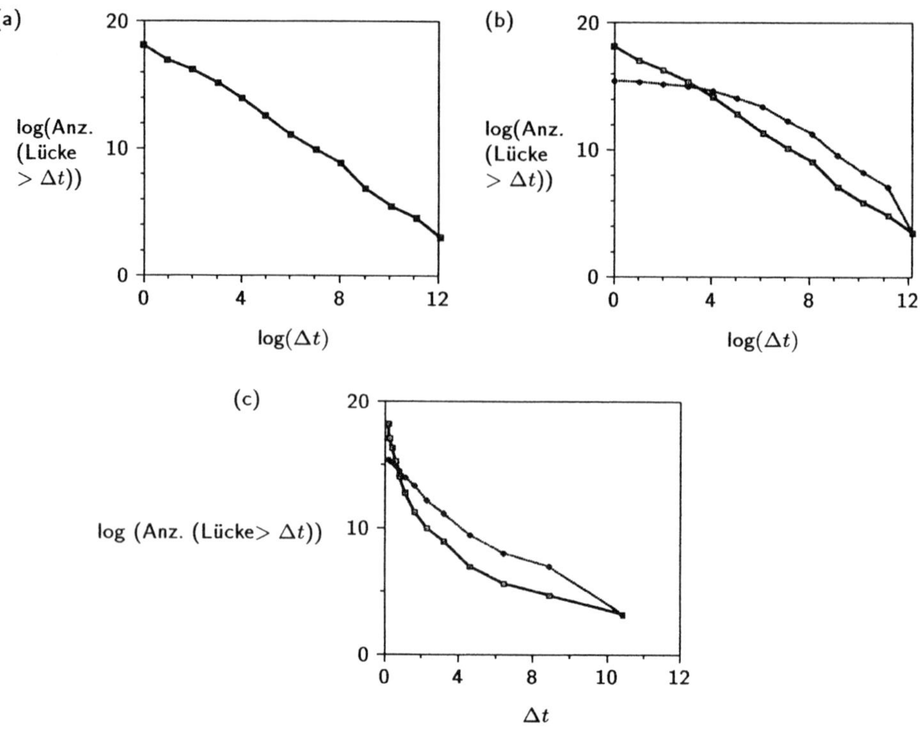

Abb. 8.2 Modelle für Erdbeben-Zeitreihen. (a) Eine doppelt logarithmische Darstellung der Anzahl der Lücken zwischen Erdbeben einer Mindeststärke von 6,0 als Funktion ihrer Dauer, die eine gute Übereinstimmung mit einem Potenzgesetz vom Korcak-Typ aufweist. (b) Eine ähnliche doppelt logarithmische Darstellung für Erdbeben der Mindeststärke 6,5 (gestrichelte Linie) zeigt bedeutende Abweichungen von einem solchen Potenzgesetz. Die Daten für die Mindeststärke 6,0 sind als durchgezogene Linie dargestellt. (c) Eine ähnliche Darstellung des Logarithmus der Lückenzahl als Funktion ihrer Dauer, die eine mögliche exponentielle Wartezeit-Verteilung zeigt.

8.2.3 Diskussion

Unsere fraktale Hypothese scheint mit Kagan und Jackson (1991) vereinbar, aber es bedarf noch einiger Arbeit. Insbesondere sollte man Zeitreihen von „innerkontinentalen" (d.h. von Verwerfungen entfernten) Erdbeben und Beben entlang oder in der Nähe bekannter Verwerfungen untersuchen, um zu sehen, ob Unterschiede bestehen.

Welche Folgen ergeben sich für die Vorhersagbarkeit, falls die Daten fraktal sind? Die hyperbolische Verteilung der Lücken (zwischen den Ereignissen) ist eine sehr „breite" Verteilung, und somit ist es schwer, den Korcak-Exponenten anhand kurzer Zeitreihen empirischer Daten zu bestimmen. Das hat enge Grenzen sowohl hinsichtlich der Vorhersagbarkeit einzelner großer Aktivitäten als auch der Bestimmung ihrer Statistik allein aus Zeitreihen zur Folge. Da insbesondere große Ereignisse dem Gutenberg-Richter-Gesetz zufolge selten sind, ist es beson-

Tab. 8.3 Tests der Multifraktalität und Stationärität: der Korcak-Exponent für die Zeitreihe der Japanischen Erdbeben und für Unterreihen, die nur Erdbeben einer bestimmten Mindeststärke enthalten sowie für Teile der oben genannten Reihen.

Mindeststärke	gezählte Ereignisse	Korcak-Exponent B
0	1 bis 599 (alle)	1,22
	1 bis 100	1,11
	101 bis 200	1,10
	201 bis 300	1,31
	301 bis 400	1,21
	401 bis 500	1,21
	501 bis 599	0,67*
6	1 bis 535 (alle)	1,05
	1 bis 100	1,22
	101 bis 200	1,06
	201 bis 300	1,08
	301 bis 400	1,32
	401 bis 500	0,96*
	436 bis 535	0,65*
6,5	1 bis 263 (alle)	1,13
	1 bis 100	1,19
	101 bis 200	1,17
	164 bis 263	1,15
7	1 bis 114 (alle)	1,14

* statistisch zumindest auf dem 0,05-Niveau nennenswert verschieden von dem Korcak-Exponenten für alle Ereignisse mit mindestens der angegebenen Minimalstärke. (Unter Benutzung der Ergebnisse der Computersimulation von Tabelle 8.2.)

ders schwierig, zu sagen, ob es eine Überschußanzahl großer Ereignisse gibt, was eine stark umstrittene Frage ist (Gutenberg und Richter 1942, 1954, 1956a, b; Carlson und Langer 1989). Es wäre interessant, die oben beschriebene Analyse auf Daten aus anderen Regionen anzuwenden und insbesondere Aktivitäten an Verwerfungen mit solchen im Innern kontinentaler Platten zu vergleichen.

Das Sandkasten-Modell bietet eine vernünftige Anpassung an beobachtete Daten. Es wäre interessant, die Dynamik eines anisotropen Sandkasten-Modells (z.B. Abrutschen bei $z \geq 6$, wobei sich zwei Körner nordwärts, zwei südwärts, eines nach Osten und eines nach Westen bewegen) zu studieren, welches eine Verwerfungszone verkörpert.

8.3 Die Geometrie pankreatischer Inseln

8.3.1 Hintergrundwissen

Wir berichten hier über Ergebnisse von Hastings u.a. (1992). Pankreatische Inseln (die, wie auch andere Zelltypen, Insulin-erzeugende β-Zellen enthalten) nehmen weniger als 1% des Volumens der Bauchspeicheldrüse ein und scheinen, auch auf kleinen Skalen, unregelmäßig verteilt zu sein. Es ist daher schwierig, die ihnen zugrundeliegende Geometrie anhand der üblichen Analysenmethoden für immunohistochemisch gefärbte zweidimensionale Schnitte (Logothetopolis 1972; Weibel 1979; Hellestrom und Swenne 1985) zu verstehen.

8.3.2 Die biologischen Materialien und Methoden

Alloxan ist ein selektives β-Zellen-Toxin, das gewöhnlich zur Erzeugung von Versuchsmodellen von Diabetes mellitus in Labortieren genutzt wird. Anders als bei anderen Tieren wird beim Guinea-Schwein das verlorene Volumen an β-Zellen vorhersagbar innerhalb von fünf Tagen nach der Alloxan-Injektion neu gebildet (Gorray u.a. 1986a, b). Regenerations- und Inselbildungsprozesse sind durch Vergleich der beobachteten fraktalen Eigenschaften der Inselzentren in mikroskopischen Schnitten untersucht worden. Präparation und Datenaufzeichnung wurden von Hastings u.a. (1992) im Detail beschrieben.

8.3.3 Sind die Inselmuster fraktal?

Wir haben zunächst die Clusterdimension (Abschnitt 3.3) der Inselzentren berechnet. Die Clusterdimension D ist der Exponent in dem Potenzgesetz

$$n(r) = mr^D \tag{8.5}$$

für die Anzahl $n(r)$ der Inseln innerhalb eines Abstandes r von einer typischen Insel. Wie gewöhnlich passen wir nun das lineare Modell

$$\log n(r) = \log m + D \log R \tag{8.6}$$

an die logarithmisch transformierten Daten an. Der Parameter m ist eine „fraktale Dichte“ mit der Dimension (Länge)$^{-D}$; der typische Abstand $r = m^{-1/D}$ zwischen den Inseln führt zu $n(r) = 1$. Es ist wichtig, die Anpassungsgüte des linearen Modells (8.6) anhand sowohl des Korrelationskoeffizienten als auch eines (vielleicht nur eines einfachen visuellen) Tests auf das Fehlen auffälliger Muster unter den Resten (den Differenzen zwischen den Datenpunkten und der Regressionsgeraden) zu überprüfen. Bei einem fraktalen Muster erwartet man einen linearen Zusammenhang zwischen $\log r$ und $\log n(r)$, solange r hinreichend klein ist, damit Kreise vom Radius r um die meisten Inseln innerhalb der Grenzen des Musters bleiben.

Wir konnten eine gute Anpassung zwischen den Daten und dem linearen Modell (8.6) beobachten, was auf Skaleninvarianz oder fraktales Verhalten hindeutet. In 35 Schnitten von Kontrolltieren hatten die Inseln eine Clusterdimension von $1{,}56 \pm 0{,}04$ (Mittel $\pm$ normaler Meßfehler); bei 4 Schnitten von Versuchstieren war die Dimension der Inseln $D = 1{,}48 \pm 0{,}13$ (nicht signifikant; Hastings u.a. 1992).

Man kann nun danach fragen, ob die beobachteten Clusterdimensionen wesentlich von 2 verschieden sind. Um diese Frage zu beantworten, haben wir, ebenfalls empirisch, D für zwei Typen von mit dem Computer erzeugten Mustern bestimmt: für zufällig verteilte Zentren in der Ebene sowie in einem typischen Fraktal mit niedrigerer Dimension und einem zu erwartenden Wert $D = \ln 3/\ln 2 = 1{,}58$ (einem auf dem Sierpiński-Dreieck beruhenden Attraktor). Dieser Attraktor wurde anhand iterierter Funktionensysteme (Barnsley u.a. 1986; Barnsley 1988) konstruiert; siehe das Programm *fractgame* in Abschnitt 12.8. Zufällige Teilmengen der Ebene und des Fraktals hatten Werte von $D = 1{,}91 \pm 0{,}03$ bzw. $D = 1{,}74 \pm 0{,}03$ (jeweils 100 Versuche). Diese Ergebnisse deuten darauf hin, daß die ganze Variabilität der experimentellen Daten mit der Stichprobenbildung erklärt werden kann und es somit keine zwingende biologische Erklärung gibt. Andererseits war für die Gesamtmenge aller 39 Schnitte $D = 1{,}55 \pm 0{,}04$, was sich bedeutend von dem Wert für zufällige Teilmengen unterscheidet ($p < 0{,}001$, t-Test).

Aus der Schnittformel von Abschnitt 3.7.3 folgt, daß ein ebener Schnitt eines D-dimensionalen Musters im dreidimensionalen Euklidischen Raum die Dimension $D-1$ hat. Somit häufen sich die Inselzentren sowohl bei Versuchstieren mit regenerierten Inseln als auch bei Kontrolltieren in ähnlichen 2,6-dimensionalen fraktalen Teilen der Bauchspeicheldrüse (siehe Hastings u.a. 1992). Man glaubt, daß sich die Inseln entlang der Spitzen einer baumähnlichen Struktur von exocrinen Gefäßen bilden (Falkmer 1985). Da eine zufällige (Poisson-) Teilmenge eines D-dimensionalen Fraktals die Clusterdimension D hat, deuten unsere Ergebnisse auf die überprüfbare Hypothese hin, daß die exocrinen Gefäße ein Zufallsfraktal der Dimension 2,6 bilden könnten (Hastings u.a. 1992).

Die beobachtete Häufung der Insel-Mittelpunkte hat wichtige Konsequenzen für die Stichprobenentnahme und die Allometrie (Hastings u.a. 1992). Die Anzahl der Inseln in einem Quadrat der Seitenlänge s verhält sich wie $s^{1,6}$, also enthält ein quadratischer Schnitt der Seitenlänge 2 mm im Mittel nur $2^{1,6} = 3{,}03$ (*nicht* 4) mal so viele Inseln wie ein Schnitt von 1 mm^2. Siehe Weibel (1979, S. 153-157) und Paumgartner u.a. (1981) bezüglich ähnlicher Anwendungen bei skalenabhängigen Messungen in der Stereologie.

8.4 Die Dimension neuronaler Prozesse

Caserta u.a. (1990) und Kleinfeld u.a. (1990) fanden eine faszinierende fraktale Struktur in der Entwicklungsbiologie: die Clusterdimension neuronaler Prozesse beträgt etwa $1{,}7 \pm 0{,}1$.

Nach unseren Beobachtungen kann man davon ausgehen, daß sich die Prozesse nahe beieinanderliegender Neuronen in einer Teilmenge der Dimension $1{,}7 + 1{,}7 - 3 = 0{,}4$ (siehe Abschnitt 3.7.3), also fast sicher schneiden. Wir nehmen daher an, daß die Mikrosäulen, kleine Ansammlungen von Neuronen im Gehirn (siehe Schmidt 1978), fast vollständig miteinander verbunden sind.

Anmerkung 8.1 Unsere Vorstellungen beruhen auf denen von Lovejoy u.a. (1986). Diese Autoren verwendeten ähnliche Methoden, um zu zeigen, daß dem globalen Netz der Wettermeßstationen, welches die fraktale Dimension 1,75 besitzt, auf der zweidimensionalen Erdoberfläche hochgradig gehäufte starke Stürme mit einer fraktalen Dimension von weniger als $2 - 1{,}75 = 0{,}25$ entgehen können.

Die oben beschriebenen Ergebnisse geben zu mehreren Fragen Anlaß, die über den gegenwärtigen Stand der Arbeit hinausgehen. Wie kann man insbesondere die beobachteten fraktalen Dimensionen erklären? Sind sie eine alleinige Folge universeller Eigenschaften von Wachstumsprozessen wie der diffusionsbegrenzten Aggregation (Witten und Sander 1981; Meakin und Tolman 1989)), wie es Caserta u.a. (1990), Kleinfeld u.a. (1990) sowie Hastings u.a. (1992) vermuten? Die diffusionsbegrenzte Aggregation sagt $D = 1{,}7$ (den für das Wachstum neuronaler Prozesse erhaltenen Wert) in der Ebene und $D = 2{,}4$ (pankreatische Gefäße hatten $D = 2{,}5$) im Raum voraus. Vielleicht gehorcht zufälliges Wachstum in Richtung auf sich langsam zerstreuende Faktoren solchen Modellen.

Andererseits sind vielleicht die Dimensionen und die Strukturen selbst ebenfalls durch biologische Funktionen bestimmt, etwa die Maximierung der Sauerstoffaufnahme in den Bronchien und kurze Informationswege im Gehirn. In jedem Falle könnte die diffusionsbegrenzte Aggregation eine zentrale Rolle bei der Musterbildung in der Entwicklungsbiologie spielen. Da schließlich solche universellen Prozesse wie die diffusionsbegrenzte Aggregation von kleinen Parameteränderungen unabhängig sind, liefern sie robuste Muster, die während des Wachstums relativ konstant sind. Eine solche Universalität könnte in der Evolution sogar favorisiert werden, um Strukturen und damit Funktionen gegen Rauschen abzusichern.

9 Die fraktale Analyse von Zeitreihen

9.1 Einführung

Dieses Kapitel soll die fraktale Analyse von Zeitreihen vorstellen und erläutern. Der Zentrale Grenzwertsatz der Statistik beinhaltet ein Potenzgesetz für die Summe von n (identischen, unabhängig verteilten und beschränkten) zufälligen Variablen mit dem Mittelwert 0: der Wert der Summe wächst wie $n^{1/2}$. Nun wächst die Resultierende einer aus n Schritten bestehenden Zufallsbewegung ebenfalls wie $n^{1/2}$. Hurst (1951) stellte die Frage, ob sich Fluktuationen des kumulativen Nilabflusses, also der Summe vieler einzelner abfließender Wassermengen, ähnlich verhalten, und stellte stattdessen fest, daß sie über eine Zeit T hinweg wie T^H wachsen, wobei H echt größer als $\frac{1}{2}$ ist. Mandelbrot (1965), Mandelbrot und Van Ness (1968) sowie Mandelbrot und Wallis (1969) erklären dieses Verhalten mit skaleninvarianten Langzeit-Korrelationen und führten so die fraktale Modellierung von Zeitreihen ein. Wir werden solche fraktalen Modelle anhand unserer eigenen Analyse der Oberflächentemperatur des Ozeans bei Scripps Pier (La Jolla, Kalifornien, USA) und der Niederschlagswerte von New Jersey (USA) entwickeln.

Wir beginnen mit einer nochmaligen Besprechung der „Trendbereinigung“, ihrer Anwendung zur Eliminierung großer zyklischer Trends (wie etwa denen in Temperaturwerten) oder linearer Trends, und mit der Entscheidung, wann kumulative Zeitreihen zu bilden sind. Sodann veranschaulichen wir diese Prozesse und die fraktale Modellierung anhand der Untersuchung kalifornischer Ozean-Oberflächentemperaturen und von Niederschlagswerten aus New Jersey. Das Kapitel schließt mit einem kurzen formalen Vergleich von Fraktalen mit Aufenthaltszeit-Modellen. Eine detaillierte Fallstudie zur Anwendung von Fraktalen auf die Populationsdynamik und ihre mögliche Anwendung zur Vorhersage des Artensterbens (siehe Sugihara und May 1990a) folgt in Kapitel 11.

9.2 Die Trendbereinigung

Viele Zeitreihen weisen ausgeprägte zyklische Trends auf. Beispielsweise folgen die täglichen Temperaturwerte einem jährlichen Zyklus, dessen Ausmaß gegenüber anderen Fluktuationen überwiegt. Die Niederschlagswerte in vielen Gebieten unterliegen einem ähnlichen jährlichen Zyklus von vergleichbarem Ausmaß. Es ist daher wünschenswert, die Temperatur zu einem bestimmten Datum oder die Niederschlagsmenge in einem bestimmten Monat mit der mittleren Temperatur zu jenem Datum oder dem mittleren Niederschlag in jenem Monat zu vergleichen. Das kann man durch Trendbereinigung erreichen.

In beiden oben genannten Fällen hat der dominante Zyklus eine Dauer von einem Jahr, und ebendiesen Zyklus wollen wir eliminieren. Wir gehen davon aus, daß genügend Daten vorliegen, um Tages- oder Monatsmittel, je nach Fragestellung, zuverlässig berechnen zu können. (Falls der Graph der mittleren Tagestemperatur sehr stark zu fluktuieren scheint, statt einer glatten Kurve zu folgen, kann man ohne weiteres noch andere Glättungs-Verfahren, etwa die Berechnung des gleitenden Mittels (über die Datumsvariable) der mittleren Tagestemperatur, anwenden.)

Die Abweichung von diesem Trend kann als Differenz zwischen den wirklichen Werten und dem Trend oder als Verhältnis der wirklichen Werte zum Trend angegeben werden. Wenn es sich um Temperaturwerte handelt, scheint es zweifellos am geeignetsten, den entsprechenden Trendwert von jedem der Datenpunkte zu subtrahieren. Bei Niederschlagswerten ist die Lage weniger klar, aber Fragen der Flutkontrolle und der Wasserspeicherung betreffen absolute, nicht relative Wassermengen. Wir entscheiden uns also dafür, die Trendwerte zu subtrahieren. (Es gibt eine Schwierigkeit bei dieser Subtraktion. In einem regnerischen Monat, beispielsweise einem mit einer Niederschlagsmenge von 150 mm, mag ein Überschuß von 25 mm nicht bedeutsam erscheinen. In einem trockenen Monat, etwa mit 25 mm Niederschlag, stellt ein Überschuß von 25 mm jedoch eine Verdopplung der Niederschlagsmenge dar.)

Obwohl wirkliche (nicht-kumulative) Abweichungen beschränkt sind und somit nicht fraktal sein können, kann die kumulative Abweichung fraktal sein, genauso wie eine Zufallsbewegung mit beschränkten Zuwächsen fraktal ist. (Die Zuwächse eines über eine Zeit Δt hinweg betrachteten fraktalen Prozesses sind Gaußsch und damit „effektiv beschränkt".) Wir haben deshalb, wie in Hursts (1951, 1956) Studie der *kumulativen* Abflußmengen des Nils, die kumulativen Abweichungen untersucht. Es gibt noch einen weiteren nützlichen Test für fraktales Verhalten, der den Wertebereich $0 < H < 1$ der Hurst-Exponenten sowie die gleichbedeutende Beschränkung des Korrelationskoeffizienten ρ zwischen aufeinanderfolgenden Zuwächsen auf das Intervall $-\frac{1}{2} < \rho < 1$ betrifft (siehe auch Abschnitt 4.3). Liegen experimentelle Ergebnisse außerhalb dieser Bereiche, dann sollte man die Bildung von Summen oder Differenzen in Erwägung ziehen.

Da jährliche Abflußmengen von Flüssen, tägliche Temperaturen und momentane Herzschlagraten beschränkt sind, können sie nicht selbst fraktale Prozesse sein. Sie könnten jedoch die Zuwächse von fraktalen Prozessen über Zeitschritte von 1 Jahr, 1 Tag bzw. 1 Testintervall sein.

9.3 Die Temperaturwerte von La Jolla in Kalifornien

Wir haben eine Zeitreihe von über 20 000 täglichen Meßwerten der Oberflächentemperatur des Ozeans am Ende des Scripps Pier in La Jolla, Kalifornien, aus den Jahren 1927 bis 1989 analysiert. Teile dieser Daten sind bereits nach spektralen Eigenschaften analysiert worden (Tont 1975, 1981).

9.3.1 Die Untersuchungsmethode

Wir begannen mit der Suche nach jährlichen Trends, indem wir die täglichen Durchschnittstemperaturen über die mehr als 60 Jahre der Messung berechneten. Mit Rücksicht auf die Schaltjahre haben wir jeden 1461-ten Temperaturwert ($4 \cdot 365{,}25 = 1461$) weggelassen und dann die Kurve der täglichen Durchschnittstemperatur durch Anwendung eines siebentägigen gleitenden Mittels noch weiter geglättet. Dadurch erhielten wir Temperaturmittel über „Jahre“ zu je 365 Tagen. Wir entdeckten einen jährlichen Zyklus und eliminierten ihn durch Subtraktion der Durchschnittstemperatur eines jeden Datums von der entsprechenden wirklichen Temperatur.

Mit Hilfe der Methode des lokalen Wachstums der Varianz, d.h. durch Berechnung der Korrelationen zwischen aufeinanderfolgenden Zuwächsen der Funktion $F(t)$ der kumulativen Temperaturdifferenz, suchten wir nach fraktalem Verhalten. Die Funktion $F(t)$ ist folgendermaßen definiert:

$$\left.\begin{aligned} F(0) &= 0, \\ F(t+1) &= F(t) + (\text{Temperatur am Tag } t+1) \\ &\quad -(\text{Durchschnittstemperatur am Tag } t+1). \end{aligned}\right\} \qquad (9.1)$$

Danach haben wir die Korrelation zwischen den aufeinanderfolgenden Zuwächsen $F(t+h) - F(t)$ und $F(t+2h) - F(t+h)$ für Zeitspannen h von 1 Tag bis 2500 Tagen berechnet. Da die Temperaturdaten bereits trendbereinigt waren, konnten wir die mittlere Differenz zwischen Überschußtemperaturen zu 0 annehmen und mit den Methoden aus Abschnitt 4.4 den Korrelationskoeffizienten berechnen.

Anmerkung 9.1

1. Der Zuwachs $F(t+h) - F(t)$ ist die Summe der Temperaturabweichungen an den Tagen $t+1$, $t+2, \ldots, t+h$ und kann als „kumulative Temperaturabweichung“ angesehen werden. Es ist nämlich $F(t+h) - F(t)$ die mittlere

Überschußtemperatur an diesen h Tagen, und die Korrelationen bestehen zwischen Überschußtemperaturen in aufeinanderfolgenden Perioden zu jeweils h Tagen.

2. Die kumulative Temperaturabweichung $F(t)$ kann, im Gegensatz zur Temperatur selbst, die gewiß beschränkt ist, auf große Werte anwachsen, z.B. zwischen 0 und 50°C!

3. Wir haben auch versucht, die Korrelationen zwischen den Differenzen von Überschußtemperaturen zu berechnen, beispielsweise [(Temperatur am Tag $t + h$) – (mittlere Temperatur am Tag $t + h$)] – [(Temperatur am Tag t) – (mittlere Temperatur am Tag t)], erhielten aber Korrelationen, die schnell gegen $-\frac{1}{2}$ gingen.

9.3.2 Die Ergebnisse

Zwischen den Zuwächsen der kumulativen Temperaturabweichung besteht für sehr kurze Zeitspannen von einem oder mehreren Tagen (erwartungsgemäß) eine stark positive Korrelation. Diese geht bei etwa zwei Jahren allmählich in eine Korrelation von nahezu null über. Wächst die Zeitspanne, so sinkt die Korrelation weiter langsam ab und wird bei Zeitdauern von sechs oder mehr Jahren deutlich negativ. Um es mit dem fraktalen Exponenten H auszudrücken: für kurze Zeitspannen ist H größer als $\frac{1}{2}$, sinkt für Zeitdauern von zwei bis fünf Jahren auf etwa $\frac{1}{2}$ ab, und wird für Perioden von sechs oder mehr Jahren kleiner als $\frac{1}{2}$. Der Wert $H = \frac{1}{2}$ ist der Brownsche Wert; wir interpretieren $H > \frac{1}{2}$ als „Beständigkeit“ und $H < \frac{1}{2}$ als „Anti-Beständigkeit“ oder Tendenz zur Umkehr. Diese Ergebnisse bedeuten, daß auf einen überdurchschnittlich warmen Monat sehr wahrscheinlich ein weiterer überdurchschnittlich warmer Monat folgt. Ist ein Jahr überdurchschnittlich warm, dann ist es, wenn auch nicht allzu sehr, wahrscheinlich, daß auch das nächste Jahr wärmer als im Mittel wird. Diese Tendenz geht nach etwa zwei Jahren verloren und kehrt sich nach etwa sechs Jahren um (Abbildung 9.1).

Anmerkung 9.2 Dieses Verhalten kann mit der Dauer von El Niño-Ereignissen (Rasmussen u.a. 1990; Ghil u.a. 1991), die normalerweise etwa zwei Jahre beträgt, in Zusammenhang gebracht und somit durch die Aufenthaltszeit-Modelle aus Abschnitt 9.5 erklärt werden. Ein System mit einer Aufenthaltszeit in der Größenordnung von zwei Jahren würde unbeständiges Verhalten auf kürzeren Zeitskalen glätten, aber wenig Wirkung auf längeren Zeitskalen haben.

Eine Spielmodell-Fourieranalyse könnte zusätzliche Hinweise liefern. Wir betrachten ein System mit einem breiten spektralen Peak und berechnen die Korrelation ρ zwischen aufeinanderfolgenden Zuwächsen als Funktion der Zeitspanne Δt – also mit der Korrelations-Methode aus Abschnitt 4.3. O.B.d.A. verwenden wir solche Einheiten, in denen der spektrale Peak die Zeitskala 2π hat. Dann ist

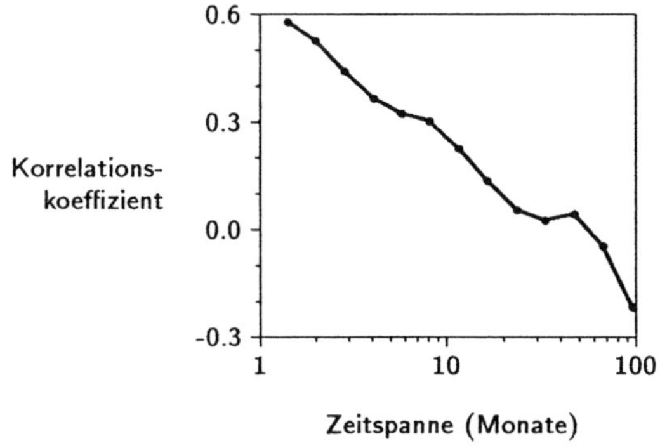

Abb. 9.1 Die Korrelation zwischen aufeinanderfolgenden Zuwächsen bei einer fast 80 Jahre langen Zeitreihe der Ozean-Oberflächentemperaturen vom Pier des Scripps Institute of Oceanography, La Jolla, Kalifornien, USA.

die Korrelation ρ Null für

$$\int_0^{2\pi} [\sin(t+2\Delta t) - \sin(t+\Delta t)][\sin(t+\Delta t) - \sin t]\, dt = 0. \tag{9.2}$$

Wir lösen dieses Integral auf:

$$\begin{aligned} &\int_0^{2\pi} [\sin(t+2\Delta t)\,\sin(t+\Delta t) - \sin^2(t+\Delta t) \\ &\qquad - \sin(t+2\Delta t)\,\sin t - \sin(t+\Delta t)\,\sin t]\, dt \\ &= \int_0^{2\pi} [-\sin 2(t+\Delta t) - \sin(t+2\Delta t)\,\sin t]\, dt \end{aligned}$$

(wegen $\int_0^{2\pi} \sin(t+2\Delta t)\,\sin(t+\Delta t)\, dt = \int_0^{2\pi} \sin(t+\Delta t)\,\sin(t)\, dt$)

$$\begin{aligned} &= -\pi - \int_0^{2\pi} \sin(t+2\Delta t)\,\sin t\, dt \\ &= -\pi - \int_0^{2\pi} [\sin^2 t\,\cos 2\Delta t + \sin t\,\cos t\,\sin \Delta t]\, dt \\ &= -\pi - (\cos 2\Delta t) \int_0^{2\pi} \sin^2 t\,\cos 2\Delta t\, dt \end{aligned}$$

(das Integral des zweiten Integranden ist 0)

$$= -\pi - (\cos 2\Delta t)\pi. \tag{9.3}$$

Damit ist bei $\cos 2\Delta t = -1$ oder $\Delta t = \pi/2$, also einem Viertel der Zeitskala des natürlichen Peaks, die Korrelation 0. Die Werte der Sinusfunktion sind ebenfalls über einem Viertel ihres Zyklus relativ groß (über 70% des Maximums), und somit entspricht die Zeitskala mit der Korrelation null etwa derjenigen der Maxima der Sinusfunktion. Da El Niño-Ereignisse an einem seltsamen Attraktor eintreten können (Rasmussen u.a. 1990; Ghil u.a. 1991), ist ein komplexeres quasi-periodisches Verhalten zu erwarten.

9.4 Die Niederschlagswerte von New Jersey

Nach Diskussionen des dortigen Army Corps of Engineers über Projekte zur Flutkontrolle haben wir eine ähnliche Analyse von aus 20 Jahren stammenden Aufzeichnungen der Niederschlagswerte von New Jersey durchgeführt.

9.4.1 Die Untersuchungsmethode

Wir analysierten die Daten folgendermaßen: Zuerst berechneten wir den monatlichen mittleren Niederschlag über die 20 Jahre der Aufzeichnung. Es gab keinen ausgeprägten jährlichen Trend, also hatten wir aus den Daten keinen Trend zu eliminieren. Wir wendeten dann, wie schon oben, die ρ-Zeitdifferenzen-Methode für Zeitspannen von einem bis 24 Monaten an. Die maximale Zeitspanne war begrenzt, so daß genügend Daten vorlagen, um den *Populations*-Korrelationskoeffizienten verläßlich aus den experimentellen Daten berechnen zu können.

9.4.2 Die Ergebnisse

Auch die Niederschlagswerte weisen Kurzzeit-Beständigkeit, mittelfristiges Brownsches Verhalten und langfristige Anti-Beständigkeit auf. Die Kurzzeit-Beständigkeit (d.h. positive Korrelationen, also $H > \frac{1}{2}$) gilt für Perioden von bis zu fünf Monaten; Brownsches oder näherungsweise Brownsches Verhalten (Korrelation ≈ 0, also $H \approx \frac{1}{2}$) tritt in Perioden von sechs Monaten bis zu einem Jahr auf. Das Verhalten wird für Perioden von mehr als einem Jahr zunehmend anti-beständig.

9.4.3 Die Bedeutung der Ergebnisse

Die Speicherung von Wasser ist sowohl für die Flutkontrolle als auch die Erträglichkeit von Dürrezeiten von Bedeutung. Die Daten legen nahe, daß die Kapazität eines Reservoirs die Speicherung des Wassers aus zumindest einem Jahr, besser mehreren Jahren ermöglichen sollte. Einfach ausgedrückt, ist eine Wasserspeicherung über weniger als fünf Monate ungeeignet, da auf kürzere Trockenperioden mit einer gewissen Wahrscheinlichkeit wieder vergleichbare Trockenperioden folgen; Ähnliches gilt für Zeiten mit Wasserüberschuß. Andererseits ist es wahrscheinlich, daß auf mehrere Jahre dauernde Trockenzeiten ähnlich lange Feuchtigkeitsperioden folgen und umgekehrt.

Um dies präziser zu fassen, erinnern wir an die Mandelbrot-Formel (1977, 1982) aus Abschnitt 6.2.1, die einen Zusammenhang zwischen dem Hurst-Exponenten

H und dem Korcak-Exponenten B für die Dauer von Abweichungen fraktaler Prozesse (auf der Geraden) über oder unter einen bestimmten Wert herstellt: Die Wahrscheinlichkeit einer Abweichung (Flut oder Dürre) der Mindestdauer T verhält sich wie T^{-B}, wobei $H = 1-B$ ist. Die kumulative Größe der Abweichung verhält sich wie das Produkt

$$T^{H+1} \tag{9.4}$$

aus ihrem Betrag (von der Größenordnung T^H) und ihrer Dauer T. Außerdem entsprechen größere B-Werte in Verbindung mit kleineren H-Werten relativ wenigen langandauernden Fluten und Dürreperioden. Also ist es am nützlichsten, einen Damm zu vergrößern und damit seine Speicherkapazität zu erhöhen, wenn H klein ist, beispielsweise $H < \frac{1}{2}$. Im Falle der Daten aus New Jersey ist es, *relativ* gesehen, einfacher, die Speicherkapazität eines Damms von einem auf zwei Jahre (in welchem Falle $H < \frac{1}{2}$ ist) statt von zwei auf vier Monate (mit $H > \frac{1}{2}$) zu erhöhen.

9.5 Speicher- und Aufenthaltszeiten

Um fraktale mit in Abschnitte unterteilten Aufenthaltszeit-Modellen zu vergleichen, betrachten wir einen Abschnitt mit einem Eingang und einem Ausgang. Es soll $f(t)$ die Zeitreihe der Eingangswerte und $g(t)$ die der Ausgangswerte bezeichnen. Man spricht von einer Aufenthaltszeit T der Abschnitts, falls $g(t)$ im wesentlichen von den f-Werten aus der Zeitspanne von $t-T$ bis t abhängt, jedoch relativ unabhängig von den f-Werten vor der Zeit $t-T$ ist.

Bei einem diskreten Modell kann man dieses Verhalten in der Formel

$$g(t) = \sum_{s=0}^{T} a(s) f(t-s) \tag{9.5}$$

oder glatter als

$$g(t) = \sum_{s=0}^{\infty} \exp\left(-\frac{s}{T}\right) f(t-s) \tag{9.6}$$

wiedergeben. Für einen stetigen Zeitverlauf erhält man

$$g(t) = \int_0^\infty \exp\left(-\frac{s}{T}\right) f(t-s)\, ds. \tag{9.7}$$

Entspricht die Eingangsfunktion $f(t)$ den Zuwächsen einer Brownschen Funktion, dann sieht man leicht, daß die kumulative Ausgangsfunktion

$$G(t) = \int_0^T g(s)\, ds \tag{9.8}$$

auf Zeitskalen, die groß sind gegen die Aufenthaltszeit T, näherungsweise Brownsch, auf viel kürzeren Zeitskalen jedoch beständig ist (aufeinanderfolgende Zuwächse sind positiv korreliert, was gleichbedeutend mit $H > \frac{1}{2}$ ist). Allgemeiner gilt: Wenn $f(t)$ die Zuwächse bei einem fraktalen Prozeß $F(t)$ beschreibt, dann verhält sich $G(t)$ auf Zeitskalen, die groß sind im Vergleich zur Aufenthaltszeit T, wie $F(t)$, ist aber auf viel kleineren Zeitskalen (größeres H) beständiger.

Warnung. Um dem Formalismus zu genügen, ist es erforderlich, $f(t-s)\,ds$ durch die Distributionsableitung $dB(t-s)$ der Brownschen Bewegung zu ersetzen. Die dazu nötige Mathematik sieht etwas abschreckend aus (Mandelbrot 1965; Mandelbrot und Van Ness 1968; Mandelbrot und Wallis 1969), aber man kann sich die Integrale als Summen vieler kleiner Schritte vorstellen.

Endliche Aufenthaltszeit-Modelle weisen also mehrere charakteristische Zeitskalen auf und könnten das „multiskalierende" Verhalten der Zeitreihen aus den Abschnitten 9.3 und 9.4 erzeugen, also ein Verhalten, das durch kurzzeitige Beständigkeit, Brownsches Verhalten über mittelgroße Zeitspannen und langzeitige Anti-Beständigkeit gekennzeichnet ist. Es wäre interessant, die Daten von Hurst (1951, 1956) aus diesem Blickwinkel erneut zu untersuchen. Siehe auch Kapitel 11.

Im Gegensatz dazu zeigten Mandelbrot und seine Mitarbeiter, daß ein Fach mit einer geeigneten „unbeschränkten" Aufenthaltszeit eine Eingangsfunktion $f(t)$ in die Zuwächse eines skaleninvarianten Prozesses umwandeln kann: das Integral

$$g(t) = \int_0^\infty s^{H-1,5}\, dB(t-s) \tag{9.9}$$

liefert die Zuwächse eines fraktalen Prozesses mit dem Hurst-Exponenten H.

IV Fallstudien

Zwei Fallstudien, deren erste beinahe schon klassisch ist, die zweite jedoch neu, sollen die fraktale Modellierung illustrieren. Kapitel 10 vereinheitlicht und rezensiert die Arbeiten vieler Autoren des letzten Jahrzehnts über Muster und Prozeß in vegetativen Ökosystemen und schließt mit einer Liste vielversprechender zukünftiger Projekte ab, die vom Studium der zeitlichen Abfolgemechanismen bis zur Zählung der Arten auf der Erde reichen. Insbesondere soll dieses Kapitel demonstrieren, wie Fraktale die hierarchische Struktur von Ökosystemen widerspiegeln, in denen, wie erstmals im Stommel-Diagramm gezeigt wurde, auf vielen räumlichen und zeitlichen Skalen Dynamik vorkommt. Kapitel 11 betrachtet das Problem der Vorhersage des Aussterbens kleiner Populationen aus kleinen Datenmengen. Das ist ein entscheidender Test für Populationsmodelle und ein zentrales Problem des Artenschutzes. Wir nutzen die durch die „Fallstudien" gegebene Gelegenheit, um Hintergrund-, Beweis- und Lehrmaterial einzufügen, welches in den meisten Zeitschriftenartikeln allzu oft übergangen wird.

10 Fallstudien: Muster und Prozeß in vegetativen Ökosystemen

10.1 Einführung

In diesem Kapitel soll gezeigt werden, wie mit Hilfe der fraktalen Geometrie komplexe Vegetationsmuster gemessen, Skalen und Skalierungsverhalten erkannt und die zugrundeliegende Dynamik, die diese Muster erzeugt hat, beschrieben werden kann.

Als Hintergrund erinnere man sich an Korcaks (1938) empirische Suche nach einer Struktur in der komplexen Verteilung der Inselflächen im Ägäischen Meer (dies wurde im einzelnen in Abschnitt 3.6 diskutiert). Als er auf einen sehr weiten Bereich von Flächen stieß, viele kleine und einige wenige große Inseln, wandte Korcak drei natürliche Verfahren an, um deren Statistik zu untersuchen. Durch die Bildung der Logarithmen der Flächeninhalte wurde der Datenbereich verringert. Danach wurden die Daten mittels Ersetzung des Histogramms dieser Logarithmen durch die entsprechende Verteilung der kumulativen Häufigkeiten geglättet. Diese Schritte ergaben als Funktion des Logarithmus von a eine offensichtlich lineare Beziehung für die Anzahl derjenigen Inseln, deren Flächeninhalt größer als eine gegebene Fläche a ist. Korcak wandte schließlich die lineare Regression an, um den Anstieg dieser linearen Funktion zu bestimmen, was auf das Potenzgesetz

$$\text{Anzahl}(\text{Fläche} > a) = \text{const} \cdot a^{-B} \tag{10.1}$$

führte. Tatsächlich hatte Korcak eine fraktale Beziehung in der Natur gefunden, zu deren vollständiger Interpretation die Entdeckung der fraktalen Geometrie durch Mandelbrot erforderlich war. Etwa 20 Jahre später stieß Richardson (1961) auf einen weiteren fraktalen Zusammenhang in der Natur: ein Potenzgesetz für die scheinbare Länge der Küste von England als Funktion der zur Messung verwendeten Einheits-„Schrittweite", welches für einen auf ähnliche Weise angepaßten Exponenten (die fraktale Dimension) D

$$(\text{Anzahl der Schritte}) = \text{const} \cdot (\text{Schrittweite})^{-D} \tag{10.2}$$

lautet.

Die Arbeit von Korcak, Richardson und Mandelbrot sowie offensichtliche Ähnlichkeiten zwischen verschiedenartigen „Inseln" in Vegetationskarten und im Ozean regten den erstgenannten Autor dieses Buches (Hastings u.a. 1982, siehe Abschnitt 10.2) zu dem Versuch an, Muster in der Sumpfvegetation von Okefenokee mit den Korcakschen Verfahren zu untersuchen. Wie im folgenden besprochen wird, entwickelten daraufhin viele Autoren (vgl. Bradbury u.a. 1984; Krummel u.a. 1987; Meltzer 1990; Sugihara und May 1990a) zusätzliche Verfahren und Anwendungen für die Ökologie, indem sie Fraktale benutzten, um sowohl die Randkurven als auch die Flächen von Gebieten zu untersuchen sowie natürliche Größenskalen in Vegetationsmustern objektiv zu erkennen.

Die fraktale Geometrie kann auch zur Erkennung von Prozessen in Ökosystemen beitragen. Ökosysteme werden als hierarchische Systeme beschrieben, wobei auf einer Vielzahl räumlicher und zeitlicher Skalen relevante dynamische Prozesse ablaufen (Allen und Starr 1982; Sugihara 1984; O'Neill u.a. 1986; Milne 1988; May 1988). Darüberhinaus sind Ökosysteme offene Systeme, in die hinein und aus denen hinaus Energie fließt und die normalerweise eine Vielzahl metastabiler Zustände besitzen. Man würde in vielen Fällen erwarten, daß sich Veränderungen der Dynamik in entsprechenden Änderungen räumlicher Muster und somit in den diese Muster quantitativ beschreibenden fraktalen Exponenten wiederspiegeln. In solchen Fällen würden deutliche Änderungen fraktaler Exponenten, die über einem begrenzten Skalenbereich berechnet wurden, skalenabhängige „Änderungen im Erzeugungsprozeß anzeigen und eine Grenze definieren, über die hinaus man nicht mehr extrapolieren kann. Auf diese Weise können Fraktale ein Verfahren an die Hand geben, um objektive Lösungen so schwieriger Probleme der Hierarchien-Theorie wie etwa der Bestimmung von Grenzen zwischen hierarchischen Niveaus und von Skalierungsregeln für die Extrapolation innerhalb eines jeden Niveaus zu finden" (Sugihara und May 1990a).

Dieses Kapitel behandelt potentielle Anwendungen von Fraktalen bei der Beschreibung des Skalierungsverhaltens in Vegetationsmustern und der Erkennung gewisser Aspekte der Dynamik von Ökosystemen. Insbesondere werden wir versuchen, Beziehungen zwischen Mustern in der Verteilung einer Art oder einer eng verwandten Artengruppe zu der Stufe, die sie in der zeitlichen Abfolge einnimmt, sowie ihrer Beharrungstendenz herzustellen. Wir werden außerdem versuchen zu zeigen, wie man anhand fraktaler Methoden das Vorhandensein von Gebieten mit Multiskalierung und damit natürliche Skalen in einem Vegetationssystem objektiv bestimmen kann. Die fraktale Geometrie stellt somit ein objektives, quantitatives Maß für Muster und Prozesse in Ökosystemen zur Verfügung, das komplexere Untersuchungen und dynamische Modelle zumindest ergänzen kann. Schließlich werden wir versuchen, die gewaltige Leistungsfähigkeit von Fraktalen in der angewandten Ökologie zu demonstrieren, auf einem Gebieten also, das von der Erkennung der funktionellen Rolle von Störungen (sollten wir Waldbrände in einem bestimmten Gebiet löschen?) bis hin zu einer kontinuierlichen, automatisierten Bestimmung der Belastung stark genutzter Weiden durch Grasen reicht.

Dieses Kapitel ist folgendermaßen angelegt: In den ersten beiden Abschnitten wird die fraktale Geometrie von Vegetationsmustern entwickelt. Die nächsten drei Abschnitte wenden diese Geometrie auf Modelle für Prozesse an, die vegetativen Ökosystemen zugrundeliegen, wobei wir mit einer als gegeben angenommenen Beziehung zwischen Fleckigkeit und Beständigkeit beginnen. Der letzte Abschnitt enthält eine Liste von Fragen und Hypothesen für ein weiterführendes Studium, die ein breites Themenspektrum von der Erkennung raum-zeitlicher Skalen bis hin zu möglichen Erweiterungen auf die Arten-Flächen-Beziehung überdecken.

Anmerkung 10.1 Bak, Tang und Weisenfeld (1987) schlugen mehrere Modelle zellulärer Automaten für komplizierte physikalische Systeme vor, die fraktale Muster und Dynamik erzeugen. Diese Modelle wurden in den Abschnitten 7.2 und 8.2 ausführlich diskutiert. Es ist interessant, darüber zu spekulieren, ob ähnliche Modelle zellulärer Automaten fraktale Muster und Dynamik in der Ökologie erklären können. In Abschnitt 10.6 werden einige Konsequenzen eines solchen Programms entwickelt.

10.2 Skalierungsverhalten

Wir werden uns zu Beginn mit einer frühen Studie fraktaler Muster in der Verteilung von Vegetationsgebieten und der Formen ihrer Ränder (Hastings u.a. 1982) beschäftigen. In dieser Arbeit legten es offensichtliche Ähnlichkeiten zwischen Vegetationsgebieten („Inseln") im Okefenokee-Sumpf und den von Korcak untersuchten Inseln in der Ägäis nahe, die Korcakschen Methoden bei der Suche nach fraktalen Mustern in der Verteilung der Flächen von Vegetationsgebieten anzuwenden. Hastings u.a. versuchten daher, die Anzahl der Gebiete mit der Mindestfläche a an die hyperbolische Verteilung

$$\text{Anzahl (Fläche} > a) = \text{const} \cdot a^{-B}$$

anzupassen, wobei sie für a Werte mit dem Abstand einer halben Oktave oder Vielfache von „f-Stops" verwendeten, also

$$1,\ 1{,}4,\ 2,\ 2{,}8,\ 4,\ 5{,}6,\ 8,\ 11{,}3,\ 16, \ldots .$$

Durch lineare Regression logarithmisch transformierter Ausgangsdaten (siehe Kapitel 6) wurde der Korcak-Exponent bestimmt. In Tabelle 10.1 sind die Ergebnisse zusammengefaßt, Tabelle 10.2 zeigt typische Ausgangsdaten.

Der Korcak-Exponent B gibt die Anzahl kleiner Flecken im Verhältnis zur Anzahl der größeren an, wobei kleinere B-Werte einer geringeren Anzahl kleiner Flecken entsprechen. Klassische fraktale Modelle beschränken B auf das Intervall $\frac{1}{2} \leq B \leq 1$. Die Zypressen-Verteilungen erschienen fleckiger (mehr kleine Flecken) als die Verteilungen des breitblättrigen Immergrüns, und die Zypresse

[1] 1 Acre = 4047 m^2 – Anm. d. Übers.

Tab. 10.1 Der Exponent B und der Korrelationskoeffizient ρ der linearen Regression für Flecken mit Zypressenwuchs (*Taxodium ascendus*) und breitblättrigem Immergrün (*Magnolia virginia, Persa palustus* und *Gordonia lasiantus*) im Okefenokee-Sumpf nach Hastings u.a. (1982)

Art, Sumpfregion	B	ρ
Zypresse, Nordost	0,624	0,987
Zypresse, Südost	0,799	0,975
Breitblatt, Nordost	0,453	0,975
Breitblatt, Südost	0,491	0,952

Tab. 10.2 Die Verteilung von Zypressenflecken (einschließlich der gemischten Zypresse) im Okefenokee-Sumpf in der nordöstlichen Ecke (nördlich von 34_{10} und östlich von 3_{70}) der Vegetationskarte von McCaffrey und Hamilton (1978) nach Hastings u.a. (1982). Die letzte Spalte ist in Hastings u.a. (1982) nicht enthalten, für spätere Betrachtungen aber hier eingefügt worden. Acht Flecken, die kleiner sind als 40 Acres [1] , sind aufgrund von meßtechnischen Problemen nicht enthalten; ein Fleck von 40 Acres hat auf einer Karte mit dem Maßstab 1:63 360 (1 Zoll $\hat{=}$ 1 Meile) einen Durchmesser von etwa $\frac{1}{4}$ Zoll (0,6 cm).

Fläche a	Anzahl der Flecken der Mindestfläche a	Anzahl der Flecken mit einer Fläche zwischen a und $a\sqrt{2}$
2560	3	
1810	5	2
1280	6	1
905	7	1
640	10	3
452	13	3
320	17	4
226	22	5
160	24	2
113	28	4
80	32	7
40	43	4

selbst erschien im Nordosten fleckiger als im Südosten. Grob gesprochen deutet dies entsprechend einer postulierten inversen Beziehung zwischen Fleckigkeit und Beständigkeit, die in Abschnitt 10.4 diskutiert wird, darauf hin, daß die Zypresse im Nordosten weniger beständig ist. Außerdem trennt ein etwa 10 cm hoher künstlicher Damm, der bei einem fehlgeschlagenen Versuch zur Entwässerung des Sumpfes gebaut wurde, dessen nordöstlichen vom südöstlichen Teil (Patten, persönliche Mitteilung). Dieser Damm unterbricht teilweise den Fluß des Oberflächenwassers, das hauptsächlich vom Nordosten in den Südosten fließt. Somit ist der Nordosten feuchter als der Südosten, was ihn zu einem besseren Standort für die Zypresse machen dürfte.

Breitblättrige Arten erschienen noch beständiger als die Zypresse. Das paßt zu der beobachteten Ablösung der Zypresse durch Breitblattgewächse im Okefenokee-Sumpfgebiet (Schlesinger 1978).

Vermutungen. Diese Ergebnisse führen zu zwei interessanten Vermutungen:

1. Späte Muster in einer Abfolge sind weniger fleckig verteilt als frühe; genauer gesagt sinkt der mit einem bestimmten Vegetationstyp verbundene

Korcak-Exponent B im Laufe der zeitlichen Abfolge.

2. Beständigere Arten sind weniger fleckig verteilt als weniger beständige; genauer gesagt nimmt der zu einem bestimmten Vegetationstyp gehörende Korcak-Exponent B mit zunehmender Beständigkeit ab.

Andere Exponenten. Wie in Kapitel 3 diskutiert wurde, können bei Versuchen, in komplexen natürlichen Mustern eine Struktur zu finden, viele miteinander zusammenhängende fraktale Exponenten verwendet werden. Krummel u.a. (1987) bestimmten anhand des Flächen-Umfangs-Exponenten (gleich $D/2$) aus Abschnitt 3.5 die fraktale Dimension D unregelmäßiger Fleckenränder. Dies kann in Fällen, wo die Ränder durch heftige Konkurrenz entstehen, besonders günstig sein. Bradbury u.a. (1984) nutzten die Stechzirkelmethode aus Abschnitt 3.4, um die fraktale Dimension D eines australischen Korallenriffs zu bestimmen. Wie in Kapitel 3 und Abschnitt 6.2 gezeigt wurde, sind bei vielen fraktalen Modellen die Exponenten B und D durch die Mandelbrot-Formel $D = 2B$ miteinander verknüpft. Insbesondere wächst die fraktale Dimension eines Fleckenrandes mit steigender Komplexität, gerade so, wie der Korcak-Exponent mit steigender Fleckigkeit in der Flächenverteilung wächst. Was sagt die Mandelbrot-Formel über die fraktale Geometrie von Vegetationsmustern aus? Diese Frage wird in Abschnitt 10.7.1 diskutiert.

Sugihara (unveröffentlicht, 1982) stellte diesen Komplexitätstyp wie in Abbildung 10.1 dar.

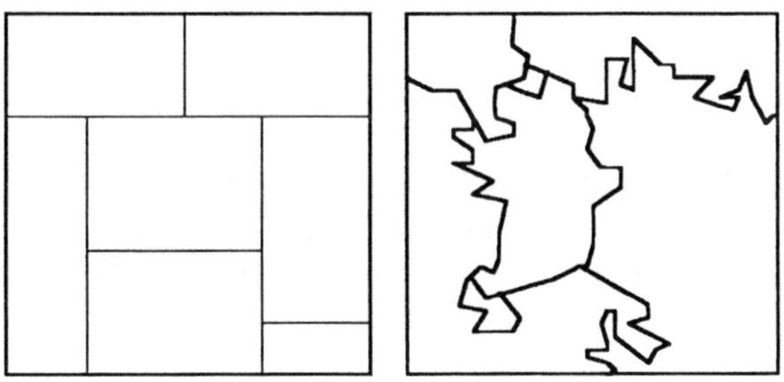

(a) (b)

Abb. 10.1 Ränder künstlicher (a) und natürlicher (b) Gebiete. Eine Skizze aus Sugihara (1982). Die Unterschiede können durch fraktale Exponenten quantifiziert werden (siehe Abschnitt 10.3, insbesondere Abbildung 10.2).

Kritik. Im Zusammenhang mit Tabelle 10.2 sei angemerkt, daß die Verteilung der Flecken auf Flächen zwischen A und $A\sqrt{2}$ unregelmäßiger erscheint als die kumulative Häufigkeit. Es ist jedoch unschwer zu erkennen, daß die zu erwartende Verteilung auf solche „Kästen" die gleiche Skalierung

$$\text{Anzahl}(a \leq \text{Fläche} < a\sqrt{2}) = \text{const} \cdot a^{-B} \tag{10.3}$$

oder, allgemeiner mit einer beliebigen Konstante $c > 1$,

$$\text{Anzahl}(a \leq \text{Fläche} < ca) = \text{const} \cdot a^{-B} \tag{10.4}$$

wie die kumulative Häufigkeit haben sollte. Die Verwendung von Gleichung (10.4) in Verbindung mit geeigneten Fenstertechniken sollte fraktales Verhalten (oder eine kompliziertere Multiskalierung) der Daten besser erkennbar machen.

Beweis von Gleichung (10.4). Wir wählen $c > 1$. Infolge der Skaleninvarianz gilt für einen Exponenten b

$$\text{Anzahl}(a \le \text{Fläche} < ca) = \text{const} \cdot a^{-b}, \tag{10.5}$$

$$\begin{aligned}\text{Anzahl}(\text{Fläche} \ge 1) &= \text{const} \cdot (1 + c^{-b} + c^{-2b} + \cdots) \\ &= \frac{\text{const}}{1 - c^{-b}},\end{aligned} \tag{10.6}$$

$$\begin{aligned}\text{Anzahl}(\text{Fläche} \ge c^k) &= \text{const} \cdot (c^{-kb} + c^{-(k+1)b} + c^{-(k+2)b} + \cdots) \\ &= \text{const} \cdot c^{-kb}(1 + c^{-b} + c^{-2b} + \cdots) \\ &= \text{const} \cdot \frac{c^{-kb}}{1 - c^{-b}} \\ &= c^{-kb} \cdot \text{Anzahl}(\text{Fläche} \ge 1).\end{aligned} \tag{10.7}$$

Somit ist

$$\text{Anzahl}(\text{Fläche} \ge a) = \text{Anzahl}(\text{Fläche} \ge 1) \cdot a^{-b} \quad (a = 1, c, c^2, \ldots). \tag{10.8}$$

Das Potenzgesetz (10.8) ist aber durch den Korcak-Exponenten $-B$ charakterisiert. Deshalb ist $b = B$, und es gilt Gleichung (10.4), was zu beweisen war.

In der Veröffentlichung von Hastings u.a. (1982) ging es nicht darum, Skalierungsbereiche und Umschlagpunkte zwischen verschiedenen Skalierungsbereichen zu messen. Dieses Thema wurde jedoch bald von vielen Autoren aufgegriffen, unter ihnen Bradbury u.a. (1984), Krummel u.a. (1987), Meltzer (1990) sowie Meltzer und Hastings (1992). Wir werden uns deren Arbeit im nächsten Abschnitt ansehen.

10.3 Skalierungsbereiche

Fraktale Exponenten werden empirisch als die Anstiege linearer Anpassungen an logarithmisch transformierte Daten bestimmt. Viele Autoren (Bradbury u.a. 1984; Krummel u.a. 1987 und, in neuerer Zeit, Meltzer 1990 sowie Meltzer und Hastings 1992) fanden jedoch heraus, daß man logarithmisch transformierte ökologische Daten am besten an stückweise lineare Kurven anpassen kann, bei denen der Anstieg jedes Geradenstücks die fraktale Dimension des entsprechenden Skalierungsbereiches ist (siehe Abbildung 10.2). Fraktale Methoden bieten also die Möglichkeit, Skalierungsbereiche im hierarchischen Aufbau ökologischer Muster objektiv zu erkennen. Sugihara und May (1990a) zitieren die folgenden Beispiele.

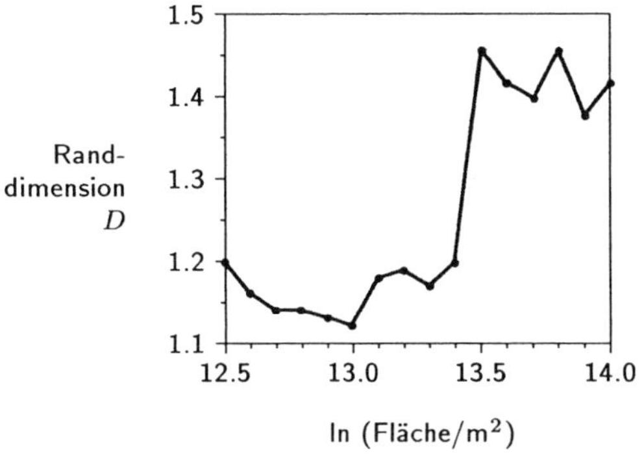

Abb. 10.2 Der Flächen-Umfangs-Exponent für verschiedene Skalierungsbereiche, berechnet mit einer Methode bewegter Fenster (nach Krummel u.a. 1987). Man beachte den abrupten Übergang zwischen 60 und 70 ha (600 000 und 700 000 m^2 oder 13,3 und 13,5 auf der horizontalen Achse).

Bradbury, Reichelt und Green (1984) untersuchten die fraktale Dimension D der Ränder von Teilen eines australischen Korallenriffs. Sie verwendeten dazu die Stechzirkelmethode und gleitende Regressionen, um herauszufinden, ob D vom Wertebereich der Längenskalen abhängt. Sie erkannten, daß D von etwa 1,1 bei der feinsten Skala (von etwa 10 cm) auf ungefähr 1,05 für mittlere Skalen (von 20 cm bis 200 cm) abfällt und bei den größten Skalen (von 5 m bis 10 m) abrupt auf 1,15 ansteigt. [Innerhalb eines jeden Skalierungsbereiches war D jedoch nahezu konstant, was vermuten läßt, daß die relevanten Charakteristika durch eine (innerhalb dieser Größenklasse) skaleninvariante Dynamik erzeugt wurden.] Diese drei Skalenbereiche stimmen sehr schön mit den Skalen der drei hauptsächlichen Riffstrukturen überein: 10 cm entsprechen der Größe anatomischer Einzelheiten innerhalb individueller Korallenkolonien (Verzweigungen und Knoten); 20 - 200 cm entsprechen den Größenverhältnissen ganzer erwachsener Kolonien; und 5 - 10 m ist die Größenordnung von größeren geomorphologischen Strukturen wie etwa von „Wäldern“ und Säulen. Es scheint sozusagen so, als ob die Verschiebungen der fraktalen Exponenten bei verschiedenen Skalen andeuten, wo in der hierarchischen Organisation des Riffs die Umschlagpunkte auftreten.

In ähnlicher Weise berechneten Krummel u.a. (1987) die fraktale Dimension der Ränder von Laubwäldern in Mississippi anhand des Flächen-Umfangs-Exponenten. Krummel u.a. begannen mit Luftaufnahmen des US Geological Survey (1973) Natchez-Vierecks. In dieser Region wurden vor relativ kurzer Zeit natürliche Wälder in landwirtschaftliches Nutzland umgewandelt. Gleitende Regression unter Verwendung eines Fensters mit 60 Punkten (Abbildung 10.2) brachte eine merkliche Änderung des Anstiegs ($p < 0{,}001$) im Graphen der logarithmisch transformierten Umfänge und Flächen bei ungefähr 60 - 70 ha großen Flächen zutage. Kleine Waldgebiete sind mit $D = 1{,}20 \pm 0{,}02$ glatter, während größere Gebiete über 70 Hektar kompliziertere Ränder haben; dort ist $D = 1{,}52 \pm 0{,}02$. Die Interpretation dieses Ergebnisses besagt, daß menschliche Einflüsse auf kleinen Skalen überwiegen und eine glattere Geometrie sowie einen kleineren D-Wert bewirken, während natürliche Prozesse (z.B. die Geologie, die Verteilung der Bodenarten usw.) auf größeren Skalen auch weiterhin vorherrschen.

Man beachte, daß die Dimension 1,52 nahe bei der von Inseln $\{(x, y) : z(x, y) \geq 0\}$ liegt, die durch eine Brownsche Bewegung $z = f(x,y)$ gebildet werden.

Die fraktale Analyse wurde auch verwendet, um Veränderungen von Steppen in Zimbabwe infolge steigender Populationszahlen von Mensch und Rind zu messen (Meltzer 1990, vgl. Meltzer und Hastings 1992). Meltzer fand deutliche Beweise für zwei Skalierungsbereiche der kumulativen Häufigkeitsverteilung von Flächen vor, zwischen denen sich ein einziger Umschlagpunkt befand. Die kleineren Flecke hatten eine weniger fleckige Verteilung als die größeren. Darüberhinaus waren Steppengebiete, deren Größe unterhalb des Umschlagpunktes lag, weniger fleckig (hatten einen kleineren Exponenten B) als Flecke mit einer Fläche oberhalb des Umschlagpunktes. Wie in Abschnitt 10.2 kann man vermuten, daß die kleineren Flecke beständiger sind. Weitere Analysen ergaben, daß große Steppengebiete durch das Eindringen von Bäumen und Sträuchern sowie eine rasche zeitliche Abfolge aussterben. Es ist jedoch weniger wahrscheinlich, daß ein derartiges Eindringen in kleineren Flecken stattfindet, und somit erfolgt deren Aussterben auf andere Weise.

Kritik. Bei der kumulativen Häufigkeitsverteilung werden zur Bestimmung des Korcak-Exponenten B alle Flecken gezählt, deren Fläche größer als a ist. Beim Aufstellen der kumulativen Häufigkeitsverteilung können somit Skalengrenzen in Systemen mit mehreren Skalierungsbereichen überschritten werden. In solchen Systemen sollte das Häufigkeitshistogramm der Flächen (siehe Tabelle 10.2) anstelle der kumulativen Häufigkeitsverteilung verwendet werden. Gleichung (10.5) rechtfertigt dieses Vorgehen.

Anmerkung 10.2 Es gibt mehrere Möglichkeiten, die Existenz von Multiskalierungsgebieten festzustellen, die durch Umschlagpunkte getrennt sind. Zunächst kann man einfach die logarithmisch transformierten Datenpunkte in einem Diagramm darstellen und entscheiden, ob sie auf einer Geraden liegen. Dieser einfache visuelle Test kann durch geeignete statistische Tests, etwa den Durbin-Watson-Test (Abschnitt 6.6; vgl. Draper und Smith 1981), unterstützt werden. Bei diesen Tests wird die Verteilung von Resten, d.h. die Verschiebung von Datenpunkten über und unter die Regressionsgerade, gemessen. Ein lineares Modell ist angebracht, falls die Reste zufällig und unabhängig sind.

Schließlich kann die Regression auf Teilmengen der Daten beschränkt werden, um lokale Anstiege über diesen Teilmengen zu bestimmen. Eine Möglichkeit besteht darin, über einem Fenster, das eine feste Anzahl von Datenpunkten enthält, eine Regression auszuführen, und das Fenster über die gesamte Menge laufen zu lassen (siehe Krummel u.a. 1987). Diese Methode heißt gleitende Regression. Als Alternative kann man die Existenz eines oder mehrerer Umschlagpunkte postulieren und in jedem Skalierungsgebiet die Regression einzeln durchführen (siehe Meltzer 1990; Meltzer und Hastings 1992). Ergeben die Berechnungen über zwei benachbarten Fenstern (die sich nur an ihrem gemeinsamen Endpunkt überlappen) offensichtlich verschiedene Anstiege und damit Exponenten, so kann man dann entscheiden, ob sich die Anstiege signifikant unterscheiden. Es ist auch leicht, die Umschlagpunkte zwischen benachbarten Fenstern zu variieren und damit die mittlere quadratische Abweichung insgesamt zu minimieren.

10.4 Fleckigkeit und Beständigkeit

Wir haben gesehen, daß man mit fraktaler Geometrie Skalierungsbereiche in vegetativen Ökosystemen und das Skalierungsverhalten innerhalb eines jeden von ihnen objektiv erkennen kann. Wir haben außerdem einen inversen Zusammenhang zwischen Fleckigkeit und Beständigkeit in vegetativen Ökosystemen postuliert, der auf Felddaten aus dem Okefenokee-Sumpf (Abschnitt 10.2) begründet war. Sugihara und May (1990a) deuteten die Möglichkeit einer allgemeineren inversen Beziehung zwischen Fleckigkeit und Beständigkeit an und stützten sich dabei auf Beobachtungen einer Vielzahl verschiedener Systeme: der Satellitendaten über die Ozeanfarbe sowie der Fleckendynamik von Moostierchen- und Korallenkolonien (Jackson und Hughes 1985).

Es scheint, als ob die fraktale Geometrie die Vorhersage der Beständigkeit in vegetativen Ökosystemen aus einer einzigen Meßreihe räumlicher Muster in Aussicht stellt. In den nächsten beiden Abschnitten werden wir dieser Frage mit einer Vielzahl mathematischer Modelle theoretisch nachgehen.

10.5 Modellbildung

Mit Hilfe von Fraktalen können Muster, die durch postulierte dynamische Modelle erzeugt wurden, mit natürlichen Mustern verglichen werden. In diesem Abschnitt werden wir einen Teil der Geschichte der räumlichen und zeitlichen Ökosystem-Modelle Revue passieren lassen und zeigen, wie Fraktale benutzt werden können, um solche Modelle zu bewerten (nach Hastings u.a. (1982)).

Levin und Paine (1974) entwickelten eine Fleckendynamik, um Immigration und Aussterben in Raum und Zeit zu beschreiben. Sie stellten den Raum als ein zweidimensionales Gitter aus Zellen dar (wir verwenden den Ausdruck „Zelle“ anstelle ihres Begriffs „Fleck“, um uns diesen für eine zusammenhängende Region von Zellen eines Typs aufzuheben). Diese Zellen werden als so klein angenommen, daß jeder von ihnen ein einziger Zustand aus einer Menge von Zuständen zugeordnet werden kann. Die Zustände aller Zellen werden durch deterministische oder Wahrscheinlichkeitsregeln in diskreten Zeitintervallen aktualisiert (für eine ausgewählte kleine zeitliche Schrittweite Δt, *die als klein im Vergleich zu allen natürlichen Zeitskalen vorausgesetzt wird*, so daß die Dynamik im wesentlichen stetig ist). Gewöhnlich und sofern nicht anders angegeben, hängt der Zustand des Systems zur Zeit $t+\Delta t$ nur von seinem Zustand zur Zeit t ab, das heißt, das System ist *Markovsch*.

Die Dynamik von Immigration und Aussterben läßt sich in einem Spielmodell einfangen, das nur zwei konkurrierende Arten A und B und damit drei Zustände kennt: von A besetzt (einfach mit A bezeichnet), von B besetzt (einfach mit B bezeichnet), und leer. Das Aussterben wird durch einen Markovschen Prozeß modelliert: Zellen vom Typ A haben eine charakteristische mittlere Lebensdauer L_A, Zellen vom Typ B eine charakteristische mittlere Lebensdauer L_B. Es sei $r_A = 1/L_A$ die Rate des Zellensterbens. Dann wird während der Zeit Δt ein Bruchteil $r_A \Delta t$ der von der Art A besetzten Zellen frei. Die Auslöschung der Zellen vom Typ B wird entsprechend dargestellt. Weiterhin wird angenommen, daß leere Zellen sofort neu besiedelt werden.

Ein einfaches Mean-Field-Modell (Levin und Paine 1974; siehe Hastings u.a. 1982) geht davon aus, daß die Wahrscheinlichkeit für die Neubesetzung einer Zelle mit der Art A proportional zum Produkt der Anzahl der Zellen vom Typ A und einer charakteristischen *Diffusionsrate* D_A ist. Gleiches gilt für die Art B. Dieses Modell heißt Mean-Field-Modell, da Propagulen [1] von überall im System herkommen können. Ist in einem bestimmten Moment ein Bruchteil x aller Zellen von der Art A besetzt, dann wird der Bruchteil

$$\frac{xD_A}{xD_A + (1-x)D_B} \tag{10.9}$$

der leeren Zellen durch die Art A besiedelt, der Rest der freien Flecke von der Art B. Tabelle 10.3 aus Hastings u.a. (1982) faßt die Zustandsübergänge zusammen.

Tab. 10.3 Zustandsübergänge im Mean-Field-Spielmodell

Übergang		Bruchteil aller Zellen, deren Zustand sich während der Zeit Δt ändert
	A → leer	$r_A x \Delta t$
	B → leer	$r_B(1-x)\Delta t$
A oder	B → leer	$[r_A x + r_B(1-x)]\Delta t$
A oder	B → leer → A	$[r_A x + r_B(1-x)]\dfrac{xD_A}{xD_A+(1-x)D_B}\Delta t$
A oder	B → leer → B	$[r_A x + r_B(1-x)]\dfrac{(1-x)D_B}{xD_A+(1-x)D_B}\Delta t$

Die Dynamik dieses Modells läßt sich ohne weiteres herleiten, wiederum nach Hastings u.a. (1982). Die Subtraktion der Rate des Zellsterbens von der Besiedlungsrate ergibt

$$\frac{\Delta x}{\Delta t} = -r_A x + [r_A x + r_B(1-x)]\frac{xD_A}{xD_A + (1-x)D_B}. \tag{10.10}$$

[1] Propagulen (engl. propagules) sind Individuen einer bestimmten Art, die in einer Mindestanzahl vorhanden sein müssen, um ein Gebiet zu besiedeln. – Anm. d. Übers.

Gleichung (10.10) kann durch Division mit x vereinfacht werden, wodurch man die logarithmische Änderungsrate

$$\frac{1}{x}\frac{\Delta x}{\Delta t} = -r_A + [r_A x + r_B(1-x)]\frac{D_A}{xD_A + (1-x)D_B} \tag{10.11}$$

erhält. Weitere Rechnungen liefern

$$\begin{aligned}\frac{1}{x}\frac{\Delta x}{\Delta t} &= \frac{-r_A[xD_A + (1-x)D_B] + [r_A x + r_B(1-x)D_A}{xD_A + (1-x)D_B} \\ &= \frac{-r_A D_A x - r_A D_B + r_A D_B x + r_A D_A x + r_B D_A - r_B D_A x}{xD_A + (1-x)D_B} \\ &= \frac{-r_A D_B + r_B D_A}{xD_A + (1-x)D_B}.\end{aligned} \tag{10.12}$$

Erfüllen die Verhältnisse zwischen den Diffusions- und Aussterberaten die Bedingung

$$\frac{D_A}{r_A} > \frac{D_B}{r_B}, \tag{10.13}$$

dann ist $(1/x)\Delta x/\Delta t > 0$, und der Bruchteil x der von der Art A besiedelten Flecke steigt auf 1, das heißt, die Art A verdrängt die Art B.

Selbst dieses Spielmodell zeigt ein interessantes Verhalten. Zunächst ist die langfristige Dynamik jeder einzelnen Art nur von dem Verhältnis D/r zwischen Diffusion und Aussterben abhängig. Hat die Art B jedoch eine größere Diffusionsrate, dann würde ein leeres Gebiet in der Nachbarschaft einer Region, in der beide Arten vorkommen, anfänglich von der Art B besiedelt und später von der Art A. Es gibt also zwei unterschiedliche zeitliche Regimes (Levin und Paine 1974).

Nun lassen sich leicht ähnliche, jedoch realistischere Modelle konstruieren. Beispielsweise können die Diffusionsraten als die effektiven Flächen interpretiert werden, über die sich Propagulen von einzelnen Zellen ausbreiten. Das heißt, man nimmt an, daß jeweils während eines Einheits-Zeitschrittes die Propagulen der Art A eine charakteristische Entfernung s_A und die der Art B eine charakteristische Entfernung s_B zurücklegen. Mathematisch ist die Diffusionsrate das Verhältnis $\Delta s^2/\Delta t$, so daß

$$D_A = s_A^2 \quad \text{und} \quad D_B = s_B^2 \tag{10.14}$$

gilt. Es gibt auch eine einfache geometrische Interpretation. Propagulen von einer mit der Art A besiedelten Zelle bewegen sich normalerweise in einem Kreis vom Radius s_A, dessen Mittelpunkt in dieser Zelle liegt, und überdecken damit eine Fläche πs_A^2; entsprechendes gilt für die Art B. Wie beim Mean-Field-Modell nimmt man an, daß leere Zellen von jeder der Arten mit einer Wahrscheinlichkeit besiedelt werden, die zur Anzahl der dort ankommenden Propagulen der jeweiligen Art proportional ist. Dann ist die Wahrscheinlichkeit dafür, daß eine bestimmte Zelle von der Art A besiedelt wird, durch

$$\frac{\pi s_A^2 x}{\pi s_A^2 x + \pi s_B^2 y} = \frac{s_A^2 x}{s_A^2 x + s_B^2 y} \tag{10.15}$$

gegeben, wobei x der Bruchteil der Zellen innerhalb eines Kreises vom Radius s_A ist, die mit der Art A besetzt sind, und y der Bruchteil der von der Art B besiedelten Zellen in einem Kreis vom Radius s_B. Die effektiven Diffusionsraten sind also in Analogie zu Gleichung (10.9) $D_A = s_A^2$ bzw. $D_B = s_B^2$. Man beachte, daß y nicht notwendigerweise gleich $1 - x$ ist, außer es gilt $s_A = s_B$. In diesem Fall vertreibt die Art A die Art B unter den gleichen Bedingungen wie im Mean-Field-Modell.

Die Analyse ist jedoch komplizierter. Im allgemeinen werden die Zentren großer Flecke eines Typs nicht befallen, sondern nur eine *Randschicht* (eine Umgebung des Randes) der charakteristischen Breite s_B in einem Fleck vom Typ A.

Man kann auch von der Vorgeschichte abhängige (nicht Markovsche) Modelle betrachten, in denen das Schicksal der Zellen nicht nur von ihrem gegenwärtigen Zustand, sondern auch von der Geschichte ihrer Besiedlung abhängt. Die Verwendung nicht Markovscher Modelle ist wahrscheinlich angebrachter, da sie die Auswirkung der Geschichte der Zellbesiedlung auf die Wahrscheinlichkeit des Zellsterbens berücksichtigen. Die Analyse wird dann bedeutend komplizierter, und man muß auf Simulationsverfahren zurückgreifen; siehe Abschnitt 7.2.

Wir schließen mit der Betrachtung einer möglichen Rolle, die Brände bei der Regulierung der klassischen Ablösung von Kiefern und anderen Koniferen durch Breitblatt-Wälder spielen. Es wird angenommen, daß die schnelle Ausbreitung der Kiefern einer größeren effektiven Diffusionsrate dieser Baumart entspricht. Da Schatten eher das Wachstum von Breitblattgewächsen fördert und Breitblattbäume höher werden als Kiefern, sollten Breitblattbäume vermindert aussterben und deshalb ein größeres Diffusions-Aussterbe-Verhältnis aufweisen. Ohne Brände sollte die Abfolge also von Kiefern hin zu Breitblattbäumen erfolgen, da das Verhältnis der Diffusion zum Aussterben die Dynamik bestimmt. Treten jedoch häufig Brände auf, so wird die Abfolge unterbrochen, indem die Brände periodisch „die Uhr auf Null zurückstellen" und das System in seinem ursprünglichen, auf Ausbreitung gerichteten Zustand halten; die Kiefern mit der schnelleren effektiven Diffusion sollten dann überwiegen.

Aufgabe. Man studiere diese Modelle mit Hilfe der Simulation durch zelluläre Automaten, wie sie in Abschnitt 7.2 besprochen wurde. Wie hängen die fraktalen Exponenten von der Wahl des Modells oder den verwendeten vereinfachenden Annahmen ab? Besitzt jedes Modell seine eigenen Exponenten?

Anmerkung 10.3 Dieses Modell sagt voraus, daß die beständigste Art (nach Maßgabe der Fleckigkeit) auch die auf einem Höhepunkt in der zeitlichen Abfolge am weitesten verbreitete ist. Es wäre interessant, diese Hypothese zu überprüfen; siehe Abschnitt 10.7.2.

10.6 Ein möglicher Formalismus für Fleckigkeit und Beständigkeit: Die Entwicklung von CA-Modellen in Raum und Zeit

Als Gedankenexperiment wollen wir uns vorstellen, wir photographierten einen Wald über eine gewisse Zeit hinweg immer wieder. Das ergibt eine Reihe von Vegetationskarten in regelmäßigen Zeitintervallen. Analog zur Darstellung der Entwicklung zellulärer Automaten in Raum und Zeit (siehe Abschnitt 7.2) betrachten wir diese Karten als Schnitte einer Karte, die die Entwicklung der Vegetation in Raum und Zeit darstellt.

Bei einem *angenommenen* selbstähnlichen fraktalen Verhalten sowohl im Raum als auch in der Zeit besteht eine einfache Beziehung zwischen der Dimension D_{Zeit} der zeitlichen Zustandsänderungen einer Zelle (siehe die Anwendung auf S.58; Mandelbrot 1977, 1982; Vicsek 1989; Erzan und Sinha 1991) und der räumlichen Dimension D_{Raum} der Zellränder (d.i. die oben berechnete Dimension D, wobei der Index „Raum" nur der Deutlichkeit halber angebracht wird):

$$D_{\text{Zeit}} = D_{\text{Raum}} - 1. \tag{10.16}$$

Da beide fraktale Exponenten D_{Zeit} und D_{Raum} mit zunehmender Unregelmäs sigkeit wachsen, verbindet Gleichung (10.16) unregelmäßige zeitliche Verteilungen (fehlende Beständigkeit) mit unregelmäßigen räumlichen Verteilungen. Darüberhinaus stellt die Mandelbrot-Formel (1977, 1982) (siehe Abschnitte 3.6 und 6.2)

$$H = 1 - D_{\text{Zeit}} \tag{10.17}$$

einen Zusammenhang zwischen der Zeitdimension der Änderungen eines fraktalen (Brownsch erzeugten) Prozesses und dem Skalierungsexponenten H für diesen Prozeß her. Die Gleichungen (10.16) und (10.17) liefern zusammen die postulierte inverse Beziehung

$$H = 2 - D \tag{10.18}$$

zwischen der Beständigkeit H und der Fleckigkeit $D\,(= D_{\text{Raum}})$.

Beim einfachen Markovschen Modell ist $H = 0{,}5$ und somit $D = 1{,}5$, also nahe dem Wert 1,52 in der Laubwaldstudie von Krummel u.a. (1987).

Kritik. Beobachtete B-Werte außerhalb des Wertebereichs $0 < B < 1$, der sich aus Gleichung (10.18) und der Beziehung $D = 2B$ ergibt, deuten darauf hin, daß für reale Systeme eine komplexere Analyse erforderlich ist, die mehrere Arten betrachtet (Meltzer 1990; vgl. Meltzer und Hastings 1992). Dennoch sprechen ökologische Daten, Gedankenexperimente und die Analyse von Simulationen für die Möglichkeit, daß qualitativ stets ein inverser Zusammenhang zwischen Fleckigkeit und Beständigkeit besteht.

10.7 Zukünftige Projekte

In diesem Abschnitt sollen mehrere spekulative Anwendungen von Fraktalen auf eine Reihe ökologischer Fragen von der Erkennung dynamischer Skalen in Raum und Zeit, motiviert durch das Stommel-Diagramm (Stommel 1963, 1965; Haury u.a. 1978), bis hin zum Problem der Zählung der auf der Erde existierenden Arten skizziert werden. Wir beginnen mit einigen Fragen zur zeitlichen Abfolge.

10.7.1 Abfolgemechanismen

Zumindest im Prinzip kann man anhand von Fraktalen untersuchen, ob eine zeitliche Abfolge durch Einwanderung oder Altern bestimmt wird, und welche Rolle die Ränder im Konkurrenzkampf spielen. Viele Prozesse besitzen charakteristische oder universelle fraktale Exponenten, die mit realen Daten verglichen werden können, um ihre Anwendbarkeit zu überprüfen.

Beispielsweise sagt unser Markovsches Modell voraus, daß die fraktale Dimension von Rändern 1,5 ist. Die Physik fluider Stoffe in porösen Medien könnte ein weiteres Modell für Konkurrenz an Rändern darstellen, in dem eine Art eine andere aktiv verdrängt. In diesem Modell haben die Ränder viskoser Verzweigungen (vgl. LeNormand 1989; Mandelbrot 1982) und, in einem verwandten Modell, diffusionsbegrenzter Aggregationen die fraktale Dimension 1,7.

Die Existenz von Randkurven, die zu regulär sind, um aus Markovschem Aussterben und zufälliger Einwanderung aus kurzen Entfernungen zu stammen, kann auf vielerlei Weise erklärt werden, entweder anstelle von *oder* zusätzlich zu den nicht-Markovschen Aussterberegeln. Nicht-Markovsche Aussterberegeln bleiben jedoch eine attraktive Möglichkeit, was die bekannten Wechselwirkungen zwischen Arten und Umgebung betrifft.

Zum Beispiel sind herabgefallene Eichenblätter ein natürlicher Brandverzögerer und verringern damit die Wahrscheinlichkeit dafür, daß eine mit Eichen besiedelte Zelle durch einen Brand leer wird. Also können mit Eichen besiedelte Gebiete relativ glatte Ränder mit einer fraktalen Dimension in der Nähe von 1 haben.

Die Rinde von Zypressen enthält Tannin, wodurch das Wasser in Zypressensümpfen sauer wird und die Zuwanderung von Konkurrenten bremst. Dies könnte wiederum für wenige Löcher und relativ glatte Ränder sorgen. Was wird hier eigentlich beobachtet? In der Realität (siehe Abschnitt 10.2) hatten Zypressenflecke im feuchteren nordöstlichen Teil des Okefenokee-Sumpfes einen Korcak-Exponenten $B = 0{,}624$. Dies entspricht nach der Mandelbrot-Formel $D = 2B$ (siehe Abschnitte 3.6 und 6.2) einem D von etwa 1,2. Für Flecke mit gemischter Breitblattvegetation (*keine* Eiche) war $B < 0{,}5$, was einem D von ungefähr 1 entspricht.

Im Gegensatz dazu ermittelten Krummel u.a. (1987) aus Messungen der Randkurven großer Gebiete in einer gestörten Waldumgebung D zu etwa 1,5, wie es vom Markovschen Modell vorhergesagt worden war.

10.7.2 Überprüfbare Hypothesen

Es folgt eine kurze Liste von Hypothesen, die bei der weiteren Arbeit an fraktalen Modellen getestet werden sollten.

1. Die (durch den Exponenten B gemessene) Fleckigkeit sinkt mit dem Abfolgestadium. Wenn dies zuträfe, lieferte sie einen objektiven Test für das Abfolgestadium und die Entscheidung, ob ein System einen Höhepunkt erreicht hat – im Zustand eines Höhepunktes sollte die Art mit der am wenigsten fleckigen Verteilung am häufigsten vorkommen. Auf diese Hypothese deuten sowohl die oben diskutierten Daten aus dem Okefenokee-Sumpf (Hastings u.a. 1982) als auch die intuitive Vorstellung von einer bei Abwesenheit von Störungen auf einen stabilen Höhepunkt orientierten Abfolge hin. Darüberhinaus könnten, falls diese Hypothese stimmt, fraktale Methoden zur Bestimmung von Indikatorarten dienen, die für Änderungen im Ökosystem am anfälligsten sind.

2. Gebiete, in denen Störungen eine Hauptrolle für die Muster spielen, kann man durch den Vergleich der Flächendeckung mit der Fleckigkeit erkennen. Hat die nach Maßgabe der Flächendeckung vorherrschende Art fleckigere Verteilungen als andere, dann spielen Störungen in den Vegetationsmustern eine Rolle, und umgekehrt. Dies kann durch die Forst- und Agrarverwaltung ausgenutzt werden. Man betrachte insbesondere ein Ökosystem, das wie der Yellowstone Nationalpark relativ regelmäßigen Bränden ausgesetzt ist. Es hat intensive Debatten darüber gegeben, ob alle Brände, oder insbesondere nur die zerstörerischen, also solche, die benachbarte Wohnsiedlungen bedrohen, oder aber gar keine Brände gelöscht werden sollten. Offensichtlich ist es wichtig, über objektive Maße für die Rolle von Bränden bei der Erhaltung der Vielfalt in Ökosystemen, zum Beispiel durch Zurückhaltung der Aufeinanderfolge der Arten, zu verfügen. Siehe auch Abschnitt 10.7.1.

3. Frühe Arten in einer *alterungsbedingten Abfolge* haben weniger fleckige Verteilungen als vergleichbare Arten in einer *durch Raubbau bewirkten Abfolge*. Siehe auch Abschnitt 10.7.1.

10.7.3 Diskussion

Es ist leicht, eine Dynamik zu finden, die, wie in Abschnitt 10.3, die Existenz zweier Skalierungsbereiche erklärt. Man braucht lediglich Versuchssysteme bestehend aus Steppe und Busch zu studieren und eine relativ langsame Immigration von Büschen und Bäumen sowie eine schnelle Nachfolge der Steppe im Anschluß an Sträucher und Bäume zu postulieren. Man nehme weiterhin die Wahrscheinlichkeit dafür, daß eine Immigration in ein bestimmtes Gebiet erfolgt, als proportional zu dessen Fläche an. Dann verursacht der Abfolgeprozeß ein „Zellensterben" in größeren Flecken. Die kleinen Flecken sind nicht in dieser

Weise der Abfolge ausgesetzt, und ihr Zellensterben ist durch nachbarschaftliche Wechselwirkungen mit dem angrenzenden freien Land und anderen Arten bestimmt.

Die Untersuchung von Parasiten und Pflanzenkrankheiten könnte ein weiteres Beispiel sein. Man betrachte einen hypothetischen Parasiten oder eine Krankheit, die auf niedrigen endemischen Niveaus aufrechterhalten wird, sich zufällig ausbreitet und schnell Flecken einer bestimmten Art zerstört; ein Beispiel ist die Holländische Ulmenseuche. Ein solcher Parasit oder eine solche Krankheit würde große Flecken viel öfter zerstören als kleine isolierte Gehölze.

Es wäre interessant und wichtig, die Rolle der Artenvielfalt bei der Bekämpfung landwirtschaftlicher Schädlinge zu untersuchen.

10.7.4 Messung dynamischer Skalen

Das Stommel-Diagramm (Stommel 1963, 1965; Haury u.a. 1978) ist eine faszinierende Darstellung der vielen räumlichen und zeitlichen Variabilitätsskalen in der Dynamik ozeanischen Planktons. Wir wollen hier die vorherrschenden Skalen angeben, die zu verschiedenen Stufen im Stommel-Diagramm gehören, und implizite raum-zeitliche Exponenten H herleiten, die Auswirkungen auf die resultierende zugrundeliegende Dynamik haben. Der Exponent H ist durch die Renormierungsbeziehung

$$\Delta s^2 = \Delta t^{2H} \tag{10.19}$$

für fraktale Prozesse gegeben (siehe Abschnitt 2.4). Man betrachte einen Prozeß auf zeitlichen und räumlichen Skalen $T_1 < t < T_2$ bzw. $S_1 < s < S_2$. Aus Gleichung (10.19) folgt

$$\left(\frac{S_2}{S_1}\right)^2 = \left(\frac{T_2}{T_1}\right)^{2H} . \tag{10.20}$$

Wir wandeln nun Gleichung (10.20) durch Logarithmieren zur Basis 10 in eine Formel für „Größenordnungen“ um:

$$\begin{aligned}\log_{10}\left(\frac{S_2}{S_1}\right)^2 &= \log_{10}\left(\frac{T_2}{T_1}\right)^{2H} , \\ \log_{10} S_2 - \log_{10} S_1 &= H(\log_{10} T_2 - \log_{10} T_1).\end{aligned}$$

Die Auflösung nach H ergibt

$$H = \frac{\log_{10} T_2 - \log_{10} T_1}{\log_{10} S_2 - \log_{10} S_1}, \tag{10.21}$$

also den Quotienten aus den Größenordnungen der zeitlichen und räumlichen Skalen.

---

[1] Aufwallungen (engl. upwellings) sind Bewegungen des Oberflächenwassers, das durch küstennahe Strömungen oder Wind von der Küste verdrängt wird. – Anm. d. Übers.

Tab. 10.4 Räumliche und zeitliche Skalen und die Anzahl der in jeder der Skalen vertretenen Größenordnungen, abgeleitet aus dem Stommel-Diagramm. Der zugehörige fraktale Exponent H wird durch Division der Anzahl der räumlichen durch die der zeitlichen Größenordnungen erhalten. Der scheinbare Wert von $H = 3$ für Schwärme ist bedeutungslos und wird im folgenden erklärt.

Hierarchisches Niveau		Zeitliche Skala		Räumliche Skala		
		Wertebereich	GO*	Wertebereich	GO*	H
A.	Mikro-Flecke	4 bis 330 min	1,8	0,3 bis 3 m	1,0	0,6
B.	Schwärme	1,5 bis 6 Tage	0,5	60 bis 1600 m	1,4	3,0
C.	Aufwallungen[1]	30 bis 300 Tage	2,0	5 bis 1600 km	2,5	1,2
D.	Wirbel und Ringe	1 bis 10 J.	1,0	60 bis 600 km	1,0	1,0
E.	Inseleffekte	0,03 bis 3000 J.	5,0	0,16 bis 100 km	2,8	0,6
F.	El Niño-Ereignisse	10 bis 100 J.	1,0	160 bis 1600 km	1,0	1,0
G.	Kleine Ozean-Bassins	50 bis 3000 J.	1,8	100 bis 300 km	0,5	0,3
H.	Biogeographische Gebiete	300 bis 10000 J.	1,5	600 bis 6000 km	1,0	0,6
Räumliche Vergleichsskalen:		K. Breite von Ozeanfronten			1 km	
		J. Breite von Ozeanströmungen			60 km	
		I. Länge von Ozeanströmungen und -fronten			600 km	

* Größenordnung

Die meisten Prozesse in Tabelle 10.4 weisen Skalierungsexponenten von etwa 0,5, dem Wert für Diffusionsprozesse, oder 1,0, dem für deterministische Transportvorgänge, auf. Es gibt zwei Ausnahmen. Schwärme können auf großen Skalen räumliche Kohärenz zeigen, die der Exponent $H = 3$ scheinbar wiederspiegelt. Der Wert $H = 0{,}3$ für kleine Ozean-Bassins reflektiert wahrscheinlich physische Grenzen und die Rolle, die diese spielen, um die räumliche Variabilität langsamer als einen klassischen Brownschen Prozeß wachsen zu lassen. Über diese Art der Analyse auf der Basis des Stommel-Diagramms können wir nur Spekulationen anstellen, aber es deuten sich aufregende Möglichkeiten für die Zukunft an. Siehe auch Frontier (1987).

10.7.5 Automatisierte Messung von Mustern und Prozessen in Ökosystemen

In letzter Zeit bieten Fortschritte in der Meßwert-Fernerfassung und der Erstellung von Vegetationskarten die faszinierende Möglichkeit, durch nicht zu teure automatisierte Überwachung Änderungen von Mustern und Prozessen in Ökosystemen früh zu erkennen (Meltzer 1990; Meltzer und Hastings 1992).

Satellitenaufnahmen stehen normalerweise mit einer Auflösung von 30 Metern zur Verfügung, was bedeutend besser als die von den hier zitierten Autoren verwendete Auflösung ist. Tilton (1987) beschrieb eine computergestützte, aus dem Zusammenhang ersichtliche Klassifizierung, um Vegetationskarten automatisch aus multispektralen Satellitendaten zu erzeugen. Die Einführung leistungsstärkerer Parallelcomputer wird die computergestützte Klassifizierung leicht und einfach zugänglich machen. Die computergestützte Klassifizierung bietet gegenüber der von Hand mehrere Vorteile – sie ist leichter zu standardisieren, Ränder werden nicht künstlich geglättet, und es werden keine kleinen Flecken übersehen.

Schließlich ist es einfacher, direkt digitale Bilder zu analysieren als „analoge“ Vegetationskarten, die für die Berechnung fraktaler Exponenten eine zweite Übersetzung zurück in digitalisierte Daten erfordern.

Schätzungen besagen, daß aufgrund dieser Vorteile eine Person mit einem 80386 SX-Personalcomputer mehrmals pro Jahr Übersichten über ein typisches Steppengebiet auswerten kann und somit einen erschwinglicheren Ersatz für teure Vorort-Ökologen darstellt. Die computergestützte Klassifizierung hat zudem den Vorteil der Objektivität.

10.7.6 Verifizierung der Modelle durch Berechnung von mehreren Exponenten

Wie auch in Abschnitt 10.2 hat der Korcak-Exponent (1938) B bei der Untersuchung vegetativer Ökosysteme aus mehreren Gründen breite Anwendung gefunden. Erstens ist B ein direktes Maß für die durch eine Verteilung von Flächen definierte Fleckigkeit. Zweitens sind Exponenten, die Randkurven betreffen, mit einer genauen Kenntnis der Ränder von Gebieten und einer genauen Messung ihres Umfangs verbunden. Schließlich wird ein Zusammenhang zwischen Fleckigkeit und Beständigkeit vermutet (Abschnitt 10.2 und 10.4 - 10.6).

Andererseits könnten Fraktale für eine Untersuchung der Unregelmäßigkeiten von Randkurven geeigneter sein. Beispielsweise wandten Bradbury u.a. (1984) die „Stechzirkelmethode“ in einem anderen Zusammenhang an, und Krummel u.a. (1987) verwendeten den Flächen-Umfangs-Exponenten (siehe Abschnitt 10.3). Mit Hilfe von Zählverfahren kann auch die fraktale Dimension von Fleckenrändern bestimmt werden (siehe Abschnitt 3.5; siehe auch Frontier (1987)).

Die Berechnung mehrerer fraktaler Exponenten in einer einzigen Anwendung könnte ein nützlicher Weg sein, die Anwendbarkeit fraktaler Modelle weiter zu testen. Beispielsweise ist bei einer fraktalen Inselgruppe die fraktale Dimension D des Randes gerade das Doppelte des Korcak-Exponenten B (siehe Abschnitt 3.6.1).

10.7.7 Artenzählung auf der Erde

Der Arten-Flächen-Exponent folgt aus einer wohlbekannten Beziehung (Preston 1962; MacArthur und Wilson 1967; May 1975; Sugihara 1980) zwischen der Anzahl s der in einem Testgebiet auftretenden Arten, der Fläche A des Gebietes und seiner linearen Abmessung l; sie lautet

$$s = \text{const} \cdot A^{0,25} = \text{const} \cdot l^{0,5}. \tag{10.22}$$

Man stelle sich nun vor, man suche innerhalb immer größerer konzentrischer Kreise nach neuen Arten. Es sei X die Menge der Punkte, wo neue Arten gefunden werden; das heißt, bei der Bewegung vom Mittelpunkt nach außen wird jedesmal, wenn man auf eine neue Art stößt, ein Punkt zu X hinzugefügt. Nach der oben genannten Gleichung hat X die Clusterdimension 0,5 (siehe Abschnitt 3.3), also erscheint der Raum vom Standpunkt der Suche nach neuen Arten 0,5-dimensional. Da dann neue Arten auf einer Cantor-artigen Menge der Dimension 0,5 erscheinen würden, benötigen wir einen Suchraum von einer höheren Dimension als $2 - 0{,}5 = 1{,}5$ (nach der Schnittformel aus Abschnitt 3.7.3 schneidet der Suchraum die Menge X in einer Menge mit positiver Dimension, (vgl. Lovejoy u.a. 1986)).

Zudem stellt die Teleskop-Mikroskop-Formel aus Abschnitt 3.1 einen Zusammenhang zwischen der Arten-Flächen-Formel und der Auswirkung des Tiefergreifens bei der Suche nach immer kleineren Arten her. Angenommen, wir haben s Arten der Mindestgröße Δl in einem Quadrat mit der linearen Abmessung l und somit einem relativen Maßstab $l/\Delta l$ gefunden. Nach der Arten-Flächen-Formel erwarten wir etwa $k^{0,5}s$ Arten der Mindestgröße Δl in einem Quadrat mit der linearen Abmessung kl oder dem relativen Maßstab $kl/\Delta l$. Die Suche nach noch kleineren Arten der Mindestgröße $\Delta l/k$ auf dem ursprünglichen Quadrat erhöht den relativen Maßstab jedoch ebenfalls auf $kl/\Delta l$ und läßt $k^{0,5}s$ Arten erwarten. Die Fraktale deuten also, *als überprüfbare Hypothese*, auf eine erweiterte Arten-Flächen-Beziehung

$$s = \text{const} \cdot \left(\frac{l}{\Delta l}\right)^{0,5} \tag{10.23}$$

hin.

Jedoch zeigt die Arbeit von May (1978, 1988, 1990) über die Artenzahl, daß Gleichung (10.23) *nicht auf allen Skalen gelten kann*. „Grob gesagt, wenn man von Tieren mit einer charakteristischen linearen Abmessung [Δl] von wenigen Metern hinab zu denen von 1 cm geht (ein Bereich, der viele Größenordnungen des Körpergewichts umfaßt), gibt es eine empirische Faustregel, die besagt, daß es für jede zehnfache Verkleinerung der Länge (1000-fache Verringerung des Körpergewichts) 100 mal so viele Arten gibt.“ (May 1990, S.178). Somit verhält sich s umgekehrt wie Δl^2 und nicht wie $\Delta l^{0,5}$.

Dafür sind mehrere Erklärungen möglich. Zuerst behaupteten Hutchinson und MacArthur (1959), daß die Artenzahl mit der Anzahl neuer Rollen (Nischen-Hypervolumen) wächst und daß terrestrische Organismen, die die Welt zweidimensional sehen, auch einen zwei-dimensionalen Nischenraum sehen sollten. Auf der Skala Δl spricht dies für die empirische Regel, daß s umgekehrt mit Δl^2 wächst. Dieses Argument bedeutet jedoch einen Arten-Flächen-Exponenten von 0,5. May (1988) machte von der Hypothese von Morse u.a. (1985) Gebrauch, derzufolge durch jede Größenkategorie etwa die gleiche Energiemenge fließen sollte (vgl. Odum 1953). Da die Masse eines Tieres wie die dritte Potenz seiner Größe und sein Energieverbrauch wie die 0,75-te Potenz seiner Masse (Peters 1983) wächst, sollte die Anzahl der Individuen etwa mit $\Delta l^{-2,25}$ gehen. Darüberhinaus fanden Morse u.a. (1985) bei ihrer Arbeit über die Verfügbarkeit von Raum für verschiedene Vegetationstypen heraus, daß Blattränder etwa die Dimension 1,5 und damit Blätter etwa die Dimension 2,5 haben.

Diese Beobachtungen legen die Möglichkeit eines scharfen Umschlagpunktes im Skalierungsverhalten der Artenzahl s als Funktion des linearen Maßstabs l nahe. Auf Skalen von 10 Metern und mehr verhält sich s in Übereinstimmung mit der gewöhnlichen Arten-Flächen-Formel (10.22) wie $l^{0,5}$; auf Skalen von 1 Meter und darunter wie l^2. Um diese Beobachtungen miteinander in Einklang zu bringen, schlagen wir folgende merkwürdige Hypothese vor: Der an einem Standort mit der räumlichen Abmessung l vorhandene Nischenraum hat die Dimension 2 für Skalen l von der Größenordnung von 10 Metern und darüber, aber die *Dimension 8 für Skalen l* der Größenordnung von 1 Meter und darunter. Somit ist das Nischenvolumen für Skalen von mindestens 10 Metern proportional zu l^2, und proportional zu l^8 bei Skalen von höchstens 1 Meter.

Setzt man nach Sugihara (1980) diese Formeln für das Nischenvolumen in die verallgemeinerte Arten-Nischenvolumen-Beziehung

$$n = \text{const} \cdot (\text{Nischenvolumen})^{0,25} \tag{10.24}$$

ein, so ergibt sich das vorhergesagte Skalierungsverhalten der Artenzahl sowohl oberhalb als auch unterhalb des vorausgesagten Umschlagpunktes. Die hohe Dimension des Nischenraumens auf kleinen Skalen kann sowohl das Standortvolumen (Morse u.a. 1985; May 1990; Scheuring 1991) als auch die Spezialisierung und Konkurrenz in verschiedenen nichträumlichen Dimensionen (vgl. May 1990) wiederspiegeln. Insbesondere behauptet Scheuring, daß die Standortdimension die fraktale Dimension der Vegetation ist (Morse u.a. 1985), welche normalerweise streng zwischen 2 und 3 liegt.

11 Fallstudie: Das Skalierungsverhalten dichteabhängiger Populationen bei zufälligem Rauschen

11.1 Einführung

Die Vorhersage des lokalen Artensterbens ist ein Ziel und zugleich ein Test für Populationsmodelle. Die Populationszahlen einer über lange Zeit beständigen Art bleiben im wesentlichen per definitionem in einem beschränkten Bereich, und somit besitzt der Bereich der Populationsfluktuationen einen asymptotischen Wert. Die Herausforderung besteht nun darin, den Langzeit-Bereich der Populationszahlen aus den verfügbaren, oft relativ kurzen Zeitreihen vorherzusagen. (Der Bereich einer Population über einer Zeitspanne ist als die Differenz der maximalen und minimalen Populationszahlen definiert.) Nach Sugihara und May (1990a) könnte der Bereich der Populationszahlen manchmal fraktal oder Potenzgesetz-artig skaliert sein: Über einem Zeitintervall der Dauer Δt verhält sich der Bereich der Populationswerte $R(\Delta t)$ wie

$$R(\Delta t) = \text{const} \cdot (\Delta t)^H . \tag{11.1}$$

In diesem Fall ist der Skalierungsexponent H ein Maß für die Wachstumsrate der Populationsfluktuationen mit dem Zeitintervall Δt. Größere Werte für H entsprechen einem schnelleren Anwachsen des Bereichs der Fluktuationen. Somit sollten unter Vernachlässigung der Konstanten in Gleichung (11.1) und der Anfangsgröße der Population größere H-Werte einer zunehmenden Aussterbe-Wahrscheinlichkeit entsprechen. Eine vorläufige Untersuchung (Sugihara und May, 1990a) zweier Vogelarten, des Kleinen Fliegenschnäppers und des Amerikanischen Rotschwänzchens, scheint diese Vermutung zu bekräftigen.

Die Nutzung der Fraktale bei der Untersuchung lokalen Aussterbens bot sich dabei an; es blieben jedoch einige wichtige Fragen offen. Das erste Problem betraf den hohen Unsicherheitsgrad bei der Schätzung von H aufgrund von Felddaten, insbesondere von Zeitreihen, die normalerweise nur 10 bis 15 Datenpunkte enthielten. Das zweite Problem ist die Überprüfung des Modells. Ist die zugrundeliegende Populationsdynamik wirklich fraktal? Und kann dieser Ansatz auf ein breites Spektrum von Vogelarten ausgedehnt werden?

In diesem Kapitel wird auf diese Fragen eingegangen. Einige technische Probleme bei der Berechnung fraktaler Exponenten aus den gegebenen Felddaten wurden bewältigt – die Unsicherheit der berechneten Exponenten bleibt jedoch relativ groß, da die Zeitreihen sehr kurz sind. Theoretische Methoden und Simulationsverfahren bestätigen die Existenz dieser Unsicherheit.

Wir betrachten zudem zwei alternative Zugänge zur Modellierung der Dynamik der untersuchten Populationen. Die erste Möglichkeit hat mit den nichtlinearen Vorhersageverfahren von May und Sugihara (1990b) zu tun. Diese Verfahren scheinen ein Mehrarten-Modell unter ausschließlicher Verwendung der Zeitreihen aus Populationswerten einer einzigen Art in Aussicht zu stellen. Der erste Schritt bei der Anwendung dieser Verfahren ist die Berechnung der Dimension der Systemdynamik (Grassberger und Procaccia 1983). Es werden jedoch etwa 10^D Datenpunkte benötigt, um ein D-dimensionales System zu erkennen (Smith 1988; Ruelle 1990; Ghil u.a. 1991), und die untersuchten Zeitreihen enthalten nur 10 bis 30 Datenpunkte. Nichtlineare Methoden sind bei dieser Untersuchung also nicht anwendbar.

Den zweiten Zugang bilden lineare dichteabhängige Modelle, die von der Hypothese Gebrauch machen, daß Fluktuationen natürlicher Populationen sowohl rauschartigen Einflüssen aus der Umgebung unterliegen als auch dichteabhängig gesteuert werden. Das Skalierungsverhalten des dichteabhängigen Modells wird untersucht und dem des fraktalen Modells gegenübergestellt.

Insbesondere beachte man, daß der Bereich der Populationszahlen jeder Art mit beliebig langer Beständigkeit notwendigerweise beschränkt ist. Somit können die Fluktuationen keinem einzelnen Potenzgesetz (11.1) genügen, da dies einen unbeschränkten Wertebereich der Fluktuationen zur Folge hätte. Darüberhinaus sind Stichproben einer beschränkten Population, zwischen denen hinreichend lange Zeitabstände liegen, nahezu nicht miteinander korreliert. Wendet man über solche Intervalle hinweg die Methode des lokalen Momentenwachstums zur Berechnung fraktaler Exponenten (Abschnitt 4.3) an, ergibt sich

$$\rho = \frac{\mathrm{E}((x_2 - x_1)(x_1 - x_0))}{\mathrm{E}((x_1 - x_0)^2)} = -\frac{\mathrm{E}(x_1)^2}{2\mathrm{E}(x_0)^2} = -\frac{1}{2} \tag{11.2}$$

und damit $H = -1$. (Langfristige Beständigkeit bedeutet, daß der mittlere Populationszuwachs 0 ist, in welchem Falle ρ als Korrelationskoeffizient interpretiert werden kann.)

Es stellt sich heraus, daß sowohl das alternative Modell als auch die Felddaten mehr als einen Skalierungsbereich aufweisen, wobei der Skalierungsexponent im Gegensatz zum Potenzgesetz (11.1) eine fallende Funktion des Probeintervalls ist.

Wir vergleichen diese Modelle, indem wir sie nicht nur auf natürliche Populationen, sondern auch auf Simulationen anwenden. Simulierte Daten werden sowohl anhand von Modellen von Zufallsbewegungen (den einfachsten fraktalen Modellen) als auch durch das im folgenden zu entwickelnde dichteabhängige

Modell erzeugt. Wie in Kapitel 4 wird der den Datenmengen jeweils zugehörige fraktale Exponent H auf verschiedene Weise berechnet. Es ist zu erwarten, daß jede dieser Methoden den gleichen Wert H für fraktale Prozesse liefert. Die Daten werden zudem noch weiteren Tests auf fraktales Verhalten (Abschnitt 6.5) unterzogen. Unglücklicherweise sind viele Ergebnisse nicht überzeugend oder durch die relative Kürze der Populations-Zeitreihen beschränkt; trotzdem erweist sich die Berechnung fraktaler Exponenten für das Verständnis des Skalierungsverhaltens von Populationsfluktuationen als nützlich.

Dieses Kapitel ist folgendermaßen aufgebaut: In Abschnitt 11.2 werden lineare dichteabhängige Modelle beschrieben, und in Abschnitt 11.3 wird ihr Skalierungsverhalten hergeleitet. Als nächstes vergleichen wir in Abschnitt 11.4 ausgehend von allgemeinen Betrachtungen alle drei Modelle: die nichtlineare Vorhersage, fraktale und dichteabhängige Modelle. Tests zum Vergleich der anderen beiden Modelle werden in Abschnitt 11.5 entwickelt. Die nächsten beiden Abschnitte beschäftigen sich mit den Ergebnissen, worauf in Abschnitt 11.8 eine Diskussion folgt. Wir verwendeten Daten von Holmes u.a. (1986) über Vogelpopulationen sowie über Schmetterlingspopulationen von Harrison u.a. (1991) aus den ersten 27 verzeichneten Jahren und Ehrlich (private Mitteilung) aus den letzten 2 Jahren; siehe auch Ehrlich (1965), Ehrlich und Murphy (1981), Harrison u.a. (1986) sowie Murphy u.a. (1986). Wir möchten den Leser dazu ermuntern, noch weitere Analyseverfahren für diese Daten auszuprobieren. Die Vogeldaten sind im Anhang am Ende dieses Kapitels zu finden.

11.2 Ein lineares Modell für die Dichteabhängigkeit

Wir werden mit einem linearen Modell für die Dichteabhängigkeit mit zusätzlichem Rauschen beginnen, da sich ein solches Modell sowohl mathematisch als auch durch Simulation leicht analysieren läßt. Wir werden sehen, daß unsere Schlußfolgerungen *qualitativ* auch für nichtlineare Modelle mit einer Dichteabhängigkeit gelten. Man erhält das lineare Modell, indem man zuerst die bereits wohluntersuchte logistische Gleichung (mit kontinuierlicher Zeit) um ihr stabiles Gleichgewicht herum linearisiert. Die logistische Gleichung

$$\frac{dy}{dt} = ry\left(1 - \frac{y}{K}\right) \tag{11.3}$$

ist vielleicht die einfachste Differentialgleichung mit Dichteabhängigkeit, das heißt, einem Abfall der Populationszuwachsrate bei großen Populationen. Das logistische Modell wird durch eine innere Wachstumsrate r (die Wachstumsrate bei sehr kleinen Populationszahlen) und einen Sättigungswert, die maximale Populationsgröße K parametrisiert. Es ist leicht einzusehen, daß die logistische

Gleichung bei $y = K$ ein stabiles Gleichgewicht hat und das linearisierte System um dieses Gleichgewicht herum die einfache Form

$$\frac{dx}{dt} = -rx \tag{11.4}$$

annimmt, wobei $x = y - K$ und $-r$ der Eigenwert oder *Ljapunov-Exponent* ist. Gleichung (11.4) kann insofern als Prototyp für die Dichteabhängigkeit angesehen werden, als es ein stabiles Populationsgleichgewicht gibt und die Rückkehr des Populationsniveaus zum Gleichgewicht durch eine lineare Differentialgleichung charakterisiert wird. Die Auswirkung von zufälligen Fluktuationen läßt sich leicht berücksichtigen, indem Gleichung (11.4) in differentieller Form geschrieben und ein Term dB für eine Zufallsbewegung hinzugefügt wird, wodurch sich das *lineare dichteabhängige* Modell

$$dx = -rx\,dt + dB \tag{11.5}$$

ergibt. Im Hinblick auf später sei bereits gesagt, daß das lineare dichteabhängige Modell eine *natürliche Zeitskala*

$$t_0 = \frac{1}{r} \tag{11.6}$$

besitzt; eine Fluktuation baut sich während der Zeit t_0 auf einen Bruchteil $1/e$ oder etwa 37% ihres ursprünglichen Wertes ab.

Anhand dieses Modells können Zeitreihen simulierter Populationsfluktuationen erzeugt werden, deren Statistik ohne weiteres mit der natürlicher Populationen vergleichbar ist. Es ist bemerkenswert, daß Gleichung (11.4) trotz der Nichtlinearität der logistischen Gleichung ein lineares Modell mit zusätzlichem Rauschen darstellt. Das Skalierungsverhalten von Modellpopulationen, die Gleichung (11.5) gehorchen, kann analytisch bestimmt werden. Im Gegensatz dazu würde die Bestimmung des Skalierungsverhaltens komplexerer Modelle eine Kombination qualitativer Ergebnisse mit Simulationsmethoden erfordern. Wir werden im folgenden sehen, daß das Skalierungsverhalten des Modells (11.5) für komplexere Modelle typisch ist und unsere Schlußfolgerungen somit aussagekräftiger als viele aus linearen Modellen gezogene Schlußfolgerungen sind.

Wir vergleichen nun das lineare dichteabhängige Modell mit fraktalen Modellen, die von Sugihara und May (1990a) verwendet wurden. Zunächst sei daran erinnert, daß fraktale Prozesse stationär sind. Es ist leicht einzusehen, daß das lineare dichteabhängige Modell asymptotisch stationäre Zeitreihen erzeugt, da die Auswirkung der Anfangsbedingungen oder auch jeder folgenden Fluktuation mit $\exp(-rt)$ abgebaut wird. Folglich kann man die Verteilung von $\{x(t)\}$ für große t durch die Integration

$$\int_0^t \exp[-r(t-s)]\,dB(s) \tag{11.7}$$

ermitteln. Die Verteilung von $\{x(t)\}$ ist somit, genau wie beim fraktalen Modell, für große t asymptotisch normal mit dem Mittelwert 0.

Anders als im Falle fraktaler Prozesse hängen die Zuwächse Δx jedoch explizit vom x-Wert ab. Anhand dessen kann man entscheiden, ob sich bestimmte Daten besser durch fraktale oder dichteabhängige Modelle modellieren lassen.

Anmerkung 11.1 Das lineare dichteabhängige Modell (11.5) ist eine einparametrige Verallgemeinerung von Zufallsbewegungen in dem Sinne, daß man eine Zufallsbewegung erhält, wenn man die innere Wachstumsrate r gleich 0 setzt.

Wir werden nun das Skalierungsverhalten des linearen dichteabhängigen Populationsmodells mit zusätzlichem Rauschen herleiten.

11.3 Der Hauptsatz

Theorem 11.1 Man betrachte das lineare dichteabhängige Populationsmodell (Gleichung (11.5))

$$dx = -rx\,dt + dB$$

mit zusätzlichem Rauschen. Dann haben für große t und eine beliebige zeitliche Schrittweite h die Zuwächse $\Delta x(t) = x(t+h) - x(t)$ den Erwartungswert 0, und aufeinanderfolgende Zuwächse $\Delta x(t) = x(t+h) - x(t)$ und $\Delta x(t+h) = x(t+2h) - x(t+h)$ haben den Korrelationskoeffizienten $\rho = -\frac{1}{2}[1 - \exp(-rh)]$.

Beweis. Wir beginnen mit einigen Vorbetrachtungen. Da t groß ist, befinden wir uns im asymptotisch stationären Bereich und brauchen keine Anfangsbedingungen zu betrachten. Der Erwartungswert eines jeden Zuwachses ist somit 0. Da die Modellgleichung (11.5) linear ist, können wir $x(t+h)$ aus $x(t)$ erhalten, indem wir zuerst die rauschfreie Gleichung

$$dx = -rx\,dt \tag{11.8}$$

anwenden (die zufällig den zu Gleichung (11.5) gehörigen Durchschnittsprozeß beschreibt) und dann den Rauscheinfluß im Zeitintervall von t bis $t+h$ addieren. Wir erhalten

$$x(t+h) = e^{-rh}x(t) + \Delta w' \tag{11.9}$$

und

$$\begin{aligned} x(t+2h) &= e^{-rh}x(t+h) + \Delta w'' \\ &= e^{-2rh}x(t) + e^{-rh}\Delta w' + \Delta w''. \end{aligned} \tag{11.10}$$

Hierbei beschreibt $\Delta w'$ die Auswirkung des Terms $dB(s)$ der Zufallsbewegung im Zeitintervall $t < s < t+h$. Es gilt

$$\Delta w' = \int_t^{t+h} \exp[-r(t+h-s)]\,dB(s), \tag{11.11}$$

und $\Delta w''$ ist durch ein ähnliches Integral über dem Zeitintervall $t+h < s < t+2h$ gegeben. Da der Prozeß $\{x(t)\}$ asymptotisch stationär, also seine Statistik für große t unabhängig von t ist, können wir

$$\sigma^2 = \mathrm{E}\left([x(t)]^2\right) = \mathrm{E}\left([x(t+h)]^2\right) \tag{11.12}$$

schreiben. Aufgrund der Stationarität der Zufallsbewegung gilt in ähnlicher Weise

$$\sigma^2_{\Delta w} = \mathrm{E}\left((\Delta w')^2\right) = \mathrm{E}\left((\Delta w'')^2\right). \tag{11.13}$$

Wir berechnen nun

$$\begin{aligned}\sigma^2 &= \mathrm{E}\left([x(t+h)]^2\right)\\ &= e^{-2rh}\mathrm{E}\left([x(t)]^2\right) + 2\mathrm{E}\left(e^{-rh}x(t)\Delta w'\right) + \mathrm{E}\left((\Delta w')^2\right)\end{aligned}$$

(nach Gleichung (11.9))

$$= e^{-2rh}\mathrm{E}\left([x(t)]^2\right) + \mathrm{E}\left((\Delta w')^2\right)$$

(da $x(t)$ und $\Delta w'$ unabhängig sind und $\mathrm{E}(\Delta w') = 0$ ist)

$$= e^{-2rh}s^2 + \sigma^2_{\Delta w}.$$

Vereinfachen wir obige Rechnung, so erhalten wir

$$\sigma^2 = e^{-2rh}\sigma^2 + \sigma^2_{\Delta w}.$$

Durch direktes Ausrechnen ergibt sich die Varianz

$$\mathrm{E}\left([x(t+h) - x(t)]^2\right) = 2\sigma^2\left(1 - e^{-rh}\right), \tag{11.14}$$

dann das gleiche Ergebnis für die Varianz des darauffolgenden Zuwachses sowie die Kovarianz

$$\mathrm{E}([x(t+h) - x(t)][x(t+2h) - x(t+h)]) = -\sigma^2\left(1 - e^{-rh}\right)^2. \tag{11.15}$$

Die Gleichungen (11.14) und (11.15) liefern zusammen die gesuchte Formel

$$\rho = -\frac{1}{2}\left(1 - e^{-rh}\right) \tag{11.16}$$

für die Korrelation aufeinanderfolgender Zuwächse.

Anmerkung 11.2

1. Das gleiche Ergebnis gilt für das entsprechende Modell in der diskreten Zeit, das durch Diskretisierung mit der zeitlichen Schrittweite τ entsteht und ein stabiles Gleichgewicht mit dem Eigenwert $\exp(-r\tau)$ besitzt, vorausgesetzt, die zeitliche Schrittweite τ ist hinreichend klein, damit die Diskretisierung der Differentialgleichung folgt. (Bei zeitlichen Schrittweiten, die groß gegen die innere Zeitskala $1/r$ sind, können Instabilitäten auftreten; siehe Abschnitt 7.4). Der Beweis verläuft ähnlich und soll hier weggelassen werden.

2. Die Amplitude von $\{x(t)\}$ (beispielsweise die Quadratwurzel aus der Varianz von $\{x(t)\}$) ist linear von der Rauschamplitude abhängig, sobald sich der Prozeß im asymptotisch stationären Bereich befindet, d.h. im Bereich von t-Werten, die viel größer als die natürliche Zeitskala $t_0 = 1/r$ sind. Die Amplituden der Zuwächse hängen in ähnlicher Weise von der Rauschamplitude ab. Beide Aussagen sind einfache Folgerungen aus Gleichung (11.7); Gleichung (11.14) liefert jedoch die brauchbarsten Abschätzungen. Da die Populationszuwächse den Erwartungswert 0 haben, ist ihre Varianz gleich ihrem zweiten Moment. Die Varianz σ_1^2 eines typischen Zuwachses über einem Zeitschritt und die Varianz σ^2 der Differenz zwischen der Populationszahl und ihrem Mittelwert hängen über

$$\sigma_1^2 = 2\sigma^2 \left(1 - e^{-r}\right) \tag{11.17}$$

miteinander zusammen. Allgemeiner lautet die Beziehung für h Zeitschritte

$$\sigma_h^2 = 2\sigma^2 \left(1 - e^{-rh}\right). \tag{11.18}$$

Das lineare Modell mit zusätzlichem Rauschen besitzt im Gegensatz zu fraktalen Modellen die *natürliche Zeitskala* $1/r$. Dies ergibt drei verschieden breite Skalierungsbereiche, je nach dem, ob die betrachtete zeitliche Schrittweite viel kleiner, etwa gleich oder viel größer als $1/r$ ist. Jeder der Bereiche besitzt sein eigenes näherungsweise gültiges Potenzgesetz. In Tabelle 11.1 sind diese zusammengefaßt. Insbesondere sagt das Modell vorher, daß für dichteabhängige Populationen über mittlere und lange Zeitskalen $H < \frac{1}{2}$ gilt. Für zeitliche Schrittweiten Δt, die sehr groß sind gegen $1/r$, sind die Werte von $x(t)$ und $x(t + \Delta t)$ asymptotisch unabhängig, und das Skalierungsverhalten stimmt mit der allgemeinen Gleichung (11.2) für unabhängige Stichproben einer beschränkten Zufallsvariablen überein.

Tab. 11.1 Skalierungsverhalten des linearen dichteabhängigen Modells

Zeitskala (ausgedrückt durch die natürliche Zeitskala $1/r$)		Potenzgesetz für die Zuwächse $\Delta x = x(t+\Delta t) - x(t)$
Kurze Zeiten	$(\Delta t \ll 1/r)$	$\Delta x \approx \text{const} \times \Delta t^{1/2}$
Mittlere Zeiten	$(\Delta t \approx 1/r)$	$\Delta x \approx \text{const} \times \Delta t^H \quad (0 < H < \frac{1}{2})$
Lange Zeiten	$(\Delta t \gg 1/r)$	$\Delta x \approx \text{const} \quad (H = 0)$

Das Modell befindet sich in Übereinstimmung mit der These von Sugihara und May (1990a), nach der von zwei Arten mit verschiedenen Exponenten H (und gleichen anfänglichen Populationszahlen) diejenige mit dem größeren Exponenten H mit größerer Wahrscheinlichkeit ausstirbt. Darüberhinaus gestattet das Modell eine zusätzliche Einsicht in dieses Ergebnis. Von zwei Arten hat diejenige mit der stärkeren Dichteabhängigkeit und folglich der stärkeren Tendenz zur Rückkehr zum Gleichgewicht (größerer Betrag von r oder negativerer Eigenwert $-r$) einen kleineren Skalierungsexponenten auf jeder festen Zeitskala, wenngleich dieser Effekt auf sehr großen Zeitskalen sehr schwach ist. Im Prinzip kann der Eigenwert $-r$, der ein Maß für die Ljapunov-Stabilität ist, abgeschätzt werden, indem man mittels Regression den exponentiellen Abfall der Korrelation auf $-\frac{1}{2}$ abschätzt. Somit messen Sugihara und May letzten Endes die Stärke der Dichteabhängigkeit, und je stärker diese ist, desto langsamer wächst die Varianz.

11.3.1 Nicht-Brownsches Rauschen

Ein Gedankenexperiment zeigt, daß ähnliche Ergebnisse auch bei nicht-Brownschem fraktalem Rauschen mit dem Hurst-Exponenten H_0 vorliegen. Das kurzfristige Skalierungsverhalten ($\Delta t \ll 1/r$) darf nur das Skalierungsverhalten des Rauschens widerspiegeln und muß damit durch denselben Hurst-Exponenten charakterisiert werden. Langfristiges Verhalten ($\Delta t \gg 1/r$) muß der allgemeinen Gleichung (11.2) genügen und ein H ergeben, das gegen Null geht. Schließlich muß H stetig von seinem Kurzzeit-Wert H_0 auf seinen Langzeit-Wert 0 abfallen, wenn die zeitliche Schrittweite Δt erhöht wird.

11.3.2 Nichtlineare Modelle

Es ist leicht einzusehen, daß eine große Klasse nichtlinearer Modelle, einschliesslich derer mit unbestimmter Dichte, die gleichen drei Skalierungsbereiche hat wie das dichteabhängige Modell mit zusätzlichem Rauschen. Besitzt das zu untersuchende Modell ein Gleichgewicht und eine charakteristische Zeitskala t_0 für die Rückkehr zu diesem (beim linearen Modell ist $t_0 = 1/r$), dann spiegeln Fluktuationen auf sehr kurzen Zeitintervallen ($\Delta t \ll t_0$) lediglich das Rauschen wider. Fluktuationen über sehr lange Zeiten ($\Delta t \gg t_0$) reflektieren die langfristige Varianz der Population, und es existiert ein Zwischen-Skalierungsbereich mit einem Zwischenverhalten. Wir wollen jedoch das Modell mit unbestimmter Dichte betrachten, in dem die Population zufällig zwischen einem unteren Niveau x_L und einem oberen Niveau x_H schwankt. Angenommen, das Rauschen und somit die kurzfristigen Fluktuationen stellen eine Zufallsbewegung dar ($H = \frac{1}{2}$). Dann folgt aus der Skalierungseigenschaft $x \approx t^{1/2}$ von Zufallsbewegungen, daß die Zeit τ, die die Populationszahl braucht, um eine der Grenzen (x_L oder x_H) zu erreichen, von der Größenordnung

$$\tau = \frac{\left(\frac{1}{2}(x_H - x_L)\right)^2}{\sigma_1^2} \tag{11.19}$$

ist. Für Zeiten $t < \tau$ spiegelt das Skalierungsverhalten der Populationsfluktuationen das des Rauschens wider, da keine anderen Effekte zu erwarten sind und der zu erwartende Skalierungsexponent H gerade $1/2$ beträgt. Für $t > \tau$ spielen die Grenzen eine Rolle. Im Falle reflektierender Grenzen ist die Population $x(t)$ zur Zeit t eine Stichprobe aus einer gleichförmigen Verteilung auf dem Intervall $x_L < x < x_H$. In Abbildung 11.1a werden die Verhaltensweisen des dichteabhängigen Modells und des Modells mit unbestimmter Dichte miteinander verglichen. Das physikalische Analogon des linearen dichteabhängigen Modells ist eine Kugel, die in einem parabolischen Potentialtopf eine Zufallsbewegung vollführt (siehe Abbildung 11.1b). In ähnlicher Weise entspricht das Modell mit unbestimmter Dichte einer Zufallsbewegung in einem rechteckigen Potentialtopf.

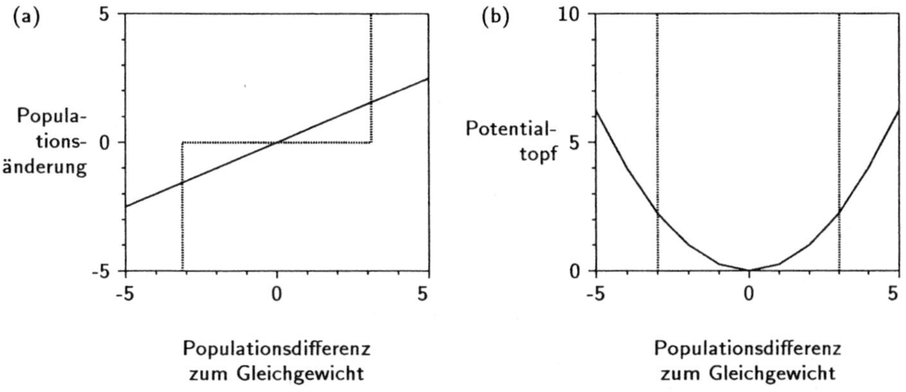

Abb. 11.1 Dichteabhängige Dynamik und Dynamik mit unbestimmter Dichte. (a) Dichteabhängige Steuerung (durchgezogen) und Steuerung mit unbestimmter Dichte (gestrichelt) Steuerung. (b) Äquivalente Potentialtöpfe. Die dichteabhängige Dynamik ist einer Zufallsbewegung im durchgezogenen Potentialtopf äquivalent; die Dynamik mit unbestimmter Dichte entspricht einer Zufallsbewegung im gestrichelt gezeichneten Potentialtopf.

11.4 Das Testen der Modelle

Wir werden nun fraktale und dichteabhängige Modelle an realen Populationen, simulierten Zufallsbewegungen und simulierten dichteabhängigen Daten testen. Wie in der Einführung zu diesem Kapitel beschrieben wurde, untersuchen wir 13 Zeitreihen von Vogelpopulationen nach Holmes u.a. (1986) sowie zwei Schmetterlings-Zeitreihen von Harrison u.a. (1991) und Ehrlich (private Mitteilung). Die Vogelpopulationen zerfallen in zwei Gruppen, von denen eine aus den im Beobachtungszeitraum lokal ausgestorbenen Arten (bei denen bei mindestens einer Zählung keine brütenden Paare gefunden wurden) besteht, die andere aus den Arten, die nicht lokal ausgestorben waren. Manche der Arten, die während des Beobachtungszeitraumes fortbestanden, können jedoch unmittelbar danach ausgestorben sein. Außerdem wollen wir daran erinnern, daß wir Vorhersagekriterien für lokales Aussterben suchen. *Deshalb verwendeten wir weder Daten aus dem letzten Jahr einer während der Studie fortbestehenden Population, noch solche lokaler Aussterbevorgänge selbst.* Wie bei allen Analysen kurzer Zeitreihen können die Ergebnisse von unserer Entscheidung, diese Daten nicht zu nutzen, abhängen.

Die simulierten Daten bestanden aus simulierten Zufallsbewegungen und simulierten dichteabhängigen Modellen. Beide Modelle genügen der Gleichung

$$\Delta x = rx + \Delta w. \tag{11.20}$$

Für die Zufallsbewegung ist $r = 1$; für den dichteabhängigen Fall ist $0 < r < 1$ auf kleinen Zeitskalen, und r ist negativ auf Skalen, die so groß sind, daß die Population über das Gleichgewicht hinausschießt. Die meisten der Simulationen verwenden den Zufallsgenerator von Turbo Pascal. Ein anderer Zufallsgenerator (Wickman und Hill 1987) wurde verwendet, um für ausgewählte Fälle die Abhängigkeit vom Zufallsgenerator zu testen.

Unser Ziel ist die Beantwortung folgender Fragen:

1. Welches der vorgeschlagenen Modelle ist für die Daten sinnvoll?
2. Welches der sinnvollen Modelle paßt am besten zu den Daten?
3. Was sagt jedes dieser Modelle über andere Modelle aus?
4. Wie können Skalierungsexponenten am besten berechnet werden? Wie groß ist die Unsicherheit?
5. Welche Kriterien, falls überhaupt vorhanden, sagen das Aussterben der Population am besten vorher?

Die Fragen (1), (2) und (4) sind wichtig und von Natur aus miteinander verbunden. Viele Autoren haben einfach eine Skalierungsbeziehung über einem weiten Bereich von Skalen berechnet und eine gute Anpassung an ein Potenzgesetz beobachtet. Sie haben einfach jede zusätzliche Verifikation des Modells ignoriert. Das Verfahren funktioniert gut, falls es ein gutes theoretisches Argument für die Gültigkeit eines Potenzgesetzes gibt und viele Datenpunkte vorliegen. Hier bestehen jedoch vernünftige Argumente für jedes der beiden kokurrierenden Modelle, und von jeder der Populationen gibt es nur relativ wenige Datenpunkte. Es ist daher besonders wichtig, die Voraussetzungen eines jeden Modells sorgfältig zu überprüfen.

Wie bereits in Kapitel 10 muß man entscheiden, ob die Daten einer Vorbehandlung unterzogen werden müssen. Andererseits erscheint es aus theoretischer Sicht auch vernünftig, Populationsfluktuationen multiplikativ zu modellieren und somit die Fluktuationen der Logarithmen der Populationszahlen zu untersuchen, das heißt, alle Populationsdaten „logarithmisch zu transformieren“. Sowohl im Hinblick auf die Verfügbarkeit der Quellen als auch die traditionelle Dichteabhängigkeit erscheint es angebracht, direkt mit nicht logarithmisch transformierten Daten zu arbeiten. Wir merken an, daß es wenig ausmacht, ob die Daten logarithmisch transformiert sind oder nicht, da der Logarithmus zwischen 3 oder 4 und 1 näherungsweise linear ist. Um dies nachzuprüfen, beginnen wir mit der Berechnung des Hurst-Exponenten unter Verwendung sowohl der ursprünglichen als auch der logarithmisch transformierten Daten. (Tatsächlich haben wir auch nur kleine Unterschiede zwischen den aus ursprünglichen und logarithmisch transformierten Daten erhaltenen Ergebnissen gefunden. Deshalb wurden in den folgenden Berechnungen nur ursprüngliche Daten verwendet.)

11.5 Gegenüberstellung fraktaler und dichteabhängiger Modelle; Methodisches

Wir wollen mit Hilfe der nachfolgenden Verfahren fraktale und dichteabhängige Modelle anwendbar machen und ihre Anwendbarkeit testen.

11.5.1 Berechnung der Hurst-Exponenten

Wir berechnen die Hurst-Exponenten auf allen drei der in Kapitel 4 beschriebenen Wegen (siehe auch Abschnitt 6.2): mit der Hurstschen Methode des wachsenden Wertebereiches, einer verwandten Technik des wachsenden Moments sowie einem lokalen Verfahren, mit dem man H in Abhängigkeit vom Erwartungswert des Produktes aufeinanderfolgender Zuwächse berechnet. Mit den ersten beiden Verfahren berechnen wir den Exponenten H als impliziten „Mittelwert" über einem festen Skalierungsbereich, mit dem letzten für jeden zeitlichen Zuwachs einen eigenen H-Wert.

Die Zeitreihen der Vogelpopulationen überspannen maximal 16 Jahre, so daß wir für die ersten beiden Berechnungen einen Skalierungsbereich von 5 Jahren verwenden. Da Ehrlich (private Mitteilung) beobachtete, daß der berechnete Exponent vom Anfangspunkt abhängig sein kann, ist es wichtig, für jeden verwendeten zeitlichen Zuwachs mit allen möglichen Anfangspunkten innerhalb jeder der Zeitreihen zu arbeiten. Betrachten wir beispielsweise eine Zeitreihe aus 10 Datenpunkten, d.h. aus einem Punkt für jedes Jahr, nachdem, wie oben erklärt, der letzte Datenpunkt gelöscht wurde. Für einen zeitlichen Zuwachs von 1 Jahr gibt es 9 mögliche Anfangspunkte, nämlich $t = 1, 2, \ldots, 9$. Für einen Zuwachs von 4 Jahren gibt es nur 6 mögliche Anfangspunkte $t = 1, 2, \ldots, 6$, da weniger als 4 Jahre übrigbleiben, wenn man nach Jahr 6 beginnt. Für einen zeitlichen Zuwachs der Größe h und eine Zeitreihe der Größe T gibt es im allgemeinen $T-h$ mögliche Anfangspunkte. Für jede Art und jeden zeitlichen Zuwachs berechnen wir das mittlere zweite Moment und den mittleren Wertebereich (definiert als die Differenz zwischen der größten und kleinsten Populationszahl während des betrachteten zeitlichen Zuwachses) über alle möglichen Anfangspunkte. Der fraktalen Hypothese zufolge sollte das zweite Moment mit Δt^{2H} und der Wertebereich mit Δt^H gehen, wobei Δt der zeitliche Zuwachs und H der fraktale Exponent ist. Der empirische Exponent H wird berechnet, indem man den zeitlichen Zuwachs, die zweiten Momente und die Wertebereiche logarithmisch transformiert, um die logarithmisch transformierten Modelle

$$\log(\text{zweites Moment}) = \text{const} + 2H \log(\Delta t) \tag{11.21}$$

und

$$\log(\text{Wertebereich}) = \text{const} + H \log(\Delta t) \tag{11.22}$$

zu erhalten und diese mit Hilfe der linearen Regression anzupassen. Dies geschieht sowohl mit den ursprünglichen als auch mit den logarithmisch transformierten Populationsdaten (siehe auch Abschnitt 4.2).

Für kurze Zeitreihen realer Daten bietet die Berechnung des Wachstums des Wertebereiches (Gleichung (11.22)) offenbar einen Vorteil gegenüber der Berechnung des Wachstums des zweiten Moments (Gleichung 11.21)), da der mittlere Wertebereich (wie wir ihn definiert haben) für jede Zeitreihe automatisch eine nicht fallende Funktion der Zeitdifferenz ist. Die Gleichungen (11.21) und (11.22) ergeben in vielen Fällen verschiedene Werte für H. Das deutet darauf hin, daß die Daten nicht fraktal sind, und fordert zugleich zu einer weiteren Gültigkeitsprüfung für Gleichung (11.22) auf, falls in der Berechnung nur wenige Werte für Δt benutzt werden. Im folgenden Abschnitt kommen wir zu den Einzelheiten.

Für jede Art sowie zeitliche Zuwächse von einem oder zwei Jahren berechnen wir auch die Korrelation ρ zwischen aufeinanderfolgenden Populationszuwächsen unter der Annahme, daß der Erwartungswert für den Populationszuwachs 0 ist. Diese Annahme läßt sich für kurze Zeitreihen nur schwer testen; trotzdem berechnet man mit dieser Methode einen fraktalen Exponenten (siehe Abschnitt 4.2). Für die Korrelation und den Hurst-Exponenten H gilt die Gleichung

$$2^{2H} = 2 + 2\rho. \tag{11.23}$$

Wie bereits vorher bilden wir die Mittelwerte über alle möglichen Anfangspunkte.

Wären die Populationen fraktal, dann sollten alle Verfahren etwa die gleichen Werte für H liefern, und insbesondere wären ρ und H vom verwendeten Zeitintervall unabhängig. Jedoch wären nach Gleichung (11.6) ρ und somit auch H fallende Funktionen des verwendeten Zeitintervalls.

Simulationen und weiterführende Analysen werden dazu benutzt, eine Ausgangsbasis zu schaffen und zu sehen, wie gut die oben erhaltenen theoretischen Ergebnisse für die untersuchten kurzen Zeitreihen gelten. Wir werden sowohl mit dem üblichen Zufallsgenerator von Turbo Pascal als auch einem anderen Zufallsgenerator (Wickman und Hill 1987) die für diese Simulationen verwendeten Zufallsbewegungen erzeugen. (Es traten keine Unterschiede zwischen den Ergebnissen auf, die mit diesen beiden Zufallsgeneratoren erhalten wurden.) Man kann bei Anwendungen wie dieser die Notwendigkeit, das Skalierungsverhalten neutraler Zufallsmodelle einzuführen, gar nicht genug betonen.

11.5.2 Weitere Tests

Zusätzlich werden wir prüfen, ob die Populationszuwächse $y(t+h)-y(t)$ von den Anfangswerten $y(t)$ ein- und zweijähriger zeitlicher Zuwächse h abhängen. Im Falle fraktaler Modelle sind die Zuwächse von den Anfangswerten unabhängig; Dies folgt aus den Axiomen in Abschnitt 2.4. Im dichteabhängigen Fall *sind* die Zuwächse von den Anfangswerten abhängig. Anhand von Simulation und theoretischer Analyse soll das erwartete Verhalten unter der Annahme, es liege keine Dichteabhängigkeit vor, begründet werden.

In dichteabhängigen Modellen im Gleichgewicht strebt die Population ständig ihrem Gleichgewichtswert zu. Diese einfache Beobachtung legt einen gleichermaßen einfachen Test auf Dichteabhängigkeit nahe (Tanner 1966): Tendiert die Populationszahl zur Abnahme (Zunahme), wenn sie über (unter) dem Mittelwert liegt, vorausgesetzt, daß der Mittelwert einer Population eine vernünftige Abschätzung für ihren Gleichgewichtswert ist? Wir werden diesen Test sowohl auf reale als auch simulierte Daten anwenden.

Außerdem werden wir versuchen, reale Populationsdaten an das lineare dichteabhängige Modell aus Abschnitt 11.2 anzupassen. Genauer gesagt wollen wir mit Hilfe der linearen Regression die Daten an die folgende Version des Modells mit einer diskreten Zeit anpassen:

$$y(t+1) - y_{eq} = \exp(-r)[y(t+1) - y_{eq}] + \Delta w. \tag{11.24}$$

11.6 Der Hurst-Exponent: Ergebnisse

Zunächst wollen wir die Ergebnisse einiger Berechnungen des fraktalen Exponenten H für reale Populationen beschreiben. Wir erinnern daran, daß die Vogelpopulationen in zwei Gruppen eingeteilt wurden – jene, die fortbestanden, und jene, die lokal ausstarben.

Die aus dem Wachstum des zweiten Moments berechneten fraktalen Exponenten unterschieden sich zwischen den beiden Gruppen nur wenig. Überraschenderweise sind die aus dem Wachstum des Wertebereiches berechneten fraktalen Exponenten bei den fortbestehenden Arten *höher* als bei denen, die ausstarben. Außerdem ergeben beide Modelle keine übereinstimmenden Werte, was auf ein nichtfraktales Modell hindeutet.

Kurioserweise ist es jedoch so, daß die aus kurzen Ausschnitten von Zufallsbewegungen berechneten Exponenten dieselbe Inkonsistenz zeigen, obwohl sie für längere Bewegungen asymptotisch übereinstimmen. Diese Ergebnisse können deshalb fraktale Modelle weder unterstützen noch ausschließen.

Im Gegensatz dazu liefert die Methode des lokalen Wachstums des Wertebereiches einen fraktalen Exponenten, der vom Probeintervall abhängt, und der Exponent scheint mit dem Probeintervall abzunehmen. Dieses Verhalten spricht für ein dichteabhängiges (nichtfraktales) Modell.

Abschließend kann man also sagen, daß Berechnungen des Hurst-Exponenten für reale Populationsdaten Inkonsistenzen aufweisen, die anzeigen, daß die Daten nicht fraktal sind. Jedoch weisen auch kurze Proben aus simulierten Zufallsbewegungen, den einfachsten fraktalen Modellen, viele dieser Inkonsistenzen auf.

Diese Ergebnisse und ihre Konsequenzen sollen nun ausführlicher diskutiert werden.

In Tabelle 11.2 sind die Ergebnisse der Untersuchung des Wachstums des zweiten Moments und des Wertebereiches unter Verwendung ursprünglicher und logarithmisch transformierter Daten aufgeführt.

Tab. 11.2 Berechnung des Exponenten H aus dem Wachstum des zweiten Moments und des Wertebereiches. Der Korrelationskoeffizient (der auf logarithmisch transformierte Zuwächse angewandten linearen Regression) ist in Klammern angegeben, sofern er kleiner als 0,99 ist. In einem (mit einem Stern gekennzeichneten) Fall, nämlich beim Dunkeläugigen Schneefink, ergab das Wachstum des Wertebereiches einen Hurst-Exponenten außerhalb des erlaubten Rahmens $0 < H < 1$.

	Wachstum des zweiten Moments		Wachstum des Wertebereiches	
Art	Ursprüngl. Daten	Transf. Daten	Ursprüngl. Daten	Transf. Daten
(Nicht ausgestorbene Vögel)				
Swainson-Drossel	0,40 (0,98)	0,42	0,69	0,66
Walddrossel	0,36 (0,97)	0,38 (0,97)	0,74	0,72
Töpfervogel[1]	0,28 (0,94)	0,32 (0,96)	0,63	0,68
Amerikanisches Rotschwänzchen	0,26 (0,95)	0,16 (0,95)	0,68	0,63
Rotäugiger Laubwürger[1]	0,18 (0,79)	0,18 (0,79)	0,60	0,61
Amerikanische Weidendrossel	0,03 (0,19)	0,10 (0,54)	0,64	0,67
Haarspecht	0,00 (0)	0,01 (0,09)	0,34	0,36
Mittel	0,26	0,18	0,68	0,67
(Ausgestorbene Vögel)				
Kleiner Fliegenschnäpper	0,29 (0,90)	0,28	0,72	0,58
Daunenspecht	0,22 (0,81)	0,22 (0,79)	0,46	0,51
Philadelphia-Laubwürger	0,18 (0,55)	0,24 (0,66)	0,48	0,48
Winterzaunkönig	0,14 (0,54)	0,16 (0,59)	0,50	0,47
Einsiedlerdrossel	0,10 (0,55)	0,10 (0,40)	0,69	0,69
Dunkeläugiger Schneefink	0,02 (−0,08)*	−0.02 (−0,02)*	0,54	0,57
Mittel	0,16	0,19	0,52	0,54
(Schmetterlinge – zwei Kolonien des Perlmutterfalters[1])				
JRC*	0,09 (0,87)	0,32	0,71	0,62
JRH	0,31	0,24 (0,98)	0,70	0,59

* Wegen der Bezeichnung siehe Harrison u.a. (1991).

Mit den beiden verwendeten Verfahren zur Berechnung des Hurst-Exponenten erhält man im allgemeinen verschiedene Ergebnisse, wobei das zweite Moment langsamer wächst als der Wertebereich. Dies ist ein Anzeichen dafür, daß die Zeitreihen nicht fraktal sind. Um eine Ausgangsbasis für die obigen Berechnungen zu finden, wenden wir die beiden Methoden zur Berechnung des fraktalen Exponenten auch auf zufällig erzeugte Zeitreihen verschiedener Länge an. Für die ersten Simulationen wurde der Zufallsgenerator „random“ von Turbo Pascal

[1] Für den Töpfervogel (engl. ovenbird) findet man in der Literatur auch die Bezeichnung Goldkopfwaldsänger und für den Laubwürger (engl. vireo) auch Amerikanischer Grünspatz. Der Perlmutterfalter (engl. bay checkerspot) wird auch als Scheckenfalter bezeichnet. – Anm. d. Übers.

verwendet. Die Ergebnisse dieser Simulationen sind in Tabelle 11.3 zusammengefaßt.

Tab. 11.3 Fraktale Exponenten für simulierte Zufallsbewegungen verschiedener Längen und verschiedener maximaler Zeitdifferenzen. Es sind die Mittelwerte angegeben, gefolgt vom Maximum und Minimum für zehn Wiederholungen jeder Länge und Zeitdifferenz. Längere Zeitreihen wirken ähnlich wie die Mittelung kurzer Reihen.

Zeitreihen		Berechnungsverfahren für H	
Länge	Maximale Zeitdifferenz	Wachstum des zweiten Moments	Wachstum des Wertebereichs
16	5	0,31 (−0,07 bis 0,76)	0,66 (0,38 bis 0,94)
100	5	0,54 (0,09 bis 0,63)	0,73 (0,59 bis 0,80)
1000	5	0,50 (0,48 bis 0,53)	0,73 (0,72 bis 0,74)
1000	25	0,50 (0,46 bis 0,54)	0,66 (0,64 bis 0,67)

Offensichtlich unterscheidet sich das berechnete beträchtlich vom theoretischen Wachstumsverhalten des Wertebereiches mit einer maximalen Zeitdifferenz 5. Der Erwartungswert des Skalierungsexponenten einer Zufallsbewegung ist 0,5, und die beobachteten Werte lagen normalerweise zwischen 0,63 und 0,75. Außerdem erschien das Wachstum des zweiten Moments für die kürzeste Reihe etwas zu langsam (experimentell: $H = 0{,}31$, theoretisch: $H = 0{,}5$); dies ist bei den längeren Reihen nicht der Fall. Deshalb wurden die Berechnungen des Wachstums des Wertebereiches mit einem anderen Zufallsgenerator (Wickman und Hill 1987) wiederholt und ähnliche Ergebnisse erhalten. Das läßt darauf schließen, daß das zweite Moment der Zuwächse einer kurzen Zufallsbewegung langsamer wächst als ihr Wertebereich. Wir analysieren nun eine sowohl zeitlich als auch räumlich diskrete Zufallsbewegung mit der zeitlichen Schrittweite 1 und der räumlichen Schrittweite ± 1, indem wir alle möglichen kurzen Reihen räumlicher Zuwächse durchnumerieren und den Erwartungswert des Wertebereiches $R(\Delta t)$ für kurze Zeitdifferenzen berechnen. Tabelle 11.4 enthält die Ergebnisse.

Tab. 11.4 Wachstum des Wertebereichs $R(\Delta t)$, wobei Δt höchstens 5 beträgt, verglichen mit dem Wert $(\Delta t)^{1/2}$, der nach den Axiomen eines zeitlich kontinuierlichen Brownschen Prozesses zu erwarten ist.

Zeitdifferenz Δt	Aus der Analyse aller Wege zu erwartendes $R(\Delta t)$	$(\Delta t)^{1/2}$
1	1,0	1,0
2	1,5	1,414
3	2,0	1,732
4	2,375	2,0
5	2,75	2,236

Der Erwartungswert des zu einer kurzen, zeitlich und räumlich diskreten Zufallsbewegung gehörenden Hurst-Exponenten läßt sich ohne weiteres ermitteln, indem man die Daten in der zweiten Spalte von Tabelle 11.4 in die Gleichung

$$R(\Delta t) = \text{const} \cdot (\Delta t)^{1/2} \qquad (11.25)$$

einpaßt. Dies ergibt $H = 0{,}63$ für das Wachstum des Wertebereiches in guter Übereinstimmung mit den Simulationen der Zufallsbewegungen. Die Simulationen und die Theorie zeigen, wie sorgfältig das Skalierungsverhalten kurzer Zeitreihen analysiert werden muß. Die Bedeutung dieser Ergebnisse wird im folgenden diskutiert.

11.6.1 Vergleich von simulierten und realen Daten

Die beiden Methoden zur Berechnung des Wertes von H führen zu relativ großen Differenzen, wenn sie auf reale Daten angewandt werden. Außerdem sind die aus dem Wachstum des zweiten Moments erhaltenen H-Werte im allgemeinen kleiner als 1/2, was der Erwartungswert für eine Zufallsbewegung ist, und die H-Werte, die sich aus dem Wachstum des Wertebereiches ergeben, sind im allgemeinen größer als 1/2. Dies ist höchstwahrscheinlich der kurzen Dauer der Proben und Zeitdifferenzen zuzuschreiben, da sich bei kurzen simulierten Zufallsbewegungen ähnliche Effekte einstellten. Wird der Umfang der Simulationen erhöht, dann fällt der Wertebereich der beobachteten H-Werte. Dies ist eine zu erwartende Folge der Stichprobenentnahme, da die Anzahl der Datenpunkte, die bei jeder der Berechnungen des Wertebereiches gemittelt wurden, mit der Länge der untersuchten Zeitreihen wächst. Man kann daher vernünftigerweise erwarten, daß sich der aus dem Wachstum des Wertebereiches berechnete Wert von H für bedeutend längere Simulationen dem theoretischen Wert 0,5 nähert.

Die beobachteten H-Werte für reale Daten sind mit denen für Zufallsbewegungen vergleichbar. Es gab keine bedeutenden Unterschiede zwischen den Populationen, die ausstarben, und denen, die nicht ausstarben. Das Potenzgesetz für das Wachstum des Wertebereiches ließ sich durchgehend besser anpassen als das für das Wachstum des zweiten Moments. Man kann daher annehmen, daß der beste Zugang zur Berechnung fraktaler Exponenten für kurze Zeitreihen die Berechnung des Wachstums des Wertebereiches ist. Man muß dann jedoch eine Simulation oder andere Verfahren durchführen, um die erhaltenen Ergebnisse mit den für verschiedene Modelle zu erwartenden in Verbindung zu bringen.

Als nächstes berechnen wir fraktale Exponenten mit Hilfe eines lokalen Verfahrens: Wir verwenden den relativen Erwartungswert der Produkte aufeinanderfolgender Zuwächse des Populationswertes (siehe Abschnitt 4.3). Dies liefert Hurst-Exponenten H für jeden zeitlichen Zuwachs (siehe Tabelle 11.5).

Wie bereits vorher wiederholten wir auch hier zu Vergleichszwecken die Berechnungen mit Daten simulierter Zufallsbewegungen und erhielten ähnliche Ergebnisse.

Für neun der 15 untersuchten Populationen (13 Vogelarten und 2 Kolonien des Perlmutterfalter) nahm der lokale Hurst-Exponent H ab, als die Zeitdifferenz von einem auf zwei Jahre erhöht wurde. Bei einer Zufallsbewegung tendiert H weder zu einer Zu-, noch zu einer Abnahme, so daß die theoretisch zu erwartende Anzahl solcher Abnahmen einer Binomialverteilung $B(15, 0{,}5)$ folgt und

Tab. 11.5 Berechnung von H nach der Methode des lokalen Wachstums des Wertebereiches für zeitliche Zuwächse (Zeitdifferenzen) von einem und zwei Jahren. Berechnungen mit Hilfe des mittleren Wachstums des zweiten Moments aus Tabelle 11.3 sind zum Vergleich mit enthalten. Man beachte, daß ρ nur dann der Korrelationskoeffizient ist, wenn die Populationszuwächse den Erwartungswert 0 haben. Gleichung (2.26) unter den Axiomen für Fraktale erfordert $H \geq 0$ und somit $\rho \geq -0{,}5$. Fälle, in denen dies nicht gilt, sind mit einem Stern gekennzeichnet.

	Zeitdiff.= 1		Zeitdiff.= 2		H nach dem mittleren Wachstum
Art	ρ	H	ρ	H	d. Moments
(Nicht ausgestorbene Vögel)					
Swainson-Drossel	−0,08	0,44	−0,33	0,21	0,40
Walddrossel	−0,18	0,36	−0,19	0,35	0,36
Töpfervogel	−0,28	0,26	−0,35	0,19	0,28
Amerikanisches Rotschwänzchen	−0,21	0,32	−0,38	0,14	0,26
Rotäugiger Laubwürger	−0,24	0,30	−0,38	0,16	0,18
Amerikanische Weidendrossel	−0,22	0,32	−0,68	−0,33 *	0,03
Haarspecht	−0,58	−0,12 *	−0,29	0,26	0
Mittel		0,32		0,26	0,26
(Ausgestorbene Vögel)					
Kleiner Fliegenschnäpper	−0,09	0,43	−0,25	0,29	0,29
Daunenspecht	−0,45	0,07	0,36	0,72	0,22
Philadelphia-Laubwürger	−0,70	−0,38 *	−0,21	0,33	0,18
Winterzaunkönig	−0,60	−0,15 *	−0,14	0,39	0,14
Einsiedlerdrossel	−0,32	0,21	−0,70	−0,26 *	0,03
Dunkeläugiger Schneefink	−0,49	0,02	−0,41	0,01	0,02
Mittel		0,04		0,31	0,16
(Schmetterlinge – zwei Kolonien des Perlmutterfalters)					
JRC*	−0,36	0,18	−0,55	−0,07 *	
JRH	−0,18	0,35	−0,32	0,23	

* Wegen der Bezeichnung siehe Harrison u.a. (1991).

somit 7,5±1,9 beträgt. Das läßt dichteabhängige Effekte vermuten, obwohl das Signifikanzniveau niedrig ist ($p > 0{,}15$ nach der Statistik der Verteilung).

11.7 Gibt es eine Dichteabhängigkeit?

Aus diesen Gründen überprüfen wir die Dichteabhängigkeit, wobei wir sowohl die Anwendbarkeit des dichteabhängigen Modells testen als auch darauf achten, ob die Eigenschaft eines fraktalen Prozesses erfüllt ist, wonach seine Zuwächse von den Werten des Prozesses selbst unabhängig sind. Wir fragen zuerst danach, ob die Population die Tendenz zur Abnahme hat, wenn sie über dem Mittelwert liegt, und zur Zunahme, wenn der Mittelwert unterschritten ist, ob sie also das charakteristische Verhalten aller dichteabhängigen Modelle aufweist. Die Ergebnisse sind in Tabelle 11.6 zusammengefaßt.

Tab. 11.6 Untersuchung der Korrelation zwischen der Größe der Population und ihrer Änderung im jeweils folgenden Jahr. Eine Änderung wurde als „vom Mittel weg“ eingestuft, wenn sich die Population von ihrem Mittelwert wegbewegte, und als „zum Mittel hin“, wenn die Population auf ihren Mittelwert zulief. Diejenigen Fälle, wo es mehr als doppelt so viele Bewegungen zum Mittel hin wie Bewegungen vom Mittel weg gab, sind mit Sternen gekennzeichnet.

Art	vom Mittel weg	keine Änderung	zum Mittel hin	
(Nicht ausgestorbene Vögel)				
Swainson-Drossel	4	1	9	*
Walddrossel	2	2	10	*
Töpfervogel	1	4	9	*
Amerikanisches Rotschwänzchen	5	1	8	
Rotäugiger Laubwürger	4	0	10	*
Amerikanische Weidendrossel	2	4	8	*
Haarspecht	5	4	5	
Gesamt	23	16	59	*
(Ausgestorbene Vögel)				
Kleiner Fliegenschnäpper	4	1	7	
Daunenspecht	2	5	4	*
Philadelphia-Laubwürger	5	4	4	
Winterzaunkönig	2	1	5	*
Einsiedlerdrossel	5	1	3	
Dunkeläugiger Schneefink	0	1	6	*
Gesamt	18	14	29	
Vögel insgesamt	41	30	88	*
(Schmetterlinge – zwei Kolonien des Perlmutterfalter				
JRC*	11	0	17	
JRH	10	1	17	

* Wegen der Bezeichnung siehe Harrison u.a. (1991).

Als nächstes wiederholen wir die Rechnungen mit simulierten Daten (siehe Tabelle 11.7).

Tab. 11.7 Untersuchung der Korrelation zwischen der Populationsgröße und ihrer Änderung im jeweils folgenden Jahr für simulierte Zufallsbewegungen und das dichteabhängige Modell (11.5): $dx = -rx\,dt + dB$. Der Wert $r = 0$ bedeutet eine zeitlich kontinuierliche (Brownsche) Zufallsbewegung; ist $r \neq 0$, so besitzt das Modell eine natürliche Zeitskala von $1/r$ Jahren. Die aufgeführten Daten stammen von jeweils 30 zusammengefaßten Simulationen jedes Modells; jede Simulation läuft 15 Jahre (14 Zuwächse des Populationswertes).

Modell	vom Mittel weg	zum Mittel hin
Zufallsbewegung	183 (43,6%)	237 (56,4%)
dichteabhängig mit der natürlichen Zeitskala		
4 Jahre ($r = 0{,}25$)	157 (37,4%)	263 (62,6%)
2 Jahre ($r = 0{,}5$)	142 (33,8%)	278 (66,2%)
1 Jahr ($r = 1$)	129 (30,7%)	291 (69,3%)

Im Falle einer Zufallsbewegung würde man erwarten, daß die Anzahl der Populationsänderungen vom Mittelwert weg gleich der Anzahl der Änderungen zum Mittelwert hin ist. Man betrachte jedoch einen Fall, wo die Population gerade über den Mittelwert gesprungen ist und sich dann einmal nach oben und einmal nach unten bewegt, so daß sie über das Mittel hinweggeht und dann darunter liegt. Zwei Bewegungen liefen auf das Mittel zu, eine von ihm weg. Im allgemeinen gibt es jedesmal, wenn die Population über den Mittelwert hinweggeht, eine Bewegung mehr zu diesem hin als von ihm weg. Bei langen Zeitreihen treten im Vergleich mit kurzen relativ große Abweichungen auf, und das Mittel wird relativ selten überschritten. Die für lange Zeitreihen erwartete Verteilung der Bewegungen zum Mittel hin und vom Mittel weg muß also für kurze Zeitreihen nicht gelten. Bei einer ausgedehnteren Simulation von 10 000 kurzen zeitlich kontinuierlichen Zufallsbewegungen von jeweils 14 Zeitschritten verliefen 63,3% der Bewegungen der Population auf das Mittel zu. Tabelle 11.8 enthält weitere Beispiele.

Tab. 11.8 Der Anteil der Bewegungen zum Mittel hin für Zeitreihen, die aus der Darstellung zeitlich kontinuierlicher Zufallsbewegungen als Funktion der Anzahl n der Zeitschritte erhalten wurden. Die Daten sind Mittelwerte von 10 000 Wiederholungen und in der Form Mittelwert ± Standardabweichung angegeben.

n	Anteil der Bewegungen zum Mittel hin
5	73,9 ± 15,5
10	65,2 ± 12,1
15	62,0 ± 10,3
25	60,3 ± 7,7
50	57,4 ± 5,6
100	55,2 ± 4,0
1000	51,7 ± 1,3

Die Vogeldaten wiesen in 18,8% der Fälle (30 von 159) keine Änderung der Population auf, was vielleicht daran liegt, daß die Populationen so klein waren. Wir haben daher eine letzte Simulation durchgeführt: 1000 ganzzahlige Zufallsbewegungen, deren jede 15 Punkte oder 14 Änderungen umfaßt, mit der zusätzlichen Eigenschaft, daß die Population in etwa 18 - 19% der Fälle konstant blieb. Die Ergebnisse waren folgende:

6616 Schritte zum Mittel hin	(47,25%)
2547 Schritte ohne Änderung	(18,20%)
4837 Schritte vom Mittel weg	(34,55%)

Wir haben die Vogeldaten zunächst mit dem χ^2-Test mit zwei Freiheitsgraden analysiert. Zuerst besteht ein kleiner, aber offenbar bedeutungsloser Unterschied zwischen den Vögeln, die weiterlebten, und denen, die ausgestorben waren ($\chi^2 = 0{,}96$, $p > 0{,}5$). Die eigentlichen Daten werden dann mit den simulierten verglichen. Ein bedeutender Überschuß an Bewegungen zum Mittel hin wurde als Beweis für Dichteabhängigkeit interpretiert. Diejenigen Vogelpopulationen, die weiterlebten, sind dichteabhängig ($\chi^2 = 7{,}19$, $p > 0{,}05$), wohingegen diejenigen, die ausstarben, weniger dichteabhängig waren ($\chi^2 = 1{,}22$, $p > 0{,}4$, ohne Bedeutung). Im ganzen wiesen die Vogelpopulationen eine geringe Dichteabhängigkeit auf: es besteht ein geringfügiger Überschuß an Bewegungen zum

Mittel hin ($\chi^2 = 6{,}14$, $p \approx 0{,}05$). Dichteabhängigkeit auf einer Skala von einem Jahr kann also mit Beständigkeit in Zusammenhang gebracht werden.

Werden die Populationsänderungen über Perioden von zwei Jahren auf ähnliche Weise analysiert, dann geht diese Unterscheidung verloren, denn beide Wertegruppen von Vogelpopulationen bewegen sich in 66% der Fälle zum Mittel hin und in 22% der Fälle von diesem weg. Was bedeutet dieser offenbare Verlust der Dichteabhängigkeit?

Als nächstes berechnen wir den Ljapunov-Exponenten ($-r$) unter der Annahme eines linearen dichteabhängigen Modells, um sowohl eine geeignete Zeitskala zu bestimmen als auch mehr über die Dichteabhängigkeit zu erfahren. Genauer gesagt, passen wir die Daten an eine Version des linearen dichteabhängigen Modells mit diskreter Zeit,

$$x(t+1) = r'x(t) + \Delta w, \tag{11.26a}$$

an, wobei x wie gewöhnlich die Differenz zwischen einer Populationszahl und ihrem „Gleichgewichts“wert bezeichnet und

$$r' = \exp(-r) \tag{11.26b}$$

ist. Das mittlere Populationsniveau wird als Abschätzung für das Gleichgewicht verwendet. Man beachte, daß der oben verwendete Parameter r' *negativ sein kann*, was bedeutet, daß Populationsänderungen während eines Jahres über das Mittel hinausschießen können: die Population ändert sich von einem Wert oberhalb des Mittels zu einem darunter oder umgekehrt. In diesen Fällen ist die implizite Zeitskala von einem Jahr in Gleichung (11.26b) zu lang, um lineare Modelle zuverlässig anwenden und somit den Ljapunov-Exponenten bestimmen zu können. Ansonsten ist r' positiv und über die Beziehung

$$r' = \exp(-r) \qquad \text{oder, was gleichbedeutend ist,} \qquad r = -\ln r' \tag{11.27}$$

mit dem Ljapunov-Exponenten im ursprünglichen, zeitlich kontinuierlichen Modell verbunden. Zum Vergleich verwenden wir auch eine Zeitspanne von zwei Jahren und vergleichen den entstehenden Parameter r' mit dem Wert, den man ohne nennenswerte Effekte aufgrund der Zeitspanne erwarten würde, nämlich mit dem Quadrat von r' in dem Modell mit einjähriger Zeitspanne (11.26b). Tabelle 11.9 enthält die Ergebnisse.

Wiederum wiesen die realen Daten bedeutende Unterschiede zu den simulierten Zufallsbewegungen auf. Die natürliche Zeitskala des Modells mit diskreter Zeit ist durch die Formel

$$r'^{t_0} = \frac{1}{e} \qquad \text{oder, was gleichbedeutend ist,} \qquad t_0 = -\frac{1}{\ln r'} \tag{11.28}$$

gegeben; man vergleiche auch Gleichung (11.6). Die scheinbare natürliche Zeitskala der Vogelpopulationen, die dann ausstarben, betrug etwa $\frac{1}{2}$ Jahr, d.i. die Hälfte der scheinbaren Zeitskala der nicht ausgestorbenen Vogelpopulationen

Tab. 11.9 Der Parameter r' im linearen Modell $x(t + \text{Zeitdiff.}) = r'x(t) + \Delta w$ mit *diskreter Zeit* für Zeitdifferenzen von einem und zwei Jahren. Offensichtlich signifikante Anomalien des Wertes für zwei Jahre sind durch Sterne gekennzeichnet.

	Zeitdifferenz		
	1 Jahr	1 Jahr	2 Jahre
Art	r'	r'^2	r'
(Nicht ausgestorbene Vögel)			
Swainson-Drossel	0,85	0,73	0,79
Walddrossel	0,63	0,39	0,34
Töpfervogel	0,41	0,16	0,11
Amerikanisches Rotschwänzchen	0,32	0,10	0,10
Rotäugiger Laubwürger	0,34	0,11	0,020
Amerikanische Weidendrossel	0,086	0,0073	−0,42*
Haarspecht	0	0	0,20*
Mittel	0,34	0,11	0,10
(Ausgestorbene Vögel)			
Kleiner Fliegenschnäpper	0,75	0,56	0,39*
Daunenspecht	0	0	0,17*
Philadelphia-Laubwürger	0,48	0,22	0,67*
Winterzaunkönig	−0,08	0,0064	0,38*
Einsiedlerdrossel	0,19	0,038	−0,17*
Dunkeläugiger Schneefink	−0,27	0,73	−0,11*
Mittel	0,06	0,0036	0,25
(Schmetterlinge – zwei Kolonien des Perlmutterfalters			
JRC*	0,21	0,044	−0,023
JRH	0,60	0,35	0,34
(Verschieden lange Simulationen von Zufallsbewegungen)			
10 Jahre	0,47±0,10	0,22±0,10	0,15±0,15
15 Jahre	0,66±0,073	0,43±0,10	0,41±0,16
100 Jahre	0,94±0,002	0,88±0,004	0,88±0,006

* Wegen der Bezeichnung siehe Harrison u.a. (1991).

(0,93 Jahre). Wir verwenden den Ausdruck „scheinbare Zeitskala“, da beide Zeitreihen lediglich jährliche Daten enthalten, was das Verständnis von Systemen mit schnellerer Dynamik erschwert.

Außerdem sollte der zu einer einheitlichen zeitlichen Schrittweite von zwei Jahren in einem Modell mit einer *linearen* Differenzengleichung gehörende Eigenwert r' das Quadrat des zu einer zeitlichen Schrittweite von einem Jahr gehörenden Eigenwertes sein, da ein Zeitschritt von zwei Jahren zwei aufeinanderfolgenden Schritten von je einem Jahr entspricht. Eine Untersuchung der Daten von Tabelle 11.9 zeigt bei allen 6 ausgestorbenen Vogelpopulationen bedeutende Abweichungen von diesem Verhalten, bei den nicht ausgestorbenen jedoch nur bei 2 von 7, und keine bei den Schmetterlingspopulationen. Diese Ergebnisse deuten darauf hin, daß die Kombination von Nichtlinearitäten mit kurzen Zeitskalen die Wahrscheinlichkeit für das Aussterben erhöht. May (1974) deutete in seiner Arbeit über die Dynamik von Ökosystemen an, daß die Kombination von Nichtlinearitäten mit signifikanten Zeitspannen zu chaotischer Dynamik führen könnte, was an die logistische Gleichung mit diskreter Zeit (vgl. Collet und Eckmann 1980) erinnert.

11.7.1 Die Zeitskala der Dichteabhängigkeit

Obwohl Vogelpopulationen, die während der Dauer der Studie weiterlebten, für die Dauer von einem Jahr eine offenbar stärkere Dichteabhängigkeit aufwiesen als die lokal ausgestorbenen, ging dieser Unterschied bei einer Zeitdauer von zwei Jahren verloren. Wir wollen dieses Verhalten nun mit den bei einer Analyse der linearisierten Gleichungen (11.26) bis (11.28) erhaltenen natürlichen Zeitskalen der Populationen in Zusammenhang bringen.

Beide Populationsgruppen hatten Zeitskalen von einem Jahr oder weniger. Diese Zeitskalen mögen zu kurz sein, um anhand von Proben bei einer Periodendauer von zwei Jahren bedeutende Unterschiede der „linearen" Eigenschaften der Dynamik, etwa der Dichteabhängigkeit (siehe Abbildung 11.1) entdecken zu können. Dieser Effekt tritt in Gegenwart signifikanter nichtlinearer Effekte aus Tabelle 11.9 besonders ausgeprägt in Erscheinung.

Zudem kann eine mögliche chaotische Dynamik die Dichteabhängigkeit auf größeren Zeitskalen verdecken, da die Dynamik eines chaotischen Systems empfindlich von den Anfangsbedingungen abhängt. Somit kann, besonders in Gegenwart von Rauschen, die Verbindung zwischen dem Populationswert zur Zeit t und dem Wert zur Zeit $t + 1$ im Zeitpunkt $t + 2$ verlorengehen, wodurch die Dichteabhängigkeit auf einer zweijährigen Zeitskala nur schwer sichtbar wird.

11.8 Diskussion

Wir haben nun mehrere Modelle für Populationsfluktuationen untersucht: das von Sugihara und May (1990a) eingeführte fraktale Modell, ein lineares dichteabhängiges Modell sowie allgemeine nichtlineare Modelle. Unsere Zeitreihen sind zwar zu kurz für die nichtlinearen Verfahren, aber für andere Anwendungen mögen diese die vielversprechendsten sein.

Es stellte sich heraus, daß das Skalierungsverhalten realer Populationen mit dem dichteabhängigen Modell besser übereinstimmt als mit dem fraktalen. Außerdem scheint nach einem einfachen Test der Dichteabhängigkeit, nämlich der Tendenz zum Mittelwert hin, der Grad der Dichteabhängigkeit bei Zeitdifferenzen von einem Jahr mit der Beständigkeit zusammenzuhängen. Unglücklicherweise geht diese Unterscheidung bei einer Zeitdauer von zwei Jahren verloren, was vielleicht auf Probleme bei der Entnahme von Stichproben oder eine zugrundeliegende chaotische Dynamik zurückzuführen ist.

Beständige Populationen wiesen zudem längere Zeitskalen und eine bedeutend bessere Anpassung an die Linearität auf als Arten, die ausgestorben waren. Vielleicht geht das Aussterben auf eine Kombination von Nichtlinearitäten und Zeitskalen zurück, die viel kürzer als der jährliche Zyklus der Waldvögel aus den gemäßigten Breiten sind, auf eine Kombination also, die chaotische Dynamik erzeugen kann. Es ist interessant, daß die scheinbare Zeitskala weiterlebender

Arten etwa ein Jahr betrug, was aus biologischen Gründen auch zu erwarten war.

Der fraktale Exponent bleibt auch im Falle einer Dichteabhängigkeit ein potentiell nützliches Werkzeug, da durch seine Berechnung Skalierungsbereiche gefunden werden können und ein Beitrag zur Abschätzung des langfristigen Wertebereiches für Populationsfluktuationen geleistet werden kann.

11.9 Anhang

In Tabelle 11.10 sind die Daten der Vogelpopulationen nach Holmes u.a. (1986) aufgeführt, auf die Ehrlich (private Mitteilung) aufmerksam gemacht hat und die in dieser Studie verwendet wurden. Jede Zeitreihe besteht aus jährlichen Daten und beginnt im Jahre 1969. Wir möchten den Leser ermuntern, auch andere Verfahren zur Analyse dieser Daten auszuprobieren.

Tab. 11.10 Daten von Vogelpopulationen nach Holmes u.a. (1986)

Art	Zeitreihen der Populationen (bei Aussterben abgebrochen)
(Nicht ausgestorbene Vögel)	
Swainson-Drossel	9, 8,11,11, 9, 7, 8, 7, 4, 5, 7, 3, 2, 1, 2, 1
Walddrossel	7, 6, 9, 7, 4, 5, 6, 5, 9, 7, 7, 3, 1, 2, 2, 1
Töpfervogel	6, 6, 9, 9,11,10,16,16, 9,13,12,10,10,11,14,11
Amerikanisches Rotschwänzchen	12,26,29,29,26,22,39,42,44,32,36,34,22,32,30,14
Rotäugiger Laubwürger	20,24,29,22,26,23,31,30,24,20,16,13,26,23,22,21
Amerikanische Weidendrossel	2, 2, 5, 2, 1, 1, 3, 3, 3, 4, 3, 1, 2, 3, 2, 2
Haarspecht	2, 1, 1, 2, 2, 1, 2, 2, 3, 2, 3, 2, 2, 3, 1, 2
(Ausgestorbene Vögel)	
Kleiner Fliegenschnäpper	26,28,43,50,56,26,30,28,34,22,22,15, 2, 0,
Daunenspecht	6, 3, 3, 2, 2, 2, 3, 3, 3, 4, 2, 4, 0,
Philadelphia-Laubwürger	4, 7, 5, 8, 4, 4, 4, 4, 2, 3, 2, 3, 2, 2, 0,
Winterzaunkönig	1, 1, 2, 1, 3, 6, 2, 5, 1, 0,
Einsiedlerdrossel	6, 8, 7, 7, 4, 2, 8, 5, 4, 2, 0,
Dunkeläugiger Schneefink	8, 4, 8, 8, 2, 5, 5, 6, 2, 0,

V Die Werkzeuge

Wir beschließen dieses Buch mit einem „Werkzeugkasten“ für all jene, die selbst fraktale Modelle erstellen wollen: Kapitel 12 enthält dokumentierte Quelltexte und Beschreibungen vieler der in diesem Buch verwendeten Programme. In vielen Büchern würde Kapitel 12 als Anhang bezeichnet werden; wir nehmen es jedoch in das Buch selbst auf, um sowohl die Einfachheit der fraktalen Modellierung als auch die Bedeutung selbst durchführbarer Experimente für Studenten und Praktiker zu betonen. Der Werkzeugkasten ist also gleichzeitig das Ende des Buches und der Beginn der fraktalen Analyse eigener Daten.

12 Programme

12.1 Einführung

Wir beenden dieses Buch über „Fraktale für Anwender“ mit anschaulichen und anwendungsbereiten Programmen zur Konstruktion regulärer und zufälliger Fraktale sowie zur fraktalen Analyse von Mustern und Zeitreihen. Diese Programme wurden in den vorangegangenen Kapiteln verwendet und sind in Turbo Pascal geschrieben, um sie jedermann leicht zugänglich zu machen.

Es gibt verschiedene Programmierumgebungen, die verbreitet Anwendung finden, unter ihnen UNIX und drei Mikrocomputer-Umgebungen: Microsoft DOS auf Maschinen mit Intel-Prozessor wie dem IBM PC und Kompatiblen, das Apple-Betriebssystem auf MacIntosh-Computern sowie seit kurzem Windows auf Intel-Maschinen. Die DOS-Oberfläche verwendet Texte und Kommandos, die denen auf den meisten Mainframe- und UNIX-Terminals ähneln. Das Apple-System und Windows arbeiten mit „graphischen Benutzeroberflächen“; der Benutzer wählt und erteilt Befehle auf dem Bildschirm mit Hilfe einer Maus. Die beiden letztgenannten Umgebungen bieten im allgemeinen nutzerfreundlichere Software für Anwender, jedoch auf Kosten der Komplexität bei der Programmierung. Ein Großteil des programmiertechnischen Aufwandes für MacIntosh- und Windows-Umgebungen gilt der Schnittstelle zwischen dem Nutzer und der Software – also der Ein- und Ausgabe. Es erscheint uns günstig, Algorithmen mit Turbo Pascal-Programmen zu beschreiben, die unter dem Turbo-Editor oder DOS laufen. Um sie zu lesen, ist nur wenig oder gar keine Programmiererfahrung nötig, und der erfahrene Nutzer kann sie in effizientere (aber schwerer lesbare) Sprachen wie C übersetzen. Außerdem sollte unser Pascal-Code mit nur kleinen oder gänzlich ohne Veränderungen, außer bei den Graphikbefehlen, in den meisten Umgebungen laufen, obwohl die Programmierumgebungen auf der Ebene des Maschinencode nicht kompatibel sind.

Dieses Kapitel ist folgendermaßen aufgebaut: In Abschnitt 12.2 wird ein Programm zur Erzeugung der Kochschen Schneeflocke in allen Einzelheiten entwickelt, um eine einfache Möglichkeit zur Nutzung der Iteration zu demonstrieren. Zum Vergleich ist ein Programm für die zufällige Kochsche Schneeflocke aus Abschnitt 2.4 enthalten. Um dieses Kapitel relativ kurz zu halten, sind die darauffolgenden Abschnitte weniger ausführlich. Abschnitt 12.3 enthält Programme für zwei zelluläre Automaten, nämlich das eindimensionale Spiel des Lebens als eines der einfachsten Beispiele (siehe Abschnitt 7.2), und das Bak-Tang-Weisenfeldsche Sandkasten-Modell (siehe Abschnitt 8.2). Ein Programm für Zufallsbewegungen in Abschnitt 12.4 und für Mandelbrot-Weierstraß-Fraktale in Abschnitt 12.5 soll die Zufallsfraktale illustrieren. Abschnitt 12.6 enthält Programme zur fraktalen Analyse von Mustern, angefangen mit einem Programm zur Anpassung hyperbolischer Verteilungen mit Hilfe logarithmischer Transformationen und der linearen Regression (siehe Abschnitt 2.6 und Kapitel 6). In Abschnitt 12.7 befinden sich Programme zur fraktalen Analyse von Zeitreihen, und einige zusätzliche Programme sind in Abschnitt 12.8 enthalten.

12.2 Rekursion und Iteration

Die Kochsche Schneeflocke ist typisch für die durch Rekursion und Iteration konstruierten Fraktale. Ihre Konstruktion veranschaulicht zugleich die Skaleninvarianz und die markanten Unterschiede zwischen fraktalen Kurven und den glatten und polygonen Kurven der Euklidischen Geometrie. Die „klassische" Kochsche Schneeflocke ist in gewissem Sinne der Grenzwert eines iterativen Vorgangs, der mit einem gleichseitigen Dreieck beginnt. Jeder Iterationsschritt wird konstruiert, indem jede Seite der jeweils vorangegangenen Figur durch einen vierseitigen Polygonzug, die sogenannte Erzeugende, ersetzt wird. Die Länge jeder Seite der Erzeugenden beträgt ein Drittel vom Abstand zwischen den Endpunkten der Erzeugenden oder, damit gleichbedeutend, zwischen den Endpunkten der Linie, die sie ersetzt. Die Erzeugende besitzt drei Knicke, die wir mit „60° nach links", dann „120° nach rechts" und schließlich noch einmal „60° nach links" beschreiben und einfach mit „L, R, L" bezeichnen (siehe Abbildung 12.1). In dieser Sprache wird die erste Stufe der Kochschen Schneeflocke, ein gleichseitiges Dreieck, durch die Folge R, R, R repräsentiert. Um dies zu zeichnen, wählen wir eine Einheitslänge s, einen Anfangspunkt und eine Anfangsrichtung. Dann führen wir folgenden Vorgang, ausgehend vom Anfangspunkt, dreimal aus:

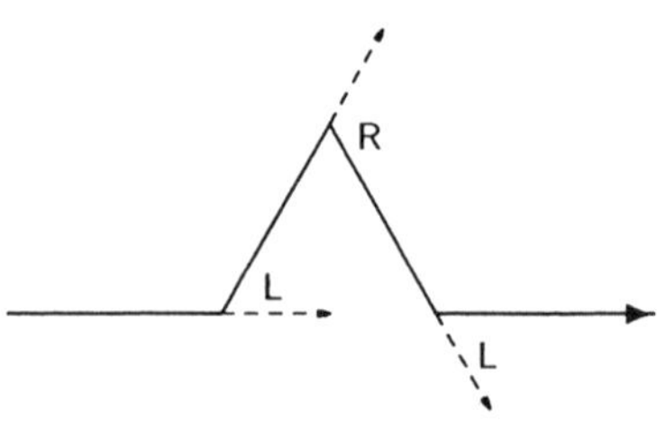

Abb. 12.1 Die Erzeugende der Kochschen Schneeflocke. Beim Durchlaufen der Erzeugenden von links nach rechts führt man in den mit L bezeichneten Punkten Drehungen um 60° nach links und in den mit R bezeichneten Drehungen um 120° nach rechts aus.

begin
  zeichne eine Strecke der Länge s;
  drehe nach rechts um 120°;
end. (12.1)

Um die zweite Stufe zu konstruieren, setzen wir die Zugfolge „L, R, L" vor jedes „R" in der ursprünglichen Folge und multiplizieren die Anfangslänge mit $\frac{1}{3}$. Dies ergibt eine neue Folge

$$\text{L, R, L, } \underline{\text{R}}\text{, L, R, L, } \underline{\text{R}}\text{, L, R, L, } \underline{\text{R}}\text{,} \tag{12.2}$$

in der die Originalfolge aus drei Zügen unterstrichen wurde. Diese Stufe kann gezeichnet werden, indem die Folge (12.2) gelesen und folgender Vorgang 12mal ausgeführt wird:

begin
  zeichne eine Strecke der Länge s;
  drehe nach rechts um 120° oder nach links um 60°,
  wie in Folge (12.2) angegeben;
end. (12.3)

Diese Strategien lassen sich ohne weiteres zu einem Programm zum Zeichnen einer Kochschen Schneeflocke verarbeiten. Unser Programm arbeitet nicht mit Rekursion, sondern mit Iteration, um es für den Leser mit wenig Programmiererfahrung zugänglicher zu machen.

12.2.1 Programm „koch"

```
program koch;                    (* zeichnet 4 Stufen der Kochschen
                                 Schneeflocke *)

uses
 graph, crt;                     (* Kommando von Turbo Pascal, um
                                 benötigte Module in das kompilierte
                                 Programm aufzunehmen. *)

var
 turns, oldturns : array [1..192] of char;
                                 (* Speicherung der oben beschriebenen
                                 Zugfolgen *)
 stage : integer;
```

```
 numturns : integer;              (* Anzahl der Züge im aktuellen
                                  Schritt *)
 s : integer;                     (* Seitenlänge im aktuellen Schritt *)
 i, j : integer;
 direction: real;                 (* aktuelle Richtung in Grad, von der
                                  positiven x-Achse entgegen dem
                                  Uhrzeigersinn gezählt *)
 u, v, uold, vold : real;         (* Koordinaten für die graphische
                                  Darstellung *)
 gd, gm : integer;                (* für die Initialisierung der
                                  Graphik *)

procedure drawstage;              (* zeichnet eine Stufe der
                                  Schneeflocke *)

 begin
  gd := 0;
  gm := 0;                        (* automatische Auswahl von
                                  Graphiktreiber und -modus *)
  initgraph(gd, gm, 'BGI-Pfad');  (* initialisiert den Graphikmodus und
                                  löscht den Bildschirm; für BGI-Pfad
                                  den Pfad einsetzen, in dem Ihre
                                  BGI-Treiber stehen *)

  (* Beschreibung des Anfangspunktes und der Anfangsrichtung: *)
  uold := 320;
  vold := 390;
  direction := 4*pi/3;

  (* Konstruktion und Zeichnen der Linien: *)
  setcolor(white);                (* Farbe Weiß für nachfolgende Graphik
                                  *)
  for i := 1 to numturns do       (* i bezeichnet die Nummer der Linie
                                  *)
   begin
    u := uold + s * cos(direction);
    v := vold + s * sin(direction);
    line(round(uold), round(vold), round(u), round(v));
                                  (* Linie von (uold,vold) nach (u,v) *)


    (* Vorbereitung auf die nächste Linie: *)
    uold := u;
    vold := v;
    if turns[i] = 'L'
     then direction := direction - pi/3
```

```
                                     (* Drehung um 60 Grad nach links *)
     else direction := direction + 2*pi/3;
                                     (* Drehung um 120 Grad nach rechts *)
   end;                              (* for i := 1 to numturns *)
 end;                                (* Prozedur drawstage *)

begin                                (* Hauptprogramm *)

 writeln('Das Programm zeichnet 4 Stufen der Schneeflocke.');
 write('Drücken Sie ENTER, ');
 writeln('um die jeweils nächste Stufe zu zeichnen.');
 writeln('Drücken Sie ENTER, um zu beginnen.');
 readln;

 (* Zuerst Beschreibung von Stufe 0: *)
 numturns := 3;
 for i := 1 to numturns do
  turns[i] := 'R';
 s := 324;                           (* so gewählt, daß s/3, s/9 und s/27
                                     ganze Zahlen sind *)

 drawstage;
 readln;                             (* warten auf Eingabe ENTER, um
                                     fortzusetzen *)

 for stage := 1 to 3 do begin
   for i := 1 to numturns do
    oldturns[i] := turns[i];         (* Liste der Züge speichern *)

   (* Konstruktion der aktuellen Zugliste nach obiger Beschreibung: *)
   j := 1;
   for i := 1 to numturns do
    begin                            (* Einsetzen von L, dann R, dann L vor
                                     oldturns[i] *)
     turns[j] := 'L';
     j := j + 1;
     turns[j] := 'R';
     j := j + 1;
     turns[j] := 'L';
     j := j + 1;
     turns[j] := oldturns[i];
     j := j + 1;
    end;                             (* for i := 1 to numturns *)

   (* Reskalierung: *)
   numturns := 4 * numturns;
```

```
    s := s div 3;
    drawstage;
    readln;                        (* warten auf Eingabe, um
                                   fortzusetzen *)

  end;                             (* for stage := 1 to 3 *)
  closegraph;
end.                               (* Hauptprogramm *)
```

Eine Kochsche Schneeflocke ist in Abbildung 2.1 in Kapitel 2 dargestellt.

12.2.2 Variationen

1. Sowohl der Anfangsschritt als auch die Erzeugende können variiert werden.
2. Man kann eine zufällige Kochsche Schneeflocke folgendermaßen konstruieren: Als Anfangsstadium verwende man eine Strecke. Dann definiere man eine zweite Erzeugende „R0, L0, R0" als Spiegelbild der ersten, indem R0 eine Drehung um 60° nach rechts und L0 eine Drehung um 120° nach links bezeichnen soll. Diese Erzeugende ist das Spiegelbild der ersten. Der oben abgedruckte Programmcode läßt sich ohne weiteres abändern, so daß er eine zufällige Kochsche Schneeflocke zeichnet (siehe Abbildung 2.5).

12.2.3 Programm „randomkoch"

```
program randomkoch;                (* zeichnet 4 Stufen einer zufälligen
                                   Kochschen Schneeflocke *)

uses
 graph, crt;

var
 turns, oldturns : array [1..192] of string[2];
                                   (* Speicherung der oben beschriebenen
                                   Zugfolgen *)
 stage : integer;
 numturns : integer;               (* Anzahl der Züge im aktuellen
                                   Schritt *)
 s : integer;                      (* Seitenlänge im aktuellen Schritt *)
 i, j : integer;
 direction: real;                  (* aktuelle Richtung in Grad, von der
                                   positiven x-Achse entgegen dem
```

```
                                    Uhrzeigersinn gezählt *)
 u, v, uold, vold : real;           (* Koordinaten für die graphische
                                    Darstellung *)
 temp : real;                       (* temporär *)
 gd, gm : integer;                  (* für die Initialisierung der
                                    Graphik *)

procedure drawstage;                (* zeichnet eine Stufe der
                                    Schneeflocke *)

 begin
  gd := 0;
  gm := 0;                          (* automatische Auswahl von
                                    Graphiktreiber und -modus *)
  initgraph(gd, gm, 'BGI-Pfad');    (* initialisiert den Graphikmodus und
                                    löscht den Bildschirm; für BGI-Pfad
                                    den Pfad einsetzen, in dem Ihre
                                    BGI-Treiber stehen *)

  (* Beschreibung des Anfangspunktes und der Anfangsrichtung: *)
  uold := 320;
  vold := 390;
  direction := 4*pi/3;

  (* Konstruktion und Zeichnen der Linien: *)
  setcolor(white);                  (* Farbe Weiß für nachfolgende Graphik
                                    *)
  for i := 1 to numturns do         (* i bezeichnet die Nummer der Linie
                                    *)
   begin
    u := uold + s * cos(direction);
    v := vold + s * sin(direction);
    line(round(uold), round(vold), round(u), round(v));
                                    (* Linie von (uold,vold) nach (u,v) *)


    (* Vorbereitung auf die nächste Linie: *)
    uold := u;
    vold := v;
    if turns[i] = 'L'
     then direction := direction - pi/3;
                                    (* Drehung um 60 Grad nach links *)
    if turns[i] = 'R'
     then direction := direction + 2*pi/3;
                                    (* Drehung um 120 Grad nach rechts *)
    if turns[i] = 'RO'
```

```
    then direction := direction + pi/3;
                                   (* Drehung um 60 Grad nach rechts *)
   if turns[i] = 'LO'
    then direction := direction - 2*pi/3;
                                   (* Drehung um 120 Grad nach links *)
  end;                             (* for i := 1 to numturns *)
 end;                              (* Prozedur drawstage *)

begin                              (* Hauptprogramm *)

 writeln('Das Programm zeichnet 4 Stufen der zufälligen Schneeflocke.');
 write('Drücken Sie ENTER, ');
 writeln('um die jeweils nächste Stufe zu zeichnen.');
 write('Geben Sie eine ganze Zahl (0 bis 1000) ein, ');
 writeln('um den Zufallsgenerator');
 writeln('zu initialisieren.');
 readln(j);
 for i := 1 to j do
  temp := random;
 writeln('Drücken Sie ENTER, um zu beginnen.');
 readln;

 (* Zuerst Beschreibung von Stufe 0: *)
 numturns := 3;
 for i := 1 to numturns do
  turns[i] := 'R';
 s := 324;                         (* so gewählt, daß s/3, s/9 und s/27
                                   ganze Zahlen sind *)

 drawstage;
 readln;                           (* warten auf Eingabe ENTER, um
                                   fortzusetzen *)

 for stage := 1 to 3 do  begin
   for i := 1 to numturns do
    oldturns[i] := turns[i];       (* Liste der Züge speichern *)

   (* Konstruktion der aktuellen Zugliste nach obiger Beschreibung:
   *)
   j := 1;
   for i := 1 to numturns do
    if random < 0.5 then           (* mit Wahrscheinlichkeit 0.5
                                   ursprüngliche Erzeugende verwenden *)
     begin                         (* Einsetzen von L, dann R, dann L vor
                                   oldturns[i] *)
      turns[j] := 'L';
```

```
        j := j + 1;
        turns[j] := 'R';
        j := j + 1;
        turns[j] := 'L';
        j := j + 1;
        turns[j] := oldturns[i];
        j := j + 1;
       end                          (* for i := 1 to numturns *)

      else                          (* gespiegelte Erzeugende verwenden *)
       begin                        (* Einsetzen von RO, dann LO, dann RO
                                    vor oldturns[i] *)
        turns[j] := 'RO';
        j := j + 1;
        turns[j] := 'LO';
        j := j + 1;
        turns[j] := 'RO';
        j := j + 1;
        turns[j] := oldturns[i];
        j := j + 1;
       end;                         (* for i := 1 to numturns *)

     (* Reskalierung: *)
     numturns := 4 * numturns;
     s := s div 3;
     drawstage;
     readln;                        (* warten auf Eingabe, um
                                    fortzusetzen *)

   end;                             (* for stage := 1 to 3 *)

   closegraph;

end.                                (* Hauptprogramm *)
```

12.3 Evolution und zelluläre Automaten

Die nächsten beiden Programme sollen das eindimensionale Spiel des Lebens aus Abschnitt 7.2 und das in Abschnitt 8.2 beschriebene Sandkastenmodell veranschaulichen.

12.3.1 Programm zum Spiel des Lebens („cellauto“)

```
program cellauto;                (* Stellt das eindimensionale Spiel
                                 des Lebens, einen einfachen
                                 totalistischen zellulären Automaten,
                                 vor. *)

uses
 crt, graph;

var
 i, j, k, l : integer;
 state, newstate : array[0..639] of integer;
                                 (* state[i] ist der momentane Zustand
                                 des zellulären Automaten an der Stelle
                                 x = i, newstate[i] ist der nächste
                                 Zustand an der Stelle i; alle Zustände
                                 werden parallel aktualisiert. *)
 init : char;                    (* Auswahl zufälliger oder
                                 deterministischer Anfangsbedingungen
                                 *)
 sum : integer;
 gd, gm : integer;               (* für die Initialisierung der Graphik
                                 *)

begin
 (* Initialisierung *)
 writeln('Das eindimensionale Spiel des Lebens.');
 write('Geben Sie ');
 highvideo;write('R');normvideo;
 write(' ein, um mit ');
 highvideo;write('zufälligem');normvideo;
 writeln(' Anfangszustand zu beginnen;');
 write('geben Sie ');
 highvideo;write('D');normvideo;
 write(' für einen ');
 highvideo;write('vorgegebenen');normvideo;
 writeln(' Anfangszustand ein.');
 readln(init);
 write('Drücken Sie am Schluß ENTER, um den Bildschirm ');
 writeln('zu löschen.');
 writeln('Drücken Sie ENTER, um zu beginnen.');
 readln;                         (* beginnen nach ENTER *)

 gd := 0;
```

```
gm := 0;                            (* automatische Auswahl von
                                    Graphiktreiber und -modus *)
initgraph(gd, gm, 'BGI-Pfad');      (* schaltet den Bildschirm auf
                                    Graphikmodus; für BGI-Pfad den Pfad
                                    einsetzen, in dem Ihre BGI-Treiber
                                    stehen *)
for i := 0 to 639 do                (* Zustandsfelder initialisieren, *)
 begin                              (* alles null außer einigen *)
  state[i] := 0;                    (* Positionen weiter unten *)
  newstate[i]:=0;
 end;
if ((init = 'R') or (init = 'r')) then
                                    (* zufälliger Anfangszustand *)
 begin
  randomize;
  for i := 0 to 639 do
   if random < 0.25 then state[i] := 1;
 end
 else
  state[320] := 1;

(* 480 Zeitschritte ausführen und darstellen *)
for i := 1 to 638 do
 putpixel(i, 0, state[i]);          (* siehe Bemerkung über
                                    Randbedingungen unten *)
for j := 1 to 479 do                (* Zeit j läuft von 1 bis 479 *)
 begin
  for i := 1 to 638 do              (* verwendet toroidale
                                    Randbedingungen, so daß die Position 0
                                    der Position 638 und die 1 der 639
                                    entspricht *)
    begin                           (* CA-Regel anwenden, siehe Abschnitt
                                    7.1 *)
     sum := state[i-1] + state[i] + state[i+1];
     if ((sum = 2) or (sum = 1)) then
      newstate[i] := 1
     else newstate[i] := 0;
     putpixel(i, j, newstate[i]);
    end;
  for i := 1 to 638 do              (* newstate-Feld in state-Feld
                                    kopieren *)
   state[i] := newstate[i];
  state[0] := newstate[638];        (* toroidale Randbedingungen anwenden
                                    *)
  state[639] := newstate[1];
 end;
```

```
 readln;                          (* um Bildschirm zu löschen *)
 closegraph;

end.
```

12.3.2 Programmfragment zum Sandkastenmodell

```
program sandbox;                  (* Der Leser sollte eine geeignete
                                  Ausgabe -- auf den Bildschirm oder in
                                  eine Datei -- ergänzen. *)

uses
 crt;

var
 i, j, k, l : integer;
 size : integer;
 z : array[1..64, 1..64] of integer;
                                  (* Feld für Zustände *)
 dz : array[0..65, 0..65] of integer;
                                  (* Feld für Zustandsänderungen,
                                  enthält auch den Rand des
                                  Zustandsfeldes. *)
 searchsize : integer;
 maxtime : integer;
 dropflag : integer;

procedure redistribute;           (* Sand streuen, nachdem die Energie
                                  zu groß wird *)
 begin
  dz[j, k] := -4;
  dz[j+1, k] := 1;
  dz[j-1, k] := 1;
  dz[j, k+1] := 1;
  dz[j, k-1] := 1;
 end;                             (* Prozedur redistribute *)

begin                             (* Hauptprogramm *)

 writeln('Simulation des Sandkastenmodells.');
 writeln('Geben Sie die Größe ein:');
 readln(size);
 writeln('Geben Sie die Schrittzahl ein:');
```

```
readln(maxtime);

for i := 1 to size do
 for j := 1 to size do
  z[i, j] := 0;
for i := 0 to size+1 do
 for j := 0 to size+1 do
  dz[i, j] := 0;

for i := 1 to maxtime do
 begin
  (* Sand fallenlassen: *)
  j := trunc(size * random) + 1;
  k := trunc(size * random) + 1;
  z[j, k] := z[j, k] + 1;

  (* Kollaps? *)
  if z[j, k] > 3 then
   begin
    redistribute;

    (* Der Sandlawine folgen: *)
    dropflag := 1;                   (* Sand fallengelassen *)
    repeat
     dropflag := 0;                  (* Flagge zurücksetzen *)
     for j := 1 to size do
      for k := 1 to size do
       z[j, k] := z[j, k] + dz[j, k];
     for j := 0 to size+1 do
      for k := 0 to size+1 do
       dz[j, k] := 0;
     for j := 1 to size do
      for k := 1 to size do
       if z[j, k] > 3 then
        begin
         dropflag := 1;
         redistribute;
        end;                         (* if z[j, k] > 3 *)
    until dropflag = 0;

   end;                              (* if z[j, k] > 3 *)
 end;                                (* for i := 1 to maxtime *)

 (* Ausgabe ergänzen *)

end.
```

12.4 Zufallsbewegungen

Wir veranschaulichen als nächstes Zufallsbewegungen und ihren Diffusionsgrenzwert, die Brownsche Bewegung als Prototyp fraktaler Kurven. Bezeichnungen und die zugehörige Mathematik sind wie in Abschnitt 2.4.

12.4.1 Programm für Zufallsbewegungen („randomwalk“)

```
program randomwalk;                   (* zeichnet 3 Zufallsbewegungen *)

uses
 crt, graph;

var
 seed : integer;                      (* Startwert des Zufallsgenerators *)
 deltat, deltay : integer;            (* zeitliche und räumliche
                                      Schrittweiten *)
 t, y, oldt, oldy : integer;          (* Koordinaten des Punktes der
                                      Zufallsbewegung in Raum und Zeit *)
 steps : integer;                     (* Schrittzahl der Zufallsbewegung *)
 i, j : integer;
 gd, gm : integer;

begin
 (* Initialisierung *)
 writeln('Das Programm zeichnet 3 Zufallsbewegungen.');
 write('Drücken Sie nach Beendigung ENTER, ');
 writeln('um den Bildschirm zu löschen.');
 writeln('Geben Sie eine ganze Zahl (1 bis 32767) ein, um den');
 writeln('Zufallsgenerator zu initialisieren:');
 readln(seed);
 steps := 16;
 deltat := 32;
 deltay := 16;

 gd := 0;
 gm := 0;
 initgraph(gd, gm, 'BGI-Pfad');       (* für BGI-Pfad den Pfad einsetzen,
                                      in dem Ihre BGI-Treiber stehen *)
 for i := 1 to 3 do                   (* 3 Zufallsbewegungen zeichnen *)
  begin                             (* diese Zufallsbewegung konstruieren *)
```

```
  randseed := seed;                (* damit jede Bewegung mit einer
                                   reskalierten Version der jeweils
                                   vorhergehenden beginnt *)
  oldt := 64;
  oldy := 240;
  setcolor(i);                     (* für diese Zufallsbewegung Farbe i
                                   verwenden *)
  for j := 1 to steps do
   begin
    t := oldt + deltat;
    if random < 0.5
     then y := oldy - deltay       (* auf- oder abwärts mit jeweils der
                                   Wahrscheinlichkeit 0.5 *)
     else y := oldy + deltay;
    line(oldt, oldy, t, y);        (* Linie von (oldt,oldy) nach (t,y)
                                   zeichnen *)
    oldt := t;
    oldy := y;
   end;

  (* Reskalierung für nächste Zufallsbewegung und Veranschaulichung
  des Diffusionsgrenzwertes: *)
  deltay := deltay div 2;
  deltat := deltat div 4;          (* so daß deltay**2/deltat = const *)
  steps := 4 * steps;
 end;                              (* for i := 1 to 3 *)
readln;                            (* auf Eingabe warten, um Bildschirm
                                   zu löschen *)
closegraph;
end.
```

12.5 Mandelbrot-Weierstraß-Fraktale

Die in Abschnitt 5.6 beschriebenen Mandelbrot-Weierstraß-Fraktale (Berry und Lewis 1980) bieten die schnellste Möglichkeit der Erzeugung zufälliger fraktaler Kurven und Flächen. Es folgen nun Programme, die zufällig ausgewählte Approximationen an Mandelbrot-Weierstraß-Fraktale mit bestimmten Hurst-Exponenten erzeugen.

12.5.1 Programm für Mandelbrot-Weierstraß-Fraktale unter Verwendung der diskreten Fourier-Transformation („mwfractal")

```
program mwfractal;
  (* zeichnet Mandelbrot-Weierstraß-Fraktale in einer Dimension --
  Demonstrationsversion unter Verwendung der diskreten anstelle der
  schnellen Fourier-Transformation *)

uses
 crt, graph;

var
 y : array[0..639] of real;         (* Bildschirmkoordinaten *)
 i, j : integer;
 h : real;                          (* Hurst-Exponent *)
 hplus : real;                      (* Hurst-Exponent plus 1/2 *)
 terms : integer;                   (* höchste Frequenz im Spektrum,
                                    höchstens 256 *)
 a, p : array[1..256] of real;      (* Amplituden und Phasen des
                                    Spektrums *)
 ymax : real;                       (* maximales y zur Skalierung des
                                    Bildes *)
 scale : real;                      (* zur Skalierung des Bildes *)
 temp : real;                       (* temporäre reelle Zahl *)
 twopidiv : real;                   (* 2*pi/640, um einen vollständigen
                                    Zyklus auf dem 640 Pixel breiten
                                    Bildschirm darzustellen *)
 gd, gm : integer;

begin
 (* Initialisierung *)
 twopidiv := 2 * pi / 640;          (* pi ist in Turbo Pascal eine
                                    vordefinierte Konstante *)
 writeln('Das Programm zeichnet ein Mandelbrot-Weierstraß-Fraktal.');
 write('Wählen Sie einen Hurst-Exponenten zwischen ');
 writeln('0 (grob) und 1 (glatt).');
 readln(h);
 hplus := h + 0.5;                  (* um die Berechnung des Spektrums zu
                                    vereinfachen *)
 writeln('Wählen Sie eine höchste Frequenz (höchstens 256).');
 write('Das Programm läuft langsam, wenn die höchste Frequenz ');
 writeln('16 überschreitet. ');
```

```
writeln('Die FFT-Version "fftmwfractal" ist schneller.');
readln(terms);
write('Geben Sie eine ganze Zahl (0 bis 1000) ein, ');
writeln('um den Zufallsgenerator');
writeln('zu initialisieren.');
readln(j);
for i := 1 to j do
 temp := random;
writeln('Das Programm zeichnet nun das Fraktal.');
write('Drücken Sie ENTER, um am Schluß ');
writeln('den Bildschirm zu löschen und zu beenden.');
writeln('Drücken Sie ENTER, um zu beginnen.');
readln;                          (* beginnen nach ENTER *)

(* Erzeugung des Spektrums *)
for i := 1 to terms do
 begin
  temp := 0;
  for j := 1 to 12 do            (* Erzeugung einer Probe einer
                                 Normalverteilung N(0,1) als Summe von
                                 12 unabhängigen Proben aus
                                 Gleichverteilungen *)
   temp := temp + random - 0.5;

  (* Bestimmung der Amplitude des i-ten Terms des Spektrums,
  normalverteilt mit dem Mittel 0 und der Varianz 1/(i**h) sowie
  der zufälligen Phase in der Einheit Pixel: *)
  a[i] := temp * exp(-hplus * ln (i));
  p[i] := 640 * random;
 end;

(* Erzeugung der y-Werte durch Anwendung der inversen
Fourier-Transformation: *)

ymax := 0;                       (* soll maximalen absoluten y-Wert für
                                 die Skalierung enthalten *)
for i := 0 to 639 do             (* Schleife über die x-Werte, gemessen
                                 in Pixeln *)
 begin
  y[i] := 0;
  for j := 1 to terms do
   y[i] := y[i] + a[j]*cos(twopidiv * j * (i - p[j]));
  if abs(y[i]) > ymax then ymax := abs(y[i]);
 end;

for i := 0 to 639 do             (* y auf das Intervall [-180,180]
                                 skalieren *)
```

```
 y[i] := 180 * y[i] / ymax;

(* Zeichnen des Fraktals: *)
gd := 0;
gm := 0;
initgraph(gd, gm, 'BGI-Pfad');    (* für BGI-Pfad den Pfad einsetzen, in
                                   dem Ihre BGI-Treiber stehen *)
setcolor(white);
for i := 0 to 638 do
 line(i, 240 - round(y[i]), i + 1, 240 - round(y[i+1]));
                                  (* Linie vom i-ten zum (i+1)-ten
                                  Punkt, vertikaler Mittelpunkt ist
                                  y=240, Bildschirmkoordinaten wachsen
                                  nach unten *)
readln;
closegraph;
end.
```

Anmerkung 12.1 Die Summen von zwölf gleichförmigen Zufallsvariablen sind nach dem Zentralen Grenzwertsatz näherungsweise normalverteilt. Nehmen diese Zufallsvariablen Werte aus dem Intervall $[-\frac{1}{2}, \frac{1}{2}]$ an, dann besitzt die resultierende Normalverteilung den Mittelwert 0 und die Varianz 1.

Die schnelle Fourier-Transformation wird in einem Programm für Mandelbrot-Weierstraß-Fraktale verwendet, das zwar schneller rechnet, jedoch komplizierter ist. Außerdem kann man mit Hilfe dieses Programms fraktale Zeitreihen mit bekanntem Hurst-Exponenten für Testprogramme zur fraktalen Analyse von Zeitreihen (Abschnitt 12.6) erzeugen. Hier ist der Programmcode:

12.5.2 Programm für Mandelbrot-Weierstraß-Fraktale unter Verwendung der schnellen Fourier-Transformation („fftmwfractal“)

```
program fftmwfract;
  (* zeichnet Mandelbrot-Weierstraß-Fraktale in einer Dimension
  unter Verwendung der (inversen) schnellen Fourier-Transformation *)

uses
 crt, graph;
```

```
var
 y : array[0..256] of real;         (* Bildschirmkoordinaten *)
 i, j : integer;
 h : real;                          (* Hurst-Exponent *)
 hplus : real;                      (* Hurst-Exponent plus 1/2 *)
 terms : integer;                   (* maximale Frequenz im Spektrum,
                                    höchstens 127 *)
 areal, aimag : array[1..256] of real;
                                    (* Real- und Imaginärteile des
                                    Spektrums *)
 ymax : real;                       (* maximales y zur Skalierung des
                                    Bildes *)
 scale : real;                      (* zur Skalierung des Bildes *)
 temp : real;                       (* temporäre reelle Zahl *)
 twopidiv : real;                   (* 2*pi / 256, um einen ganzen Umlauf
                                    auf die verwendete Breite von 256
                                    Pixeln zu skalieren *)

 index : array[1..256] of integer; (* für die Bit-Umkehr bei der FFT *)
 costable, sintable : array[0..256] of real;
                                    (* für die FFT *)
 outfile : text;                    (* für optionale Ausgabedatei *)
 filename : string[8];
 flag : string[2];
 gd, gm : integer;

const
 n = 256;                           (* Anzahl der Terme, Größe der FFT *)
 hn = 128;                          (* die Hälfte von n *)
 log2n = 8;                         (* Logarithmus von n zur Basis 2 *)

procedure initbitrev;               (* erzeugt ein Indexfeld für die
                                    Bit-Umkehr bei der FFT *)
 var k, l, lmax, ii, m : integer;

 begin
  index[1] := 1;
  lmax := 1;
  ii := hn;

  for k := 1 to log2n do
   begin
    for l := 1 to lmax do
     index[l+lmax] := index[l] +ii;
    ii := ii div 2;
    lmax := 2 * lmax;
   end;
```

```
 end;                               (* Prozedur initbitrev *)

procedure trigtable;
 var
  k : integer;
  angle : real;

 begin
  for k := 0 to n do
   begin
    angle := 2 * pi * k / n;
    costable[k] := cos(angle);
    sintable[k] := sin(angle);
   end;
 end;                               (* Prozedur trigtable *)

procedure transform;
 var
  i, i0, i1, j, l, p, hp, ndivp : integer;
  tempreal, tempimag : array[1..256] of real;
  c, s : real;                      (* Kosinus, Sinus *)
  t1, t2 : real;                    (* temporäre Variablen *)

 begin
  (* Zuerst Durchführung der Bit-Umkehr: *)
  for i := 1 to n do
   begin
    i0 := index[i];
    tempreal[i] := areal[i0];
    tempimag[i] := aimag[i0];
   end;
 for i := 1 to n do
  begin
   areal[i] := tempreal[i];
   aimag[i] := tempimag[i];
  end;

 (* Initialisierung einiger Variablen *)
 p := 2;
 hp := 1;
 ndivp := n div p;

 for l := 1 to log2n do
  begin
   for j := 1 to hp do
    begin
     c := costable[(j-1) * ndivp];
```

```
      s := sintable[(j-1) * ndivp];

      (* Inverse FFT: *)
      i := j;
      for i1 := 1 to ndivp do
       begin
        i0 := i + hp;
        t1 := areal[i0]*c - aimag[i0]*s;
        t2 := areal[i0]*s + aimag[i0]*c;
        areal[i0] := areal[i] - t1;
        aimag[i0] := aimag[i] - t2;
        areal[i] := areal[i] + t1;
        aimag[i] := aimag[i] + t2;
        i := i + p;
       end;                         (* for i1 := 1 to ndivp *)
     end;                           (* for j := 1 to hp *)
   hp := p;
   p := 2 * p;
   ndivp := ndivp div 2;
   end;                             (* for l := 1 to log2n *)
  end;                              (* Prozedur transform *)

begin                               (* Hauptprogramm *)

  (* Initialisierung *)
  twopidiv := 2 * pi / 256;         (* In Turbo Pascal ist pi eine
                                    vordefinierte Konstante. *)
  writeln('Das Programm zeichnet ein Mandelbrot-Weierstraß-Fraktal.');
  write('Wählen Sie einen Hurst-Exponenten zwischen ');
  writeln('0 (grob) und 1 (glatt).');
  readln(h);
  hplus := h + 0.5;                 (* um die Berechnung des Spektrums zu
                                    vereinfachen *)
  writeln('Wählen Sie eine höchste Frequenz (höchstens 127).');
  readln(terms);
  write('Geben Sie eine ganze Zahl (0 bis 1000) ein, ');
  writeln('um den Zufallsgenerator');
  writeln('zu initialisieren.');
  readln(j);
  for i := 1 to j do
   temp := random;
  writeln('Das Programm wird nun das Fraktal zeichnen.');
  write('Drücken Sie nach Beendigung ENTER, ');
  writeln('um den Bildschirm zu löschen');
  writeln('und wahlweise die y-Werte in eine Datei zu schreiben.');
  writeln('Drücken Sie ENTER, um zu beginnen.');
  readln;                           (* beginnen nach ENTER *)
```

```
(* Vorbereitung der FFT: *)
initbitrev;
trigtable;

for i := 1 to n do
 begin
  areal[i] := 0;
  aimag[i] := 0;
 end;                              (* for i := 1 to n *)

(* Erzeugung des Spektrums: *)
for i := 2 to terms+1 do
 begin
  temp := 0;
  for j := 1 to 12 do
   temp := temp + random - 0.5;
  areal[i] := temp * exp(-hplus * ln(i-1));
  temp := 0;
  for j := 1 to 12 do
   temp := temp + random - 0.5;
  aimag[i] := temp * exp(-hplus * ln(i-1));
 end;                              (* for i := 2 to terms+1 *)

(* Erzeugung der y-Werte durch Anwendung der schnellen Fourier-
Transformation. Die inverse FFT ist die konjugiert komplexe FFT,
multipliziert mit einem Skalierungsfaktor. Wir benötigen jedoch
nur den Realteil der inversen FFT. *)

transform;
ymax := 0;                         (* enthält den maximalen Absolutwert
                                   von y für die Skalierung *)
for i := 1 to n do                 (* Schleife über x-Werte, gemessen in
                                   Pixeln *)
if abs(areal[i]) > ymax
 then ymax := abs(areal[i]);

for i := 1 to n do
 y[i] := 90 * areal[i] / ymax;

(* Zeichnen des Fraktals *)
gd := 0;
gm := 0;
initgraph(gd, gm, 'BGI-Pfad');     (* für BGI-Pfad den Pfad einsetzen,
                                   in dem Ihre BGI-Treiber stehen *)
setcolor(white);
y[0] := y[n];
```

```
for i := 0 to n-1 do
 line(2*i, 2*(100 - round(y[i])), 2*(i + 1), 2*(100 - round(y[i+1])));
                                      (* Linie vom i-ten zum (i+1)-ten Punkt
                                      *)

readln;
closegraph;
writeln('Sollen die Daten in eine Datei geschrieben werden (J/N) ?');
readln(flag);
if ((flag = 'J') or (flag = 'j')) then
 begin
  writeln('Geben Sie Ihrer Ausgabedatei einen Namen.');
  readln(filename);
  writeln('ACHTUNG: DAS PROGRAMM ÜBERSCHREIBT ',filename);
  writeln('Fortsetzen (J/N) ?');
  readln(flag);
  if ((flag = 'J') or (flag = 'j')) then
   begin
    assign(outfile, filename);
    rewrite(outfile);
    for i := 1 to 256 do
     writeln(outfile, y[i]);
    writeln(outfile, -9999);
    writeln(outfile, h);
    close(outfile);
   end;
 end;

end.
```

Mandelbrot-Weierstraßsche fraktale Flächen (Funktionen von zwei Variablen) werden auf ähnliche Weise durch die Erzeugung geeigneter zweidimensionaler Spektren konstruiert, deren „Amplituden" durch die Normalverteilung

$$a_{m,n} = \mathrm{N}\left(0, \frac{c}{H^{1+2m}H^{1+2n}}\right) \tag{12.4}$$

gegeben und deren Phasen zufällig sind.

12.5.3 Programm für fraktale Flächen („mw2dfractal")

```
program mw2dfract;
  (* zeichnet Mandelbrot-Weierstraß-Fraktale in zwei Dimensionen
```

```
  unter Verwendung der (inversen) schnellen Fourier-Transformation *)

uses
 crt, graph;

var
 i, j, k, ihoriz, ivert : integer;
 h : real;                          (* Hurst-Exponent *)
 hplus : real;                      (* Hurst-Exponent plus 1/2 *)
 terms : integer;                   (* maximale Frequenz im Spektrum,
                                    höchstens 15 *)
 areal, aimag : array[1..32, 1..32] of real;
                                    (* Real- und Imaginärteile des
                                    Spektrums *)
 ymax : real;                       (* maximales y zur Skalierung des
                                    Bildes *)
 scale : real;                      (* zur Skalierung des Bildes *)
 temp : real;                       (* temporäre reelle Zahl *)
 twopidiv : real;                   (* 2*pi / 32, um einen ganzen Umlauf
                                    auf die verwendete Breite von 32
                                    Pixeln zu skalieren *)

 index : array[1..32] of integer;   (* für die Bit-Umkehr bei der FFT *)
 costable, sintable : array[0..32] of real;
                                    (* für die FFT *)

 z : array[0..32, 0..32] of real;   (* Höhe der fraktalen Fläche *)
 zmax : real;

 u, v : array[0..32, 0..32] of integer;
                                    (* Koordinaten für
                                    Bildschirmdarstellung *)
 gd, gm : integer;

const
 n = 32;                            (* Anzahl der Terme, Größe der FFT *)
 hn = 16;                           (* die Hälfte von n *)
 log2n = 5;                         (* Logarithmus von n zur Basis 2 *)

procedure initbitrev;               (* erzeugt ein Indexfeld für die
                                    Bit-Umkehr bei der FFT *)
 var k, l, lmax, ii, m : integer;

 begin
  index[1] := 1;
  lmax := 1;
  ii := hn;
```

```
  for k := 1 to log2n do
   begin
    for l := 1 to lmax do
     index[l+lmax] := index[l] +ii;
    ii := ii div 2;
    lmax := 2 * lmax;
   end;
 end;                                (* Prozedur initbitrev *)

procedure trigtable;
 var
  k : integer;
  angle : real;

 begin
  for k := 0 to n do
   begin
    angle := 2 * pi * k / n;
    costable[k] := cos(angle);
    sintable[k] := sin(angle);
   end;
 end;                                (* Prozedur trigtable *)

procedure transform;
 var
  tempareal, tempaimag : array[1..32, 1..32] of real;
  i0, i1, l, p, hp, ndivp : integer;
  c, s, r : real;                    (* Kosinus, Sinus *)
  t1, t2 : real;                     (* temporäre Variablen *)

 begin
  (* Zuerst Durchführung der Bit-Umkehr in vertikaler Richtung: *)
  for ivert := 1 to n do
   begin
    i0 := index[ivert];
    for ihoriz := 1 to n do
     begin
      tempareal[i0, ihoriz] := areal[ivert, ihoriz];
      tempaimag[i0, ihoriz] := aimag[ivert, ihoriz];
     end;
   end;

  (* Fortsetzung für horizontale Richtung: *)
  for ihoriz := 1 to n do
   begin
    i0 := index[ihoriz];
```

```
   for ivert := 1 to n do
    begin
     areal[ivert, i0] := tempareal[ivert, ihoriz];
     aimag[ivert, i0] := tempaimag[ivert, ihoriz];
    end;
  end;

(* Horizontaler Teil der FFT: *)
p := 2;
hp := 1;
ndivp := n div p;
for l := 1 to log2n do
 begin
  for j := 1 to hp do
   begin
    c := costable[(j-1) * ndivp];
    s := sintable[(j-1) * ndivp];
    i := j;
    for i1 := 1 to ndivp do
     begin
      i0 := i + hp;
      for ivert := 1 to n do
       begin
        t1 := areal[ivert, i0]*c - aimag[ivert, i0]*s;
        t2 := areal[ivert, i0]*s + aimag[ivert, i0]*c;
        areal[ivert, i0] := areal[ivert, i] - t1;
        aimag[ivert, i0] := aimag[ivert, i] - t2;
        areal[ivert, i] := areal[ivert, i] + t1;
        aimag[ivert, i] := aimag[ivert, i] + t2;
       end;                     (* Ende der ivert-Schleife *)
      i := i + p;
     end;                       (* Ende der i1-Schleife *)
   end;                         (* Ende der j-Schleife *)
  hp := p;
  p := p * 2;
  ndivp := ndivp div 2;
 end;                           (* Ende der l-Schleife *)

(* Vertikaler Teil der FFT: *)
p := 2;
hp := 1;
ndivp := n div p;
for l := 1 to log2n do
 begin
  for j := 1 to hp do
   begin
    c := costable[(j-1) * ndivp];
```

```
      s := sintable[(j-1) * ndivp];
      i := j;
      for i1 := 1 to ndivp do
       begin
        i0 := i + hp;
        for ihoriz := 1 to n do
         begin
          t1 := areal[i0, ihoriz]*c - aimag[i0, ihoriz]*s;
          t2 := areal[i0, ihoriz]*s + aimag[i0, ihoriz]*c;
          areal[i0, ihoriz] := areal[i, ihoriz] - t1;
          aimag[i0, ihoriz] := aimag[i, ihoriz] - t2;
          areal[i, ihoriz] := areal[i, ihoriz] + t1;
          aimag[i, ihoriz] := aimag[i, ihoriz] +t2;
         end;                      (* Ende der ihoriz-Schleife *)
        i := i + p;
       end;                        (* Ende der i1-Schleife *)
     end;                          (* Ende der j-Schleife *)
    hp := p;
    p := p * 2;
    ndivp := ndivp div 2;
   end;                            (* Ende der l-Schleife *)

 end;                              (* Prozedur transform *)

begin                              (* Hauptprogramm *)

 (* Initialisierung *)
 twopidiv := 2 * pi / 32;          (* In Turbo Pascal ist pi eine
                                   vordefinierte Konstante. *)
 writeln('Das Programm zeichnet eine Mandelbrot-Weierstraß-Fläche.');
 write('Wählen Sie einen Hurst-Exponenten zwischen ');
 writeln('0 (grob) und 1 (glatt).');
 readln(h);
 hplus := h + 0.5;                 (* um die Berechnung des Spektrums zu
                                   vereinfachen *)
 write('Wählen Sie eine höchste Frequenz ');
 writeln('(höchstens 15, 8 erzeugt schöne Berge).');
 readln(terms);
 write('Geben Sie eine ganze Zahl (0 bis 1000) ein, ');
 writeln('um den Zufallsgenerator');
 writeln('zu initialisieren.');
 readln(j);
 for i := 1 to j do
  temp := random;
 writeln('Das Programm zeichnet nun das Fraktal.');
 write('Drücken Sie nach Beendigung ENTER, ');
 writeln('um den Bildschirm zu löschen ');
```

```
writeln('und das Programm zu verlassen.');
writeln('Drücken Sie ENTER, um zu beginnen.');
readln;                          (* beginnen nach ENTER *)

(* Vorbereitung der FFT: *)
initbitrev;
trigtable;

for i := 1 to n do
 for j := 1 to n do
  begin    areal[i, j] := 0;
   aimag[i, j] := 0;
  end;                           (* for j := 1 to n *)

(* Erzeugung des Spektrums: *)
for i := 2 to terms+1 do
 for j := 2 to terms+1 do
  begin
   temp := 0;
   for k := 1 to 12 do
    temp := temp + random - 0.5;
   areal[i, j] := temp * exp(-hplus * ln((i-1) * (j-1)));
   temp := 0;
   for k := 1 to 12 do
    temp := temp + random - 0.5;
   aimag[i, j] := temp * exp(-hplus * ln((i-1) * (j-1)));
  end;                           (* for j := 2 to terms+1 *)

(* Erzeugung der z-Werte durch Anwendung der schnellen Fourier-
Transformation. Die inverse FFT ist die konjugiert komplexe FFT,
multipliziert mit einem Skalierungsfaktor. Wir benötigen hier jedoch
nur den Realteil der inversen FFT. *)

transform;
zmax := 0;                       (* enthält den maximalen z-Wert für
                                 die Skalierung *)
for i := 1 to n do
 for j := 1 to n do              (* Schleife über x- und y-Werte, in
                                 Pixeln *)
  if abs(areal[i, j]) > zmax
   then zmax := abs(areal[i, j]);
for i := 1 to n do
 for j := 1 to n do
  z[i, j] := 20 * areal[i, j] / zmax;

(* Wiederherstellung der Periodizität der trigonometrischen Funktionen
```

```
oder der komplexen Exponentialfunktionen für die Erzeugung des Fraktals:
*)

for j := 1 to 32 do
 z[0, j] := z[32, j];
for i := 0 to 32 do
 z[i, 0] := z[i, 32];

(* Zeichnen des Fraktals: *)
gd := 0;
gm := 0;
initgraph(gd, gm, 'BGI-Pfad');       (* für BGI-Pfad den Pfad einsetzen,
                                      in dem Ihre BGI-Treiber stehen *)
setcolor(white);
for i := 0 to 32 do
 for j := 0 to 32 do
  begin
   (* Berechnung der Koordinaten für die Bildschirmdarstellung:
   Vektorabbildung aus 3 Dimensionen in 2 Dimensionen:
   3d-Koordinaten sind (i,j,z[i,j]),
   (1,0,0) --> (-3,4) (vertikale Koordinaten wachsen nach unten),
   (0,1,0) --> (5,0),
   (0,0,1) --> (0,1).
   Es folgt dann noch eine Verschiebung. *)

   u[i, j] := round(-3*i + 5*j     + 130);
   v[i, j] := round( 4*i - z[i, j] + 20);
  end;

for i := 0 to 31 do
 for j := 0 to 32 do
  line(2*u[i, j], 2*v[i, j], 2*u[i+1, j], 2*v[i+1, j]);
for i := 0 to 32 do
 for j := 0 to 31 do
  line(2*u[i, j], 2*v[i, j], 2*u[i, j+1], 2*v[i, j+1]);

readln;
closegraph;

end.
```

Zum Schluß sei noch angemerkt, daß Mandelbrot-Weierstraß-Fraktale als „Wellen“ betrachtet werden können, die ihrerseits wieder Wellen tragen. Abbildung 12.2 veranschaulicht die Konstruktion durch Variation der Anzahl der Terme, die im oben abgedruckten Programm zur Erstellung des Mandelbrot-Weierstraß-Fraktals verwendet wurden.

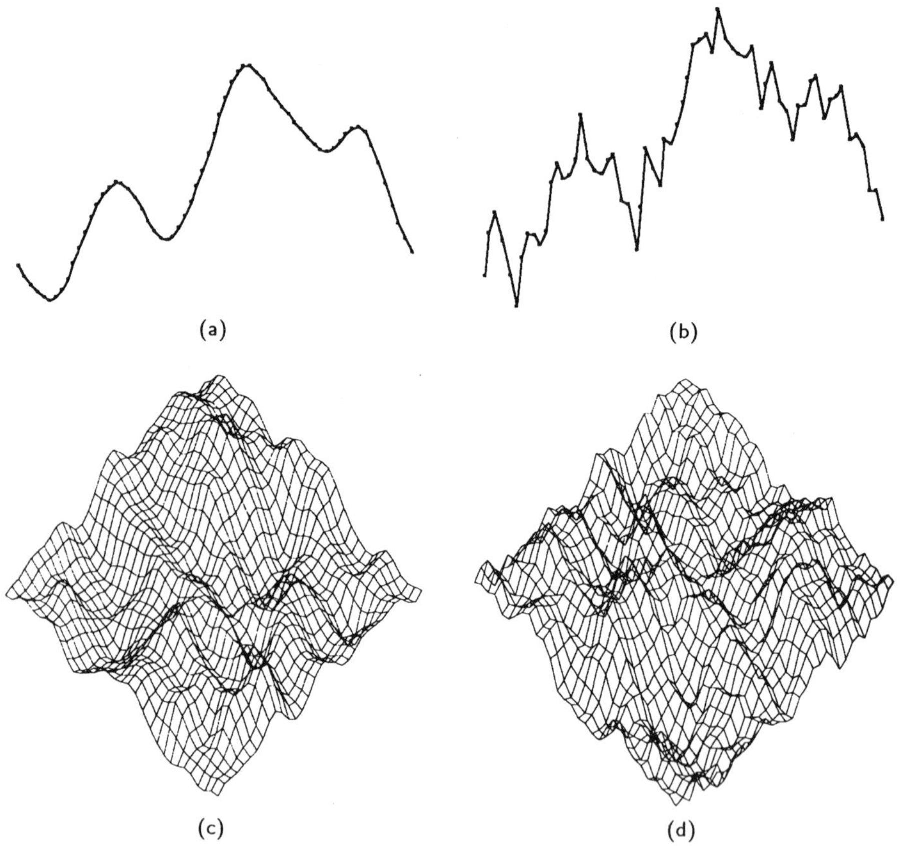

Abb. 12.2 Konstruktion eines Mandelbrot-Weierstraß-Fraktals. Oben: eindimensionale Mandelbrot-Weierstraß-Fraktale mit dem Hurst-Exponenten 0,5. Approximation mit (a) 8, (b) 31 Frequenzkomponenten. Unten: zweidimensionale Mandelbrot-Weierstraß-Fraktale mit dem Hurst-Exponenten 0,5. Approximation mit (a) 4, (b) 15 Frequenzkomponenten in jeder Richtung (insgesamt (a) 16, (b) 225).

12.6 Fraktale Analyse von Mustern

Wir wollen nun Programme entwickeln, die die Analyse von Mustern veranschaulichen sollen. Wir beginnen mit einem Modul, das in allen Programmen vorkommt und das wir *Modul zur Anpassung der hyperbolischen Verteilung* nennen wollen. Dieses Programm paßt einer Datenmenge, die in Form zweier Felder von Punkten $u[n]$ und $v[n]$ dargestellt ist, eine hyperbolische Verteilung an. Zuerst werden die Daten logarithmisch transformiert, um das Problem auf die Anpassung einer Geraden zurückzuführen. Nulldurchgang a und Anstieg b dieser Geraden werden nach den Standardverfahren der linearen Regression berechnet. Außerdem wird der Korrelationskoeffizient ρ (im Programm mit r bezeichnet) bestimmt.

12.6.1 Modul zur Anpassung der hyperbolischen Verteilung („demo“)

```
program demo;
  (* demonstriert die lineare Regression logarithmisch
  transformierter Daten für bis zu 1000 Datenpunkte *)

uses
 printer;

type
 realarray = array[1..1024] of real;
 fractname = string[24];            (* Name des Exponenten *)

var
 xx, yy : realarray;                (* Eingabefelder *)
 xvalue : real;
 k : integer;                       (* Anzahl der Punkte *)
 fractfactor : real;                (* Umrechnung des Anstiegs in den
                                    fraktalen Exponenten *)
 filename : string[16];
 infile : text;
 printflag : char;                  (* Entscheidung über Druckerausgabe *)

procedure logregress (x, y : realarray; k : integer;
 expfactor : real; expname : fractname);

 (* Berechnet den fraktalen Exponenten expname aus zwei mit 1, 2,..., k
 indizierten Feldern x[i] und y[i] reeller Zahlen und einem Faktor
 expfactor. Zuerst werden mit Hilfe der linearen Regression logarithmisch
 transformierte Daten an die Gleichung ln(y) = a + b ln(x) angepaßt und
 dadurch der Anstieg b und der Korrelationskoeffizient r berechnet. Der
 fraktale Exponent ist das Produkt aus expfactor und dem Anstieg. *)

 var
  sumx : real;                      (* Summe der x-Werte *)
  sumy : real;                      (* Summe der y-Werte *)
  sumxsq : real;                    (* Summe der x**2 *)
  sumysq : real;                    (* Summe der y**2 *)
  sumxy : real;                     (* Summe der xy *)
  a : real;                         (* Nulldurchgang der
                                    Regressionsgeraden *)
  b : real;                         (* Anstieg der Regressionsgeraden *)
  sdb : real;                       (* Standardabweichung von b *)
  r : real;                         (* Korrelationskoeffizient *)
```

```
  xbar, ybar : real;              (* mittleres x, mittleres y *)
  i : integer;

begin
  sumx := 0;
  sumy := 0;
  sumxy := 0;
  sumxsq := 0;
  sumysq := 0;

  for i := 1 to k do
   begin
    sumx := sumx + ln(x[i]);
    sumy := sumy + ln(y[i]);
    sumxy := sumxy + ln(x[i])*ln(y[i]);
    sumxsq := sumxsq + ln(x[i])*ln(x[i]);
    sumysq := sumysq + ln(y[i])*ln(y[i]);
   end;

  xbar := sumx / k;
  ybar := sumy / k;

  b := (sumxy - k*xbar*ybar) / (sumxsq - k*xbar*xbar);

  a := ybar - (b * xbar);

  r := (sumxy - k*xbar*ybar) / sqrt((sumxsq - k*xbar*xbar)
   * (sumysq - k*ybar*ybar));

  write(expname, '    ', expfactor * b);
  if printflag = 'J' then
   write(lst, expname, '    ', expfactor * b);

  if k > 4 then
   begin
    if (r*r < 1) then             (* um Probleme zu vermeiden, falls
                                  sich r zu 1+epsilon berechnet *)
     sdb := sqrt((1- r*r) * (sumysq - k*ybar*ybar)/
      ((k - 4) * (sumxsq - k*xbar*xbar)))
    else
     sdb := 0;
    writeln(' +/-  ', expfactor * sdb);
    if k < 27 then
     write('Führen Sie den t-Test mit ', k - 2);
     writeln(' Freiheitsgraden durch.');
   end
   else                           (* k<= 4 *)
```

```
   begin
    writeln;
    writeln('Standardabweichung nicht definiert.');
   end;
 writeln('Korrelationskoeffizient  ', r);

 if printflag = 'J' then
  begin                          (* Druckerausgabe *)
   if k > 4 then
    begin
     writeln(lst, ' +/-  ', expfactor * sdb);
     if k < 27 then
      write(lst, 'Führen Sie den t-Test mit ', k-2);
      writeln(lst, ' Freiheitsgraden durch.');
    end
   else                          (* k <= 4 *)
    begin
     writeln(lst);
     writeln(lst, 'Standardabweichung nicht definiert.');
    end;
   writeln(lst, 'Korrelationskoeffizient  ', r);
  end;

end;                             (* Prozedur logregress *)

begin                            (* Hauptprogramm *)

 write('Das Programm führt die Anpassung ');
 writeln('der hyperbolischen Verteilung durch.');
 writeln('Wünschen Sie eine Ausgabe über den Drucker (J/N) ?');
 readln(printflag);
 if printflag = 'j' then
  printflag := 'J';
 if printflag = 'J' then
  writeln('Bitte schalten Sie den Drucker ein.');
 write('Die Daten (höchstens 1000 Paare) werden in Zeilen der Form ');
 writeln('"x  y" eingegeben.');
 writeln('"-1  -1" bedeutet das Ende der Liste.');
 write('Sie können die Daten auch aus einer Datei einlesen. ');
 writeln('Geben Sie deren Namen ein;');
 write('geben Sie "keinname" ein, um die Daten ');
 writeln('über die Tastatur einzulesen.');

 (* Eingabe der Daten *)

 xvalue := -1;                   (* -1  ist die Flagge für das
                                 Dateiende *)
```

```
readln(filename);
if filename = 'keinname' then       (* Dateneingabe über Tastatur *)
 begin
  writeln('Geben Sie nun die Daten ein.');

  k := 1;
  repeat
   readln(xx[k], yy[k]);
   xvalue := xx[k];
   if xvalue > 0 then k := k + 1; (* ist xx[k] > 0, dann k erhöhen *)
   if k > 1002 then
    begin
     writeln('ZU VIELE DATEN.');
     writeln('Drücken Sie ENTER, um zu beenden.');
     readln;                      (* beenden nach ENTER *)
     halt;
    end;
  until (xvalue < 0);             (* negativer Wert markiert Ende der
                                  Daten *)
  k := k - 1;                     (* k wird zur Anzahl der Punkte *)
 end
else
 begin                            (* Daten aus Eingabedatei *)
  if printflag = 'J' then
   writeln(lst, filename, '    ');
  assign(infile, filename);
  reset(infile);

  k := 1;
  repeat
   readln(infile, xx[k], yy[k]);
   xvalue := xx[k];
   if xvalue > 0 then k := k + 1; (* ist xx[k] > 0, dann k erhöhen *)
   if k > 1002 then
    begin
     writeln('DATEI ZU LANG.');
     close(infile);
     writeln('Drücken Sie ENTER, um zu beenden.');
     readln;                      (* beenden nach ENTER *)
     halt;
    end;
  until (xvalue < 0);             (* negativer Wert markiert Ende der
                                  Daten *)
  close(infile);
  k := k - 1;                     (* k wird zur Anzahl der Punkte *)
 end;
```

```
 logregress (xx, yy, k, 1, 'Exponent  ');

 readln;

end.                              (* Hauptprogramm *)
```

Die Berechnung des Flächen-Umfangs-Exponenten und der resultierenden fraktalen Dimensionen, der Box- und der Clusterdimension, verläuft ähnlich. Es folgen Programme zum Flächen-Umfangs-Exponenten und zur Clusterdimension.

12.6.2 Programm zum Flächen-Umfangs-Exponenten („areaperi“)

```
program areaperi;
  (* Berechnet die fraktale Dimension der Randlinien selbstähnlicher
  Teilmengen in der Ebene. Die Dimension wird als das Doppelte des
  Flächen-Umfangs-Exponenten berechnet. Die Eingabedaten bestehen aus bis
  zu 1000 geordneten Paaren (Fläche [i], Umfang [i]) für jeweils eines
  der Objekte. *)

uses
 printer;

type
 realarray = array[1..1024] of real;
 fractname = string[24];
var
 xx, yy : realarray;              (* Fläche, Umfang *)
 xvalue : real;
 k : integer;                     (* Anzahl der Punkte *)
 fractfactor : real;              (* Umrechnung des Anstiegs in den
                                  fraktalen Exponenten *)
 filename : string[16];
 infile : text;
 printflag : char;                (* Entscheidung über Druckerausgabe *)

procedure logregress (x, y : realarray; k : integer;
 expfactor : real; expname : fractname);

 (* Berechnet den fraktalen Exponenten expname aus zwei mit 1, 2,..., k
 indizierten Feldern x[i] und y[i] reeller Zahlen und einem Faktor
```

```
expfactor. Zuerst werden mit Hilfe der linearen Regression logarithmisch
transformierte Daten an die Gleichung ln(y) = a + b ln(x) angepaßt und
dadurch der Anstieg b und der Korrelationskoeffizient r berechnet. Der
fraktale Exponent ist das Produkt aus expfactor und dem Anstieg. *)

var
 sumx : real;                        (* Summe der x-Werte *)
 sumy : real;                        (* Summe der y-Werte *)
 sumxsq : real;                      (* Summe der x**2 *)
 sumysq : real;                      (* Summe der y**2 *)
 sumxy : real;                       (* Summe der xy *)
 a : real;                           (* Nulldurchgang der
                                     Regressionsgeraden *)
 b : real;                           (* Anstieg der Regressionsgeraden *)
 sdb : real;                         (* Standardabweichung von b *)
 r : real;                           (* Korrelationskoeffizient *)
 xbar, ybar : real;                  (* mittleres x, mittleres y *)
 i : integer;

begin
 sumx := 0;
 sumy := 0;
 sumxy := 0;
 sumxsq := 0;
 sumysq := 0;

 for i := 1 to k do
  begin
   sumx := sumx + ln(x[i]);
   sumy := sumy + ln(y[i]);
   sumxy := sumxy + ln(x[i])*ln(y[i]);
   sumxsq := sumxsq + ln(x[i])*ln(x[i]);
   sumysq := sumysq + ln(y[i])*ln(y[i]);
  end;

 xbar := sumx / k;
 ybar := sumy / k;

 b := (sumxy - k*xbar*ybar) / (sumxsq - k*xbar*xbar);

 a := ybar - (b * xbar);

 r := (sumxy - k*xbar*ybar) / sqrt((sumxsq - k*xbar*xbar)
  * (sumysq - k*ybar*ybar));

 write(expname, '    ', expfactor * b);
 if printflag = 'J' then
```

```
  write(lst, expname, '    ', expfactor * b);

 if k > 4 then
  begin
   if (r*r < 1) then              (* um Probleme zu vermeiden, falls
                                  sich r zu 1+epsilon berechnet *)
    sdb := sqrt((1- r*r) * (sumysq - k*ybar*ybar)/
     ((k - 4) * (sumxsq - k*xbar*xbar)))
   else
    sdb := 0;
   writeln(' +/-  ', expfactor * sdb);
   if k < 27 then
    write('Führen Sie den t-Test mit ', k - 2);
    writeln(' Freiheitsgraden durch.');
  end
  else                            (* k<= 4 *)
   begin
    writeln;
    writeln('Standardabweichung nicht definiert.');
   end;
 writeln('Korrelationskoeffizient  ', r);

 if printflag = 'J' then
  begin                           (* Druckerausgabe *)
   if k > 4 then
    begin
     writeln(lst, ' +/-  ', expfactor * sdb);
     if k < 27 then
      write(lst, 'Führen Sie den t-Test mit ', k-2);
      writeln(lst, ' Freiheitsgraden durch.');
    end
   else                           (* k <= 4 *)
    begin
     writeln(lst);
     writeln(lst, 'Standardabweichung nicht definiert.');
    end;
   writeln(lst, 'Korrelationskoeffizient  ', r);
  end;

end;                              (* Prozedur logregress *)

(**********************)

begin                             (* Hauptprogramm *)

 writeln('Das Programm berechnet den Flächen-Umfangs-Exponenten.');
 writeln('Wünschen Sie eine Ausgabe über den Drucker (J/N) ?');
```

```
readln(printflag);
if printflag = 'j' then
 printflag := 'J';
if printflag = 'J' then
 writeln('Bitte schalten Sie den Drucker ein.');
writeln('Die Daten (höchstens 1000 Paare) werden in Zeilen der Form');
write('"Fläche  Umfang" eingegeben. ');
writeln('"-9999  -9999" bedeutet das Ende der Liste.');
write('Sie können die Daten auch aus einer Datei einlesen. ');
writeln('Geben Sie deren Namen ein;');
write('geben Sie "keinname" ein, um die Daten ');
writeln('über die Tastatur einzulesen.');

(* Einlesen der Daten *)

xvalue := 1;                         (* -9999  ist die Flagge für das
                                     Dateiende *)
readln(filename);
if filename = 'keinname' then        (* Dateneingabe über Tastatur *)
 begin
  writeln('Geben Sie nun die Daten ein.');

  k := 1;
  repeat
   readln(xx[k], yy[k]);
   xvalue := xx[k];
   if xvalue > 0 then k := k + 1; (* ist xx[k] > 0, dann k erhöhen *)
   if k > 1002 then
    begin
     writeln('ZU VIELE DATEN.');
     writeln('Drücken Sie ENTER, um zu beenden.');
     readln;                         (* beenden nach ENTER *)
     halt;
    end;
  until (xvalue < 0);                (* negativer Wert markiert Ende der
                                     Daten *)
  k := k - 1;                        (* k wird zur Anzahl der Punkte *)
 end
else
 begin                               (* Daten aus Eingabedatei *)
  if printflag = 'J' then
   writeln(lst, filename, '   ');
  assign(infile, filename);
  reset(infile);

  k := 1;
  repeat
```

```
      readln(infile, xx[k], yy[k]);
      xvalue := xx[k];
      if xvalue > 0 then k := k + 1; (* ist xx[k] > 0, dann k erhöhen *)
      if k > 1002 then
       begin
        writeln('DATEI ZU LANG.');
        close(infile);
        writeln('Drücken Sie ENTER, um zu beenden.');
        readln;                    (* beenden nach ENTER *)
        halt;
       end;
     until (xvalue < 0);           (* negativer Wert markiert Ende der
                                   Daten *)
     close(infile);
     k := k - 1;                   (* k wird zur Anzahl der Punkte *)
    end;

  logregress (xx, yy, k, 2, 'Dimension der Randlinie:  ');

  readln;

 end.                              (* Hauptprogramm *)
```

12.6.3 Programm zur Clusterdimension („clusterd“)

```
program clusterd;
  (* Berechnet die Cluster- (Korrelations-)dimension einer Menge aus
  bis zu 1000 Punkten in der Ebene. *)

uses
 printer;

type
 realarray = array[1..1024] of real;
 fractname = string[24];
var
 xx, yy : realarray;             (* Eingabedaten *)
 xvalue : real;                  (* Flagge für Dateiende *)
 i, j, k, l, i1, j1, tempint : integer;
 infile : text;
 filename : string[16];
 number, lognumber : array[-32..31] of real;
                                 (* Anzahl der Punkte innerhalb der
```

```
                                      Entfernung 2**(i/2) von einem
                                      typischen Punkt sowie Logarithmus
                                      dieser Zahl *)
 temp : real;
 small, big : integer;                (* Schranken für den
                                      Skalierungsbereich *)
 rptflag : string[2];                 (* für die Wiederholung der Regression
                                      über einem anderen Skalierungsbereich
                                      *)
 printflag : char;                    (* Entscheidung über Druckerausgabe *)

procedure regress (small, big : integer; expfactor : real;
 expname : fractname);

 (* Modifikation der Prozedur logregress aus anderen Programmen zu
 fraktalen Exponenten *)

 (* Berechnet den fraktalen Exponenten "Clusterdimension" aus einem Feld
 distance[n], das die kumulative Anzahl von Punkten innerhalb der
 Entfernung 2**(n/2) von einem typischen Punkt enthält. Zuerst wird den
 Daten mit Hilfe der linearen Regression die Gleichung lognumber = a + bn
 angepaßt und dabei der Anstieg b und der Korrelationskoeffizient r
 berechnet. Der fraktale Exponent ist das Produkt aus expfactor und dem
 Anstieg. *)

 var
  sumx : real;                        (* Summe der x-Werte *)
  sumy : real;                        (* Summe der y-Werte *)
  sumxsq : real;                      (* Summe der x**2 *)
  sumysq : real;                      (* Summe der y**2 *)
  sumxy : real;                       (* Summe der xy *)
  a : real;                           (* Nulldurchgang der
                                      Regressionsgeraden *)
  b : real;                           (* Anstieg der Regressionsgeraden *)
  sdb : real;                         (* Standardabweichung von b *)
  r : real;                           (* Korrelationskoeffizient *)
  xbar, ybar : real;                  (* mittleres x, mittleres y *)
  i : integer;

 begin
  sumx := 0;
  sumy := 0;
  sumxy := 0;
  sumxsq := 0;
  sumysq := 0;

  for i := small to big do
```

```
  begin
   sumx := sumx + i;
   sumy := sumy + lognumber[i];
   sumxy := sumxy + i*lognumber[i];
   sumxsq := sumxsq + i*i;
   sumysq := sumysq + lognumber[i]*lognumber[i];
  end;

 k := big - small +1;
 xbar := sumx / k;
 ybar := sumy / k;

 b := (sumxy - k*xbar*ybar) / (sumxsq - k*xbar*xbar);

 a := ybar - (b * xbar);

 r := (sumxy - k*xbar*ybar) / sqrt((sumxsq - k*xbar*xbar)
  * (sumysq - k*ybar*ybar));

 write(expname, '    ', expfactor * b);
 if printflag = 'J' then
  write(lst, expname, '    ', expfactor * b);

 if k > 4 then
  begin
   if (r*r < 1) then              (* um Probleme zu vermeiden, falls
                                     sich r zu 1+epsilon berechnet *)
    sdb := sqrt((1- r*r) * (sumysq - k*ybar*ybar)/
     ((k - 4) * (sumxsq - k*xbar*xbar)))
   else
    sdb := 0;
   writeln(' +/-   ', expfactor * sdb);
   if k < 27 then
    write('Führen Sie den t-Test mit ', k - 2);
    writeln(' Freiheitsgraden durch.');
  end
  else                               (* k<= 4 *)
   begin
    writeln;
    writeln('Standardabweichung nicht definiert.');
   end;
 writeln('Korrelationskoeffizient   ', r);

 if printflag = 'J' then
  begin                              (* Druckerausgabe *)
   if k > 4 then
    begin
```

```
     writeln(lst, ' +/-  ', expfactor * sdb);
     if k < 27 then
      write(lst, 'Führen Sie den t-Test mit ', k-2);
      writeln(lst, ' Freiheitsgraden durch.');
    end
   else                          (* k <= 4 *)
    begin
     writeln(lst);
     writeln(lst, 'Standardabweichung nicht definiert.');
    end;
   writeln(lst, 'Korrelationskoeffizient   ', r);
  end;

 end;                            (* Prozedur regress *)

(*********************)

begin                            (* Hauptprogramm *)

 write('Das Programm berechnet die Clusterdimension ');
 writeln('einer Verteilung von Punkten.');
 writeln('Wünschen Sie eine Ausgabe über den Drucker (J/N) ?');
 readln(printflag);
 if printflag = 'j' then
  printflag := 'J';
 if printflag = 'J' then
  writeln('Bitte schalten Sie den Drucker ein.');
 write('Die Koordinaten (höchstens 1000 Paare) werden in Zeilen ');
 writeln('der Form "x  y"');
 writeln('eingegeben. "-9999  -9999" bedeutet das Ende der Liste.');
 write('Sie können die Daten auch aus einer Datei einlesen. ');
 writeln('Geben Sie deren Namen ein;');
 write('geben Sie "keinname" ein, um die Daten ');
 writeln('über die Tastatur einzulesen.');
 readln(filename);

 (* Einlesen der Daten *)

 xvalue := -1;                   (* der Wert -9999 ist die Flagge zum
                                 Beenden *)

 if filename = 'keinname' then   (* Dateneingabe über Tastatur *)
  begin
   writeln('Geben Sie nun die Daten ein.');

   k := 1;
   repeat
```

```
    readln(xx[k], yy[k]);
    xvalue := xx[k];
    if xvalue > -9998 then k := k + 1;
    if k > 1002 then
     begin
      writeln('ZU VIELE DATEN.');
      writeln('Drücken Sie ENTER, um zu beenden.');
      readln;                      (* beenden nach ENTER *)
      halt;
     end;
   until (xvalue < -9998);         (* markiert das Ende der Daten *)
   k := k - 1;                     (* k wird zur Anzahl der Punkte *)
  end
 else
  begin                            (* Daten aus Eingabedatei *)
   if printflag = 'J' then
    writeln(lst, filename, '   ');
   assign(infile, filename);
   reset(infile);

   k := 1;
   repeat
    readln(infile, xx[k], yy[k]);
    xvalue := xx[k];
    if xvalue > -9998 then k := k + 1;
    if k > 1002 then
     begin
      writeln('DATEI ZU LANG.');
      close(infile);
      writeln('Drücken Sie ENTER, um zu beenden.');
      readln;                      (* beenden nach ENTER *)
      halt;
     end;
   until (xvalue < -9998);         (* markiert das Ende der Daten *)
   close(infile);
   k := k - 1;                     (* k wird zur Anzahl der Punkte *)
  end;
 writeln('Sie haben ',k, ' Punkte eingegeben.');

 for i := -32 to 31 do
  begin
   number[i] := 0;
   lognumber[i] := -999999.0;
  end;
 for i := 1 to k do
  for j := 1 to i-1 do
   begin
```

```
    temp := (xx[i] - xx[j]) * (xx[i] - xx[j])
     + (yy[i] - yy[j]) * (yy[i] - yy[j]);
    if temp > 0 then
     begin
      temp := ln(temp) / ln(2);     (* Logarithmus des Abstandsquadrats
                                    zur Basis 2 oder Logarithmus des
                                    Abstands zur Basis Wurzel aus 2 *)
      l := trunc(temp);
      if ((l >= -32) and (l <= 31)) then
       number[l] := number[l] + 2/k;
     end;
  end;

write('Es wird die Anzahl von Punkten in jeder der ');
writeln('Entfernungsklassen bezügl.');
write('eines typischen Punktes angegeben. Entfernungsklasse i ');
writeln('bedeutet:');
write('innerhalb des Abstands 2^(i/2). Achten Sie bei der ');
writeln('Berechnung der');
writeln('Skalierungsdimension darauf, welche Klassen besetzt sind.');
write('Die Daten erscheinen auf mehreren Bildschirmen ');
writeln('und dem Drucker.');
write('Drücken Sie ENTER, wenn Sie einen Bildschirm ');
writeln('zuende gelesen haben.');
writeln;
writeln('Entfernungsklasse,  Anzahl');
if printflag = 'J' then
 writeln(lst, 'Entfernungsklasse,  Anzahl');

for i := -31 to -10 do
 begin
  number[i] := number[i] + number[i-1];
  if ((number[i] > 0) and
   ((number[i] <> number[i-1]) or (number[i-1] < k - 1.9)))
                                    (* falls die Größenklasse nicht leer
                                    und das System nicht gesättigt ist *)
   then
   begin
    writeln(i, '    ', number[i]);
    if printflag = 'J' then
     writeln(lst, i, '    ', number[i]);
    lognumber[i] := 2 * ln(number[i]) / ln(2);
                                    (* Logarithmus zur Basis Wurzel aus 2
                                    *)
   end;
 end;
writeln('Drücken Sie ENTER, um fortzusetzen.');
```

```
readln;                              (* um fortzusetzen *)

for i := -9 to 11 do
 begin
  number[i] := number[i] + number[i-1];
  if ((number[i] > 0) and
   ((number[i] <> number[i-1]) or (number[i-1] < k - 1.9)))
    then
   begin
    writeln(i, '    ', number[i]);
    if printflag = 'J' then
     writeln(lst, i, '    ', number[i]);
    lognumber[i] := 2 * ln(number[i]) / ln(2);
                                     (* Logarithmus zur Basis Wurzel aus 2
                                     *)
   end;
 end;
writeln('Drücken Sie ENTER, um fortzusetzen.');
readln;                              (* um fortzusetzen *)

for i := 12 to 32 do
 begin
  number[i] := number[i] + number[i-1];
  if ((number[i] > 0) and
   ((number[i] <> number[i-1]) or (number[i-1] < k - 1.9)))
    then
   begin
    writeln(i, '    ', number[i]);
    if printflag = 'J' then
     writeln(lst, i, '    ', number[i]);
    lognumber[i] := 2 * ln(number[i]) / ln(2);
                                     (* Logarithmus zur Basis Wurzel 2 *)
   end;
 end;

rptflag := 'J';
repeat
 write('Geben Sie die Schranken für die Regression, ');
 writeln('z.B. "4  11", ein.');
 writeln('Die untere Schranke muß kleiner sein als die obere.');
 readln(small, big);
 if printflag = 'J' then
  begin
   write(lst, 'Schranken der Regression: ', small, ' bis ');
   writeln(lst, big);
  end;
```

```
  regress(small, big, 1, 'Clusterdimension');

  write('Möchten Sie die Schranken ändern und die Berechnung ');
  writeln('wiederholen (J/N) ?');
  readln(rptflag);
 until ((rptflag = 'N') or (rptflag = 'n'));
end.
```

Man kann ohne weiteres eine Testversion des Programms *clusterdim* erstellen, indem man die Dateieingabe durch ein Modul zur Erzeugung zufälliger Punkte in der Ebene, etwa das folgende Programmfragment, ersetzt.

```
readln(j);                   (* Anzahl der Punkte *)
for i := 1 to j do
 begin
  x[i] := random;
  y[i] := random;
 end;
```

Solche Testversionen dienen verschiedenen Zwecken. Da eine Menge von Punkten, die zufällig aus einer gleichförmigen Verteilung auf der Ebene ausgewählt wurden, eine zu erwartende „experimentelle" Clusterdimension 2 besitzt, kann die Testversion den Computercode für die Clusterdimension und den zur Erzeugung der Daten verwendeten Zufallsgenerator testen (vgl. Marsaglia 1968; Knuth 1981). Außerdem können Programme wie dieses Fehlergrenzen für Grundannahmen erzeugen, wie etwa für die Hypothese, daß eine Punktmenge eine gleichförmig verteilte zufällige Teilmenge der Ebene ist. Bezüglich Anwendungen siehe Abschnitt 8.3 sowie Hastings u.a. (1992).

12.7 Fraktale Exponenten für Zeitreihen

Die folgenden Programme sollen die in Kapitel 4 beschriebenen Verfahren zur Berechnung des Hurst-Exponenten einer Zeitreihe veranschaulichen. Wir beginnen mit den Verfahren, die das Wachstum des Wertebereiches und des zweiten Moments verwenden.

12.7.1 Programm zum Wachstum des Wertebereichs und des zweiten Moments („hurst“)

```
program hurst;
  (* Berechnet den Hurst-Exponenten von Zeitreihen mit Hilfe von
  Algorithmen, die das Wachstum des Wertebereichs und des zweiten
  Moments verwenden. *)

uses
 printer;

type
 realarray = array[1..1024] of real;
 fractname = string[24];

var
 filename : string[80];
 infile : text;
 i, j, k, l, m : integer;
 x : realarray;                    (* für die Eingabedaten *)
 xvalue : real;                    (* auf Dateiende prüfen *)
 mom2, range : realarray;          (* zweites Moment und Wertebereich
                                   über bestimmter Zeitspanne *)
 minx, maxx : real;                (* Minimum und Maximum über bestimmter
                                   Zeitspanne *)
 printflag : char;                 (* Entscheidung über Druckerausgabe *)

procedure logregress (y : realarray; k : integer;
 expfactor : real; expname : fractname);

 (* Berechnet den fraktalen Exponenten expname aus einem mit
 1, 2,..., k indizierten Feld y[i] reeller Zahlen und einem Faktor
 expfactor. Zuerst werden mit Hilfe linearer Regression
 logarithmisch transformierte Daten an die Gleichung
 ln(y) = a + b ln(i) angepaßt und dadurch der Anstieg b und der
 Korrelationskoeffizient r berechnet. Der fraktale Exponent ist das
 Produkt aus expfactor und dem Anstieg. *)

 var
  sumx : real;                     (* Summe der x-Werte *)
  sumy : real;                     (* Summe der y-Werte *)
  sumxsq : real;                   (* Summe der x**2 *)
  sumysq : real;                   (* Summe der y**2 *)
  sumxy : real;                    (* Summe der xy *)
  a : real;                        (* Nulldurchgang der
                                   Regressionsgeraden *)
```

```
  b : real;                     (* Anstieg der Regressionsgeraden *)
  sdb : real;                   (* Standardabweichung von b *)
  r : real;                     (* Korrelationskoeffizient *)
  xbar, ybar : real;            (* mittleres x, mittleres y *)
  i : integer;

begin
  sumx := 0;
  sumy := 0;
  sumxy := 0;
  sumxsq := 0;
  sumysq := 0;

  for i := 1 to k do
   begin
    sumx := sumx + ln(i);
    sumy := sumy + ln(y[i]);
    sumxy := sumxy + ln(i)*ln(y[i]);
    sumxsq := sumxsq + ln(i)*ln(i);
    sumysq := sumysq + ln(y[i])*ln(y[i]);
   end;

  xbar := sumx / k;
  ybar := sumy / k;

  b := (sumxy - k*xbar*ybar) / (sumxsq - k*xbar*xbar);

  a := ybar - (b * xbar);

  r := (sumxy - k*xbar*ybar) / sqrt((sumxsq - k*xbar*xbar)
   * (sumysq - k*ybar*ybar));

  write(expname, '   ', expfactor * b);
  if printflag = 'J' then
   write(lst, expname, '   ', expfactor * b);

  if k > 4 then
   begin
    if (r*r < 1) then           (* um Probleme zu vermeiden, falls
                                sich r zu 1+epsilon berechnet *)
     sdb := sqrt((1- r*r) * (sumysq - k*ybar*ybar)/
      ((k - 4) * (sumxsq - k*xbar*xbar)))
    else
     sdb := 0;
    writeln('+/-  ', expfactor * sdb);
    if k < 27 then
     write('Führen Sie den t-Test mit ', k - 2);
     writeln(' Freiheitsgraden durch.');
```

```
  end
  else                              (* k<= 4 *)
   begin
    writeln;
    writeln('Standardabweichung nicht definiert.');
   end;
 writeln('Korrelationskoeffizient   ', r);

 if printflag = 'J' then
  begin                             (* Druckerausgabe *)
   if k > 4 then
    begin
     writeln(lst, '+/-   ', expfactor * sdb);
     if k < 27 then
      write(lst, 'Führen Sie den t-Test mit ', k-2);
      writeln(lst, ' Freiheitsgraden durch.');
    end
   else                             (* k <= 4 *)
    begin
     writeln(lst);
     writeln(lst, 'Standardabweichung nicht definiert.');
    end;
   writeln(lst, 'Korrelationskoeffizient   ', r);
  end;

end;                                (* Prozedur logregress *)

(***********************)

begin                               (* Hauptprogramm *)

 writeln('Das Programm berechnet den Hurst-Exponenten einer Zeitreihe.');
 writeln('Wünschen Sie eine Ausgabe über den Drucker (J/N) ?');
 readln(printflag);
 if printflag = 'j' then
  printflag := 'J';
 if printflag = 'J' then
  writeln('Bitte schalten Sie den Drucker ein.');
 write('Die Zeitreihe (höchstens 1000 Punkte) wird punktweise ');
 writeln('eingegeben.');
 writeln('"-9999" bedeutet das Ende der Liste.');
 write('Sie können die Daten auch aus einer Datei einlesen. ');
 writeln('Geben Sie deren Namen ein;');
 write('geben Sie "keinname" ein, um die Daten ');
 writeln('über die Tastatur einzulesen.');

 (* Einlesen der Daten *)
```

```
xvalue := 1;                        (* -9999  ist die Flagge für das
                                    Dateiende *)
readln(filename);
if filename = 'keinname' then       (* Dateneingabe über Tastatur *)
 begin
  writeln('Geben Sie nun die Zeitreihe ein.');

  j := 1;
  repeat
   readln(xvalue);
   if xvalue > -9999 then
    begin
     x[j] := xvalue;
     j := j + 1;
    end;
   if j > 1002 then
    begin
     writeln('ZU VIELE PUNKTE.');
     writeln('Drücken Sie ENTER, um zu beenden.');
     readln;                        (* beenden nach ENTER *)
     halt;
    end;
  until xvalue < -9998;
  j := j - 1;
  writeln('Länge der Zeitreihe: ', j);

 end
else
 begin                              (* Daten aus Eingabedatei *)
  if printflag = 'J' then
   writeln(lst, filename);
  assign(infile, filename);
  reset(infile);

  j := 1;
  repeat
   readln(infile, xvalue);
   if xvalue > -9999 then
    begin
     x[j] := xvalue;
     j := j + 1;
    end;
   if j > 1002 then
    begin
     writeln('DATEI ZU LANG.');
     close(infile);
     writeln('Drücken Sie ENTER, um zu beenden.');
     readln;                        (* beenden nach ENTER *)
```

```
      halt;
     end;
   until xvalue < -9998;
   j := j - 1;
   close(infile);
   writeln('Länge der Zeitreihe:  ', j);

  end;                             (* Modul zum Einlesen der Datei *)

 writeln('Geben Sie die maximale Zeitspanne an (am günstigsten');
 writeln('höchstens 1/4 der Anzahl von Datenpunkten).');
 readln(k);

 (* Berechnung: *)
 for i := 1 to k do                (* Variation der Zeitspanne i *)
  begin
   mom2[i] := 0;
   range[i] := 0;

   for l := 1 to j-i do            (* Variation des Anfangspunktes l *)
    begin
     (* für Wachstum des Moments: *)
     mom2[i] := mom2[i] + (x[l+i] - x[l]) * (x[l+i] - x[l]);

     (* für Wachstum des Wertebereichs: *)
     minx := x[l];
     maxx := x[l];
     for m := l+1 to l+i do
      begin
       if x[m] < minx then
        minx := x[m];
       if x[m] > maxx then
        maxx := x[m];
      end;
     range[i] := range[i] + maxx - minx;
    end;

   mom2[i] := mom2[i] / (j-i);
   range[i] := range[i] / (j-i);
  end;

 logregress (mom2, k, 0.5, 'H -- 2. Moment:  ');
 logregress (range, k, 1, 'H -- Wertebereich:  ');
 writeln('Man beachte die Warnung zur Methode des Wachstums des');
 writeln('Wertebereichs im Buch, Abschnitt 4.4.');
 if printflag = 'J' then
  begin
   writeln(lst, 'Man beachte die Warnung zur Methode des Wachstums');
```

```
    writeln(lst, 'des Wertebereichs im Buch, Abschnitt 4.4.');

  end;
 writeln('Drücken Sie ENTER, um zu beenden.');
 readln;
end.
```

Man kann einen lokalen Hurst-Exponenten berechnen, indem man den Erwartungswert des Produkts zweier aufeinanderfolgender räumlicher Zuwächse sowie ihrer jeweiligen zweiten Momente bestimmt und dann die fraktale Dimension berechnet.

12.7.2 Programm zum lokalen Wachstum des zweiten Moments („localH")

```
program localH;
  (* Berechnet den Hurst-Exponenten von Zeitreihen nach dem
  Algorithmus des lokalen Wachstums des zweiten Moments. *)

uses
 printer;

var
 filename : string[80];
 infile : text;
 i, j, k : integer;
 x : array[1..1024] of real;
 xvalue : real;
 lag : integer;
 deltax1, deltax2 : real;            (* Zuwächse der Zeitreihe *)
 mom1 : real;                        (* 2. Moment des ersten Zuwachses *)
 mom2 : real;                        (* 2. Moment des zweiten Zuwachses *)
 expprod : real;                     (* Erwartungswert des Produkts der
                                     Zuwächse *)
 rho : real;
 H : real;
 printflag : char;                   (* Entscheidung über Druckerausgabe *)

begin

 writeln('Das Programm berechnet den Hurst-Exponenten einer Zeitreihe.');
 writeln('Wünschen Sie eine Ausgabe über den Drucker (J/N) ?');
 readln(printflag);
 if printflag = 'j' then
```

```
 printflag := 'J';
if printflag = 'J' then
 writeln('Bitte schalten Sie den Drucker ein.');
write('Die Zeitreihe (höchstens 1000 Punkte) wird punktweise ');
writeln('eingegeben.');
writeln('"-9999" bedeutet das Ende der Liste.');
write('Sie können die Daten auch aus einer Datei einlesen. ');
writeln('Geben Sie deren Namen ein;');
write('geben Sie "keinname" ein, um die Daten ');
writeln('über die Tastatur einzulesen.');
readln(filename);

(* Einlesen der Daten: *)
xvalue := 1;                        (* -9999 ist die Flagge für das
                                    Dateiende. *)
if filename = 'keinname' then       (* Daten über Tastatur eingeben *)
 begin
  writeln('Geben Sie nun die Zeitreihe ein.');

  j := 1;
  xvalue := 1;
  repeat
   readln(xvalue);
   if xvalue > -9999 then
    begin
     x[j] := xvalue;
     j := j + 1;
    end;
   if j > 1002 then
    begin
     writeln('ZU VIELE PUNKTE.');
     writeln('Drücken Sie ENTER, um zu beenden.');
     readln;                        (* beenden nach ENTER *)
     halt;
    end;
  until xvalue < -9998;
  j := j - 1;

  writeln('Länge der Zeitreihe:  ', j);
 end

else
 begin                              (* Daten aus der Eingabedatei *)
  if printflag = 'J' then
   writeln(lst, filename);
  assign(infile, filename);
  reset(infile);
```

```
   j := 1;
   xvalue := 1;
   repeat
    readln(infile, xvalue);
    if xvalue > -9999 then
     begin
      x[j] := xvalue;
      j := j + 1;
     end;
    if j > 1002 then
     begin
      writeln('DATEI ZU LANG.');
      close(infile);
      writeln('Drücken Sie ENTER, um zu beenden.');
      readln;                          (* beenden nach ENTER *)
      halt;
     end;
   until xvalue < -9998;
   j := j - 1;
   close(infile);
   writeln('Dateilänge:   ', j);

  end;                                 (* Modul zur Dateieingabe *)

 write('Geben Sie das maximale Zeitintervall ein ');
 writeln('(höchstens 1/4 der Dateilänge).');
 readln(k);

 lag := 1;

 writeln('Zeit-   relatives      H');
 writeln('spanne  Produkt auf-');
 writeln('        einander-');
 writeln('        folgender');
 writeln('        Zuwächse');

 if printflag = 'J' then
  begin
   writeln(lst, 'Zeit-   relatives      H');
   writeln(lst, 'spanne  Produkt auf-');
   writeln(lst, '        einander-');
   writeln(lst, '        folgender');
   writeln(lst, '        Zuwächse');

  end;

 repeat
```

```
(* Berechnung des Produkts aufeinanderfolgender Zuwächse: *)
(* Initialisierung: *)

mom1 := 0;                      (* zweites Moment des ersten
                                Zuwachses *)
mom2 := 0;                      (* zweites Moment des zweiten
                                Zuwachses *)
expprod := 0;                   (* Erwartungswert des Produkts der
                                Zuwächse *)

for i := 1 to j-(2*lag) do      (* Variation des Anfangspunktes *)
 begin
  deltax1 := x[i + lag] - x[i]; (* erster Zuwachs *)
  deltax2 := x[i + lag + lag] - x[i + lag];
                                (* zweiter Zuwachs *)
  mom1 := mom1 + deltax1*deltax1;
  mom2 := mom2 + deltax2*deltax2;
  expprod := expprod + deltax1*deltax2;
 end;

rho := expprod / sqrt(mom1 * mom2);

(* Warnung: nur der Korrelationskoeffizient, falls der
Erwartungswert der Zuwächse null ist! *)

if rho > -1 then
 begin
  H := ln(2 + 2*rho) / ln(4);    (* 2**(2H) = 2 + 2rho *)
  writeln(lag, '        ', rho:8:6, '    ', H:9:6);
  if printflag = 'J' then
   writeln(lst, lag, '        ', rho:8:6, '    ', H:9:6);
 end
else
 begin
  writeln('H ist nicht berechenbar.');
  if printflag = 'J' then
   writeln(lst, 'H ist nicht berechenbar.');
  halt;
 end;
lag := 2 * lag;

until lag > k;

writeln('Drücken Sie ENTER, um zu beenden.');
readln;

end.
```

Das letzte Programm dieses Abschnitts, *pwrspect*, bestimmt den Hurst-Exponenten einer Zeitreihe mit Hilfe der Fourier-Transformation aus Abschnitt 4.6 und Kapitel 5.

12.7.3 Programm zur Berechnung des Hurst-Exponenten aus dem Leistungsspektrum („pwrspect“)

```
program pwrspect;
  (* Berechnet den Hurst-Exponenten einer Zeitreihe von 256 Punkten
  mit Hilfe der FFT. *)

uses
 printer;

type
 realarray = array[1..1024] of real;

var
 filename : string[80];
 infile : text;
 i, j, k, kk, l, m : integer;
 xvalue : real;
 areal, aimag : array[1..256] of real;
 index : array[1..256] of integer; (* für die Bit-Umkehr bei der FFT *)
 costable, sintable : array[0..256] of real;
                                   (* für die FFT *)
 energy : realarray;               (* Eintrag in Leistungsspektrum *)
 median : array[0..2] of real;     (* Median-Filter für die Energie vor
                                   der Regression *)
 filtflag : char;                  (* Entscheidung über Anwendung des
                                   Filters *)
 temp : real;                      (* temporäre Variable *)
 printflag : char;                 (* Entscheidung über Druckerausgabe *)

const
 n = 256;                          (* Anzahl der Terme, Größe der FFT *)
 hn = 128;                         (* die Hälfte von n *)
 log2n = 8;                        (* Logarithmus von n zur Basis 2 *)

procedure initbitrev;              (* erzeugt ein Indexfeld für die
                                   Bit-Umkehr bei der FFT *)
 var k, l, lmax, ii, m : integer;

 begin
  index[1] := 1;
  lmax := 1;
  ii := hn;

  for k := 1 to log2n do
```

```
   begin
    for l := 1 to lmax do
     index[l+lmax] := index[l] +ii;
    ii := ii div 2;
    lmax := 2 * lmax;
   end;
 end;                                  (* Prozedur initbitrev *)

procedure trigtable;
 var
  k : integer;
  angle : real;

 begin
  for k := 0 to n do
   begin
    angle := 2 * pi * k / n;
    costable[k] := cos(angle);
    sintable[k] := sin(angle);
   end;
 end;                                  (* Prozedur trigtable *)

procedure transform;
 var
  i, i0, i1, j, l, p, hp, ndivp : integer;
  tempreal, tempimag : array[1..256] of real;
  c, s : real;                         (* Kosinus, Sinus *)
  t1, t2 : real;                       (* temporäre Variablen *)

 begin
  (* Zuerst Durchführung der Bit-Umkehr: *)
  for i := 1 to n do
   begin
    i0 := index[i];
    tempreal[i] := areal[i0];
    tempimag[i] := aimag[i0];
   end;
 for i := 1 to n do
  begin
   areal[i] := tempreal[i];
   aimag[i] := tempimag[i];
  end;

 (* Initialisierung einiger Variablen *)
 p := 2;
 hp := 1;
 ndivp := n div p;
```

```
 for l := 1 to log2n do
  begin
   for j := 1 to hp do
    begin
     c := costable[(j-1) * ndivp];
     s := sintable[(j-1) * ndivp];

     i := j;
     for i1 := 1 to ndivp do
      begin
       i0 := i + hp;
       t1 := areal[i0]*c - aimag[i0]*s;
       t2 := areal[i0]*s + aimag[i0]*c;
       areal[i0] := areal[i] - t1;
       aimag[i0] := aimag[i] - t2;
       areal[i] := areal[i] + t1;
       aimag[i] := aimag[i] + t2;
       i := i + p;
      end;                          (* for i1 := 1 to ndivp *)
    end;                            (* for j := 1 to hp *)
  hp := p;
  p := 2 * p;
  ndivp := ndivp div 2;
  end;                              (* for l := 1 to log2n *)
 end;                               (* Prozedur transform *)

procedure altlogregress (y : realarray; k : integer);

 (* Berechnet den Hurst-Exponenten eines mit 1, 2,..., k indizierten
 Leistungsspektrums y anhand der Daten für 2, 3,..., k-1. Zuerst werden
 mit Hilfe der linearen Regression logarithmisch transformierte Daten an
 die Gleichung ln(y) = a + b ln(i) angepaßt und dadurch der Anstieg b und
 der Korrelationskoeffizient r berechnet. Der Hurst-Exponent ergibt sich
 aus b = -1 -2H oder H = -(b+1)/2. *)

 var
  sumx : real;                      (* Summe der x-Werte *)
  sumy : real;                      (* Summe der y-Werte *)
  sumxsq : real;                    (* Summe der x**2 *)
  sumysq : real;                    (* Summe der y**2 *)
  sumxy : real;                     (* Summe der xy *)
  a : real;                         (* Nulldurchgang der
                                    Regressionsgeraden *)
  b : real;                         (* Anstieg der Regressionsgeraden *)
  sdb : real;                       (* Standardabweichung von b *)
  r : real;                         (* Korrelationskoeffizient *)
  xbar, ybar : real;                (* mittleres x, mittleres y *)
  i : integer;
```

```
begin
 sumx := 0;
 sumy := 0;
 sumxy := 0;
 sumxsq := 0;
 sumysq := 0;

 for i := 2 to k-1 do
  begin
   sumx := sumx + ln(i);
   sumy := sumy + ln(y[i]);
   sumxy := sumxy + ln(i)*ln(y[i]);
   sumxsq := sumxsq + ln(i)*ln(i);
   sumysq := sumysq + ln(y[i])*ln(y[i]);
  end;

 k := k - 2;                       (* Anzahl der Terme *)
 xbar := sumx / k;
 ybar := sumy / k;

 b := (sumxy - k*xbar*ybar) / (sumxsq - k*xbar*xbar);

 a := ybar - (b * xbar);

 r := (sumxy - k*xbar*ybar) / sqrt((sumxsq - k*xbar*xbar)
  * (sumysq - k*ybar*ybar));

 write('Hurst-Exponent    ', -(b + 1) / 2);
 if printflag = 'J' then
  write(lst, 'Hurst-Exponent    ', -(b + 1) / 2);

 if k > 4 then
  begin
   if (r*r < 1) then               (* um Probleme zu vermeiden, falls
                                   sich r zu 1+epsilon berechnet *)
    sdb := sqrt((1- r*r) * (sumysq - k*ybar*ybar)/
     ((k - 4) * (sumxsq - k*xbar*xbar)))
   else
    sdb := 0;
   writeln('+/-   ', sdb / 2);
   if k < 27 then
    write('Führen Sie den t-Test mit ', k - 2);
    writeln(' Freiheitsgraden durch.');
  end
  else                             (* k<= 4 *)
   begin
    writeln;
```

```
    writeln('Standardabweichung nicht definiert.');
   end;
  writeln('Korrelationskoeffizient   ', r);

  if printflag = 'J' then
   begin                            (* Druckerausgabe *)
    if k > 4 then
     begin
      writeln(lst, '+/-   ', sdb / 2);
      if k < 27 then
       write(lst, 'Führen Sie den t-Test mit ', k-2);
       writeln(lst, ' Freiheitsgraden durch.');
     end
    else                            (* k <= 4 *)
     begin
      writeln(lst);
      writeln(lst, 'Standardabweichung nicht definiert.');
     end;
    writeln(lst, 'Korrelationskoeffizient   ', r);
   end;

 end;                               (* Prozedur altlogregress *)

(********************)

begin                               (* Hauptprogramm *)

 (* Initialisierung *)
 for i := 1 to n do
  begin
   areal[i] := 0;
   aimag[i] := 0;
  end;

 writeln('Das Programm berechnet den Hurst-Exponenten einer Zeitreihe.');
 writeln('Wünschen Sie eine Ausgabe über den Drucker (J/N) ?');
 readln(printflag);
 if printflag = 'j' then
  printflag := 'J';
 if printflag = 'J' then
  writeln('Bitte schalten Sie den Drucker ein.');
 write('Die Zeitreihe (genau 256 Punkte) wird punktweise ');
 writeln('eingegeben.');
 writeln('"-9999" bedeutet das Ende der Liste.');
 write('Sie können die Daten auch aus einer Datei einlesen. ');
 writeln('Geben Sie deren Namen ein;');
 write('geben Sie "keinname" ein, um die Daten ');
 writeln('über die Tastatur einzulesen.');
```

```
(* Einlesen der Daten *)

xvalue := 1;                            (* -9999  ist die Flagge für das
                                        Dateiende *)
readln(filename);
if filename = 'keinname' then          (* Dateneingabe über Tastatur *)
 begin
  writeln('Geben Sie nun die Zeitreihe ein.');

  j := 1;
  repeat
   readln(xvalue);
   if xvalue > -9999 then
    begin
     areal[j] := xvalue;
     j := j + 1;
    end;
   if j > n+1 then
    begin
     writeln('ZU VIELE PUNKTE.');
     writeln('Drücken Sie ENTER, um zu beenden.');
     readln;                            (* beenden nach ENTER *)
     halt;
    end;
  until xvalue < -9998;
  j := j - 1;

  writeln('Länge der Zeitreihe: ', j);
  writeln('Geben Sie die höchste Frequenz ein.');
  writeln('Sie soll höchstens 1/4 der Länge der Zeitreihe betragen.');
  readln(kk);
  if kk > 64 then
   begin
    writeln('Frequenz zu hoch.');
    halt;
   end;
 end

else
 begin                                  (* Daten aus Eingabedatei *)
  if printflag = 'J' then
   writeln(lst, filename);
  assign(infile, filename);
  reset(infile);

  j := 1;

  repeat
```

```
   readln(infile, xvalue);
   if xvalue > -9999 then
    begin
     areal[j] := xvalue;
     j := j + 1;
    end;
   if j > n+1 then
    begin
     writeln('DATEI ZU LANG.');
     close(infile);
     writeln('Drücken Sie ENTER, um zu beenden.');
     readln;                         (* beenden nach ENTER *)
     halt;
    end;
  until xvalue < -9998;
  j := j - 1;
  close(infile);
  writeln('Dateilänge:  ', j);
  writeln('Die Länge muß 256 betragen.');
  writeln('Geben Sie die höchste Frequenz ein.');
  writeln('Sie soll höchstens 1/4 der Länge der Zeitreihe betragen.');
  readln(kk);
  if kk > 64 then
   begin
    writeln('Frequenz zu hoch.');
    halt;
   end;

 end;                                (* Modul zum Einlesen der Datei *)

if printflag = 'J' then
 writeln(lst, 'Höchste Frequenz:  ', kk);
kk := kk + 1;                     (* da die FFT mit 1..n indiziert ist *)

if printflag = 'J' then
 writeln(lst, 'Niedrigste Frequenz:  2');
writeln('Niedrigste Frequenz:  2');
writeln('Soll der Median-Filter angewandt werden (J/N) ?');
readln(filtflag);
if (filtflag = 'J') or (filtflag = 'j') then
 if printflag = 'J' then
  writeln(lst, 'Median-Filter wurde angewandt.');

(* Ausführung der FFT: *)
initbitrev;
trigtable;
transform;
```

```
(* Berechnung des Leistungsspektrums, Verwendung der Symmetrie der FFT.
Sowohl für die FFT als auch für reale Daten ist das Argument des Terms
mit der Frequenz k gleich dem Argument bei der Frequenz n-k. *)
for i := 1 to 256 do
 energy[i] := 0;
for i := 1 to kk do                (* i ist die Frequenz *)
 energy[i + 1] := areal[i+1]*areal[i+1]
  + aimag[i+1]*aimag[i+1] + 0.000001;
                                   (* um underflow-Fehler beim
                                   Logarithmus zu vermeiden *)

(* Median-Filter: *)
if (filtflag = 'J') or (filtflag = 'j') then
 for i := 2 to kk do               (* Frequenzen 2 bis kk-1 *)
  begin                            (* Bubble sort-Sortierung *)
   for j := 0 to 2 do
    median[j] := energy[i + j];    (* Daten mit den Frequenzen i-1, i,
                                   i+1 kopieren, da energy[k] für
                                   Frequenz k-1 ist *)
   if median[0] > median[1] then
    begin
     temp := median[0];            (* median[0] und median[1]
                                   vertauschen, dadurch wird median[1]
                                   größer *)
     median[0] := median[1];
     median[1] := temp;
    end;
   if median[1] > median[2] then
    begin
     temp := median[1];
     median[1] := median[2];
     median[2] := temp;
    end;
   if median[0] > median [1] then
    begin
     temp := median[0];
     median[0] := median[1];
     median[1] := temp;
    end;
   energy[i] := median[1];         (* median nach energy[i], Frequenz i,
                                   kopieren *)
  end

else                               (* kein Filter *)
 for i := 2 to kk do
  energy[i] := energy[i + 1];      (* energy[i] entspricht nun Frequenz
                                   i *)

altlogregress (energy, kk);

writeln('Drücken Sie ENTER, um zu beenden.');
readln;

end.
```

12.8 Weitere Programme

Zum Abschluß wollen wir noch Quelltexte einiger weiterer Programme anbieten. Das Programm *pwrtest1* erzeugt das Spektrum eines Mandelbrot-Weierstraß-Fraktals mit der Besonderheit, daß die Amplituden keine zufälligen Werte haben, sondern genau mit $c/n^{0,5+H}$ gehen. Mit diesem Programm können Testdaten für das Leistungsspektrum-Programm erzeugt werden.

12.8.1 Programm zur Erzeugung von Testdaten für das Leistungsspektrum („pwrtest1“)

```
program pwrtest1;
  (* Stammt von fftmwfract her. Erzeugt und zeichnet
  Mandelbrot-Weierstraß-Fraktale in einer Dimension mit Hilfe der
  (inversen) schnellen Fourier-Transformation, die auf ein
  Leistungsspektrum mit der Amplitude von genau freq**(-(H+0.5)) und
  zufälligen Phasen angewandt wird. *)

  (* Schreibt die Daten in eine Datei "testdata.dat" zum Test anderer
  Programme. *)

uses
 crt, graph;

var
 y : array[0..256] of real;          (* Bildschirmkoordinaten *)
 i, j : integer;
 h : real;                           (* Hurst-Exponent *)
 hplus : real;                       (* Hurst-Exponent plus 1/2 *)
 terms : integer;                    (* maximale Frequenz im Spektrum,
                                     höchstens 127 *)
 areal, aimag : array[1..256] of real;
                                     (* Real- und Imaginärteile des
                                     Spektrums *)
 ymax : real;                        (* maximales y zur Skalierung des
                                     Bildes *)
 scale : real;                       (* zur Skalierung des Bildes *)
 temp : real;                        (* temporäre reelle Zahl *)
 twopidiv : real;                    (* 2*pi / 256, um einen ganzen Umlauf
                                     auf die verwendete Breite von 256
                                     Pixeln zu skalieren *)

 index : array[1..256] of integer; (* für die Bit-Umkehr bei der FFT *)
```

```
 costable, sintable : array[0..256] of real;
                                         (* für die FFT *)

 outfile : text;                         (* für optionale Ausgabedatei *)
 flag : string[2];                       (* für die Warnung *)
 gd, gm : integer;

const
 n = 256;                                (* Anzahl der Terme, Größe der FFT *)
 hn = 128;                               (* die Hälfte von n *)
 log2n = 8;                              (* Logarithmus von n zur Basis 2 *)

procedure initbitrev;                    (* erzeugt ein Indexfeld für die
                                         Bit-Umkehr bei der FFT *)
 var k, l, lmax, ii, m : integer;

 begin
  index[1] := 1;
  lmax := 1;
  ii := hn;

  for k := 1 to log2n do
   begin
    for l := 1 to lmax do
     index[l+lmax] := index[l] +ii;
    ii := ii div 2;
    lmax := 2 * lmax;
   end;
 end;                                    (* Prozedur initbitrev *)

procedure trigtable;
 var
  k : integer;
  angle : real;

 begin
  for k := 0 to n do
   begin
    angle := 2 * pi * k / n;
    costable[k] := cos(angle);
    sintable[k] := sin(angle);
   end;
 end;                                    (* Prozedur trigtable *)

procedure transform;
 var
  i, i0, i1, j, l, p, hp, ndivp : integer;
  tempreal, tempimag : array[1..256] of real;
```

```
 c, s : real;                      (* Kosinus, Sinus *)
 t1, t2 : real;                    (* temporäre Variablen *)

begin
 (* Zuerst Durchführung der Bit-Umkehr: *)
 for i := 1 to n do
  begin
   i0 := index[i];
   tempreal[i] := areal[i0];
   tempimag[i] := aimag[i0];
  end;
for i := 1 to n do
 begin
  areal[i] := tempreal[i];
  aimag[i] := tempimag[i];
 end;

(* Initialisierung einiger Variablen *)
p := 2;
hp := 1;
ndivp := n div p;

for l := 1 to log2n do
 begin
  for j := 1 to hp do
   begin
    c := costable[(j-1) * ndivp];
    s := sintable[(j-1) * ndivp];

    (* Inverse FFT: *)
    i := j;
    for i1 := 1 to ndivp do
     begin
      i0 := i + hp;
      t1 := areal[i0]*c - aimag[i0]*s;
      t2 := areal[i0]*s + aimag[i0]*c;
      areal[i0] := areal[i] - t1;
      aimag[i0] := aimag[i] - t2;
      areal[i] := areal[i] + t1;
      aimag[i] := aimag[i] + t2;
      i := i + p;
     end;                          (* for i1 := 1 to ndivp *)
   end;                            (* for j := 1 to hp *)
 hp := p;
 p := 2 * p;
 ndivp := ndivp div 2;
 end;                              (* for l := 1 to log2n *)
end;                               (* Prozedur transform *)
```

```
begin                              (* Hauptprogramm *)

 (* Warnung: *)
 writeln('Das Programm erzeugt Testdaten für "pwrspect".');
 write('ACHTUNG -- testdata.dat WIRD ÜBERSCHRIEBEN. ');
 writeln('FORTSETZEN (J/N) ?');
 readln(flag);
 if (flag <> 'J') and (flag <>'j') then
  halt;

 (* sonst fortsetzen *)

 (* Initialisierung *)
 twopidiv := 2 * pi / 256;         (* In Turbo Pascal ist pi eine
                                   vordefinierte Konstante. *)
 write('Wählen Sie einen Hurst-Exponenten zwischen ');
 writeln('0 (grob) und 1 (glatt).');
 readln(h);
 hplus := h + 0.5;                 (* um die Berechnung des Spektrums zu
                                   vereinfachen *)
 writeln('Wählen Sie eine höchste Frequenz (höchstens 127).');
 readln(terms);
 write('Das Programm wird nun das Fraktal zeichnen. Drücken ');
 writeln('Sie danach ENTER,');
 write('um den Bildschirm zu löschen ');
 writeln('und die Werte in die Datei zu schreiben.');
 writeln('Drücken Sie ENTER, um zu beginnen.');
 readln;                           (* beginnen nach ENTER *)

 (* Vorbereitung der FFT: *)
 initbitrev;
 trigtable;

 for i := 1 to n do
  begin
   areal[i] := 0;
   aimag[i] := 0;
  end;                             (* for i := 1 to n *)

 (* Erzeugung des Spektrums: *)
 for i := 2 to terms+1 do
  begin
   temp := 2 * pi * random;        (* für zufällige Phasen *)
   areal[i] := cos(temp) * exp(-hplus * ln(i-1));
   aimag[i] := sin(temp) * exp(-hplus * ln(i-1));
  end;                             (* for i := 2 to terms+1 *)
```

```
(* Erzeugung der y-Werte durch Anwendung der schnellen Fourier-
Transformation. Die inverse FFT ist die konjugiert komplexe FFT,
multipliziert mit einem Skalierungsfaktor. Wir benötigen jedoch nur den
Realteil der inversen FFT. *)

transform;
ymax := 0;                          (* enthält den maximalen absoluten
                                    Betrag von y für die Skalierung *)
for i := 1 to n do                  (* Schleife über x-Werte, gemessen in
                                    Pixeln *)
if abs(areal[i]) > ymax
 then ymax := abs(areal[i]);

for i := 1 to n do
 y[i] := 90 * areal[i] / ymax;

(* Zeichnen des Fraktals *)
gd := 0;
gm := 0;
initgraph(gd, gm, 'BGI-Pfad');      (* für BGI-Pfad den Pfad einsetzen, in
                                    dem Ihre BGI-Treiber stehen *)
setcolor(white);
y[0] := y[n];
for i := 0 to n-1 do
 line(2*i, 2*(100 - round(y[i])), 2*(i + 1), 2*(100 - round(y[i+1])));
                                    (* Linie vom i-ten zum (i+1)-ten Punkt
                                    *)

readln;
closegraph;
assign(outfile, 'testdata.dat');
rewrite(outfile);
for i := 1 to 256 do
 writeln(outfile, y[i]);
writeln(outfile, -9999);            (* Flagge für Dateiende *)
writeln(outfile, h);
close(outfile);
end.
```

Das letzte Programm, ein einfaches iteriertes Funktionensystem (Barnsley u.a. 1986, Barnsley 1988), wurde zur Erzeugung einer endlichen zufälligen Teilmenge des Sierpiński-Dreiecks in Abschnitt 8.3 verwendet. Dieses Programm mit dem Namen *fractgame* erzeugt eine Punktfolge $\{\boldsymbol{x}(t)\}$ nach folgendem Algorithmus: Es werden n Eckpunkte $\boldsymbol{p}_1, \boldsymbol{p}_2, \ldots, \boldsymbol{p}_n$ eines Polygons sowie ein Parameter r $(0 < r < 1)$ gewählt. Unser Programm erfordert $n \leq 16$. Bei jedem Zeitschritt t wird ein Eckpunkt $\boldsymbol{p}_j$ zufällig ausgewählt; der nächste Punkt $\boldsymbol{x}(t+1)$ liegt dann auf der Geraden von $\boldsymbol{x}(t)$ zum ausgewählten Eckpunkt $\boldsymbol{p}_j$ und erfüllt die Bedingung

$$\boldsymbol{x}(t+1) = \boldsymbol{x}(t) + r\boldsymbol{p}_j. \tag{12.5}$$

Ist $n = 3$ und $r = 0{,}5$ und bilden die Eckpunkte $\boldsymbol{p}_1$, $\boldsymbol{p}_2$ und $\boldsymbol{p}_3$ ein gleichseitiges Dreieck, dann erzeugt der oben beschriebene Vorgang eine Poisson-Verteilung auf dem Sierpiński-Dreieck (siehe Barnsley 1988). Es sei daran erinnert, daß das eindimensionale Spiel des Lebens (Abschnitt 7.2) ebenfalls ein Sierpiński-Dreieck erzeugt (Abbildung 7.1 links). Der Leser wird unschwer zeigen können, daß der Prozeß für ein hinreichend großes r ein Fraktal der Dimension

$$D = -\frac{\log n}{\log(1-r)} \tag{12.6}$$

erzeugt.

12.8.2 Programm für ein fraktales Spiel („fractgame")

```
program fractgame;
  (* Ein iteriertes Funktionensystem (Barnsley u.a. 1986, Barnsley 1988),
  das eine zufällige Verteilung auf einem Fraktal erzeugt. Das System
  entsteht folgendermaßen: Einer von mehreren Eckpunkten wird zufällig
  ausgewählt. Dann wird der aktuelle Punkt (Zustand) durch ein
  gewichtetes Mittel aus dem aktuellen Punkt und dem ausgewählten
  Eckpunkt ersetzt. *)

uses
 crt, graph;

var
 i, j, k : integer;
 pts : integer;                    (* Anzahl der Punkte *)
 p, q : array[0..15] of integer;   (* Koordinaten der Eckpunkte *)
 x, y : real;                      (* Koordinaten des aktuellen Punktes
                                   *)
 rat : real;                       (* Anteil der zurückzulegenden
                                   Entfernung *)
 timesteps : integer;
 gd, gm : integer;

begin
 writeln('Ein einfaches iteriertes Funktionensystem;');
 writeln('siehe Barnsley u.a. 1986, Barnsley 1988.');
 writeln('Das Programm zeichnet ein Fraktal.');
 write('Drücken Sie am Schluß ENTER, ');
```

```
writeln('um den Bildschirm zu löschen.');
write('Wählen Sie die Anzahl der zu verwendenden Punkte ');
writeln('(höchstens 16);');
writeln('mit drei Punkten erzeugen Sie das Sierpinski-Dreieck.');
readln(pts);
write('Geben Sie die Koordinaten der Punkte in der ');
writeln('Form "x  y" ein.');
for i := 0 to pts-1 do
 readln(p[i], q[i]);
writeln('Geben Sie die Koordinaten des Anfangspunktes ein.');
readln(x, y);
writeln('Geben Sie den Anteil (0 bis 1) der Entfernung ein,');
write('um die auf den jeweils ausgewählten Eckpunkt zugegangen ');
writeln('werden soll;');
writeln('0.5 erzeugt das Sierpinski-Dreieck.');
readln(rat);
writeln('Geben Sie die Anzahl der Zeitschritte ein. Mit etwa');
writeln('1000 füllen Sie das Fraktal größtenteils, mit etwa 20');
writeln('erzeugen Sie eine zufällige Verteilung auf ihm.');
readln(timesteps);
writeln('Das Programm zeichnet nun das Fraktal.');
writeln('Drücken Sie ENTER, um zu beginnen.');
readln;

gd := 0;
gm := 0;
initgraph(gd, gm, 'BGI-Pfad');      (* für BGI-Pfad den Pfad einsetzen, in
                                    dem Ihre BGI-Treiber stehen *)
for i := 1 to timesteps do
 begin
  j := trunc(pts * random);
  x := x + rat*(p[j] - x);
  y := y + rat*(q[j] - y);
  putpixel(trunc(x), trunc(y), white);
 end;
readln;

closegraph;

end.
```

Kommentierte Literaturhinweise

Einige der nachfolgenden Literaturhinweise haben wir mit Kommentaren versehen. Durch Fettdruck hervorgehobene Literatur wird besonders zur weiteren Lektüre empfohlen.

Adler, R. J. (1981) *The Geometry of Random Fields.* New York (Wiley).

Aho, A.; Hopcroft, J. E.; Ullman, J. D. (1974) *Design and Analysis of Computer Algorithms.* Reading MA, USA (Addison-Wesley).

Allen, T. F. H.; Starr, T. B. (1982) *Hierarchy: Perspectives for Ecological Complexity.* University of Chicago Press.

Bak, P.; Tang, C.; Weisenfeld, K. (1987) *Self-Organized Criticality: An Explanation of $1/f$ Noise.* Phys. Rev. Lett. **59**, 381-384.

Barnsley, M. F. (1988) *Fraktale.* Heidelberg (Spektrum Akademischer Verlag) 1995.

Barnsley, M. F.; Ervin, V.; Hardin, D.; Lancaster, J. (1986) *Solution of an Inverse Problem for Fractals and Other Sets.* Proc. Natl. Acad. Sci. USA **83**, 1975-1977.

Berry, M. V.; Lewis, C. V. (1980) *On the Weierstraß-Mandelbrot Fractal Function.* Proc. R. Soc. Lond. **A370**, 459-484.

Billingsley, P. (1967) *Ergodic Theory and Information.* New York (Wiley).

Bois, R. P. du (1875) *Versuch einer Klassifikation der willkürlichen Funktionen reeller Argumente nach ihren Änderungen in den kleinsten Intervallen.* J. für die reine und angewandte Mathematik **79**, 21-37.

Die stetige, nirgendwo differenzierbare Funktion von Weierstraß ist ein mathemetisches Monster aus den 70er Jahren des 19. Jahrhunderts.

Bradbury, R. H.; Reichlet, R. E.; Green, D. G. (1984) *Fractals in Ecology: Methods and Interpretation.* Marine Ecol. Prog. Ser. **14**, 295-296.

Burrus, C. S.; Parks, T. W. (1985) *DFT / FFT and Convolution Algorithms.* New York (Wiley).

Cantor, G. (1872) *Über die Ausdehnung eines Satzes aus der Theorie der Trigonometrischen Reihen.* Math. Annalen **5**, 123-132.

Enthält die Konstruktion der Cantor-Menge

Carathéodory, C. (1914) *Über das lineare Maß von Punktmengen – eine Verallgemeinerung des Längebegriffs.* Nachrichten der K. Gesellschaft der Wissenschaften zu

Göttingen. Mathematisch-Physikalische Klasse S. 404-426. Neuauflage: Gesammelte mathematische Schriften **4**(1956)249-275. München (Beck).

Vorläufer des Hausdorff-Maßes (1919).

Carlson, J. M.; Langer, L. S. (1989) *Properties of Earthquakes Generated by Fault Dynamics.* Phys. Rev. Lett. **62**, 2632-2635.

Caserta, F.; Stanley, H. E.; Eldred, W. D.; Daccord, G.; Hausman, R. E.; Nittman, J. (1990) *Physical Mechanisms Underlying Neurite Outgrowth: A Quantitative Analysis of Neuronal Shape.* Phys. Rev. Lett. **64**, 95-99.

Collet, P.; Eckmann, J.-P. (1980) *Iteratet Maps of the Interval as Dynamical Systems.* Progress in Physics Vol. 1. Boston (Birkhäuser).

Cooley, J. M.; Lewis, P. A.; Welch, P. D. (1967) *History of the Fast Fourier Transform.* Proc. IEEE **55**, 1675-1677.

Cooley, J. M.; Tukey, J. W. (1965) *An Algorithm for Machine Calculation of Complex Fourier Series.* Math. Comp. **19**, 297-301.

Danielson, C. C.; Lanczos, C. (1942) *Some Improvements in Practical Fourier Analysis and Their Applications to X-Ray Scattering from Liquids.* J. Franklin Inst. **233**, 365-380, 435-452.

Draper, N.; Smith, H. (1981) *Applied Regression Analysis.* 2. Aufl. New York (Wiley).

Dugundji, J. (1966) *Topology.* Boston (Allyn and Bacon).

Ehrlich, P. R. (1965) *The Population Biology of the Butterfly Euphydryas editha. II. The Structure of the Jasper Ridge Colony.* Evolution **19**, 327-336.

Ehrlich, P. R.; Murphy, D. D. (1981) *The Population Biology of Checkerspot Butterflies (Euphydryas) – A Review.* Biologisches Zentralblatt **100**, 613-629.

Erzan, A, Sinha, S. (1991) *Spatiotemporal Intermittency of the Sandpile.* In: Phys. Rev. Lett. **66**, 2750-2753.

Falkmer, S. (1985) *Comparative Morphology of Pancreatic Islets in Animals.* In: Volk, B. W.; Arquilla, E. R. (Hrsg.) The Diabetic Pancreas. New York (Plenum Press), S. 17-52.

Fleischmann, M.M; Tildesley, D. J.; Ball, R. C. (Hrsg.) (1989) *Fractals in the Natural Sciences.* Princeton University Press.

Frontier, S. A. (1987) *Fractals in Marine Evology.* In: Legendre, L. (Hrsg.) Developments in Numerical Ecology. Berlin (Springer), S. 335-378.

Gardner, M. (1983) *Wheels, Life, and Other Mathematical Amusements.* New York (Freeman).

Dies ist die vielleicht beste Literatur über Conways Spiel des Lebens.

Ghil, M.; Kimoto, M.; Neelin, J. D. (1991) *Nonlinear Dynamics and Predictability in the Atmospheric Sciences.* In: Reviews of Geophysics, Supplement, April 1991, US National Report of the International Union of Geodesy and Geophysics, S. 46-55.

Dieser Aufsatz bietet einen guten Überblick über die Probleme der Identifikation und Vorhersagbarkeit in komplexen nichtlinearen Systemen.

Good, I. J. (1958) *The Interaction Algorithm and Practical Fourier Series.* J. Royal Statist. Soc. **B20**, 361-72; **B22**(1960)372-375 (Nachtrag).

Gorray, K. C.; Baskin, D. G.; Fujimoto, W. Y. (1986) *Physiological and Morphological Changes in Islet B Cells Following Alloxan Treatment.* Diabetes Res. **3**, 187-191.

Gorray, K. C.; Baskin, D. G.; Brodsky, J.; Fujimoto, W. Y. (1986) *Responses of Pancreatic B Cells to Alloxan and Streptozotocin in the Guinea Pig.* Pancreas **1**, 130-138.

Grassberger, P; Procaccia, I. (1983) *Characterization of Strange Attractors.* Phys. Rev. Lett. **50**, 346-349.

Gutenberg, B.; Richter, C. F. (1942) *Earthquake Magnitude, Intensity, Energy and Acceleration.* Bull. Seismol. Soc. Am. **32**, 163-191.

Siehe auch Gutenberg, Richter (1956b).

Gutenberg, B.; Richter, C. F. (1954) *Seismicity of the Earth.* Princeton University Press.

Gutenberg, B.; Richter, C. F. (1956a) *Earthquake Magnitude, Intensity, Energy and Acceleration.* Bull. Seismol. Soc. Am. **46**, S. 105-145.

Siehe auch Gutenberg, Richter (1956b).

Gutenberg, B.; Richter, C. F. (1956b) *Magnitude and Energy of Earthquakes.* Annali di Geofisika (Roma) **9**, 1-15.

Harrison, S.; Quinn, J. F.; Baughman, J. F.; Murphy, D. D.; Ehrlich, P. R. (1986) *The Effects of Scientific Study on Two Butterfly Populations.* Am. Natur. **137**, 227-243.

Harrison, S.; Quinn, J. F.; Baughman, J. F.; Murphy, D. D.; Ehrlich, P. R. (1991) *Estimating the Effects of Scientific Study on Two Butterfly Populations.* Am. Natur. **137**, 227-243.

Hastings, H. M. (1983) *Stability of Community Interaction Matrices.* In: DeAngelis, D.; Post, M.; Sugihara, G. (Hrsg.) Current Trends in Food Web Theory. Oak Ridge National Laboratory Technical Report, ORNL-5983, S. 65-68.

Hastings, H. M.; Pekelney, R.; Monticciolo, R.; Kannon, D. vun, Monte, D. del (1982) *Time Scales, Persistence and Patchiness.* Biosystems **15**, 281-289.

Hastings, H. M.; Schneider, B. S.; Schreiber, M.; Gorray, K.; Maytal, G.; Maimon, J. (1992) *Statistical Geometry of Pancreatic Islets.* Proc. Roy. Soc. Lond. **B250**, 257-261.

Hastings, H. M.; Troyan, D. T. (1991) *Fractal Analysis of Earthquake Time Series.* Abstract, AGU Fall 1991 Meeting Abstracts, Eos, Supplement, 29 October, S. 291.

Siehe Abschnitt 8.2.

Haury, L. R.; McGowan, J. A.; Wiebe, P. H. (1978) *Patterns and Processes in the Time-Space Scales of Plankton Distributions.* In: Steele, J. H. (Hrsg.), S. 277-327.

Eine schöne Darstellung des Stommel-Diagramms, welche die beobachteten Variabilitätsskalen mariner Prozesse zusammenfaßt.

Hausdorff, F. (1919) *Dimension und äußeres Maß.* Mathematische Annalen **79**, 157-79.

Hellerstrom, C.; Swenne, I. (1985) *Growth Patterns of Pancreatic Islets in Animals.* In: Volk, B. W.; Arquilla, E. R. (Hrsg.) The Diabetic Pancreas. New York (Plenum Press), S. 53-79.

Hentschel, H. G. E.; Procaccia, I. (1983) *The Infinite Number of Generalized Dimensions of Fractals and Strange Attractors.* Physica **8D**, 435-444.

Hirsch, M. W.; Smale, S. (1974) *Differential Equations, Dynamical Systems, and Linear Algebra.* New York (Academic Press).

Hogg, R. V.; Tanis, E. A. (1977) *Probability and Statistical Inference.* New York (Macmillan).

Holmes, R. T.; Sherry, T. W.; Sturges, F. W. (1986) *Bird Community Dynamics in a Temperate Deciduous Forest: Long-Term Trends at Hubbard Brook [New Hampshire, USA].* Ecol. Monogr. **56**, 201-220.

Horowitz, E.; Sahni, S. (1984) *Fundamentals of Computer Algorithms.* Rockville MD, USA (Computer Science Press).

Hurewicz, W.; Wallmann, H. (1941) *Dimension Theory.* Princeton University Press.

Ein Klassiker.

Hurst, H. E. (1951) *Long-Term Storage Capacity of Reservoirs.* Trans. Am. Soc. Civil Eng. **116**, 770-808.

Hurst erkannte, daß Schwankungen der Abflußmenge des Nils langfristige Korrelationen aufweisen. Moderne Literatur dazu ist Mandelbrot (1977, 1982).

Hurst, H. E. (1956) *Methods of Using Long-Term Storage in Reservoirs.* Proc. Inst. Civil Eng. **5**, 519-577 (Teil 1).

Hutchinson, G. E.; MacArthur, R. H. (1959) *A Theoretical Ecological Model of Size Distributions Among Species of Animals.* Am. Natur. **93**, 117-125.

Jackson, J. B.; Hughes, T. (1985) *Adaptive Strategies of Coral Reef Invertebrates.* Am. Sci. **73**, 265-274.

Johnston, J. (1973) *Econometric Methods.* 2. Aufl. New York (McGraw-Hill).

Dies ist ein Literaturhinweis auf angewandte Statistik.

Kagan, Y. Y.; Jackson, D. D. (1991) *Seismic Gap Hypothesis: Ten Years After.* J. Geophys. Res. **96**, 21, 419-431.

Ist man direkt nach einem Erdbeben sicherer? Siehe Abschnitt 8.2. Bei Monastersky (1992) findet sich eine schöne Besprechung dieses Aufsatzes.

Kleinfeld, D.; Raccuia-Behling, F.; Blonder, G. E. (1990) *Comments on Physical Mechanisms Underlying Neurite Outgrowth: A Quantitative Analysis of Neuronal Shape.* Phys. Rev. Lett. **64**, 3064.

Knuth, D. E. (1981) *The Art of Computer Programming.* Vol. 2: *Seminumerical Algorithms.* Reading MA, USA (Addison-Wesley.

Die Standardliteratur zur Theorie, die der angewandten Computerwissenschaft zugrunde liegt; enthält einen guten Überblick über Zufallsgeneratoren.

Koch, H. von (1906) *Une méthode géométrique élémentaire pour l'étude de certaines questions de la théorie des courbes plaines.* Acta Mathematica **30**, 145-174.

Behandelt die Kochsche Schneeflocke, eine stetige, nirgendwo differenzierbare Kurve, die zu einem Standardbeispiel für das Studium der Fraktale geworden ist. Siehe auch Mandelbrot (1977, 1982).

Korcak, J. (1938) *Deux types fondamentaux de distribution statistique.* Bull. de l'Institut International de Statistique III, S. 295-199.

Kreyszig, J. (1988) *Advanced Engeneering Mathematics.* 6. Aufl. New York (Wiley).

Krummel, J. R.; Gardner, R. H.; Sugihara, G.; O'Neill, R. V. (1987) *Landscape Patterns in a Disturbed Environment.* Oikos **48**, 321-84.

LeNormand, R. (1989) *Flow Through Porous Media: Limits of Fractal Patterns.* In: Fleischmann, M.; Tildesley, D. J.; Ball, R. C. (Hrsg.), S. 159-167.

Levin, S. A.; Paine, R. T. (1974) *Disturbance, Patch Formation and Community Structure.* Proc. Natl. Acad. Sci. USA **71**, 2744-2747.

Li, T.; Yorke, J. A. (1975) *Period Three Implies Chaos.* Am. Math. Monthly **82**, 985-992.

Lin, C. C.; Segel, L. A. (1974) *Mathematics Applied to Deterministic Problems in the Natural Sciences.* New York (Macmillan).

Ein gutes einführendes Lehrbuch für Fortgeschrittene, hier wegen seiner Behandlung von Zufallsbewegungen, der Brownschen Bewegung und der Diffusion zitiert.

Linsker, R. (1988) *Self-Organization in a Perceptual Network.* IEEE Computer, (März 1988), S. 105-117.

Logothetopolis, J. (1972) *Islet Cell Regeneration and Neogenesis.* In: Steiner, D. F.; Freinkel, N. (Hrsg.) Endocrine Pancreas Handbook for Physiology, Bd. 1. Baltimore MD, USA (Wilkinson ans Wilkins Co.), S. 67-76.

Lorenz, E. N. (1963) *Deterministic Nonperiodic Flow.* J. Atmos. Sci. **26**, 636-646.

Lovejoy, S. (1982) *Area-Perimeter Relationship for Rain and Cloud Areas.* Science **216**, 185-187.

Lovejoy, S.; Schertzer, D. (1991) *Multifractal Analysis Techniques and the Rain and Cloud Fields from* 10^{-3} *to* 10^{6} *m.* In: Schertzer, D.; Lovejoy, S. (Hrsg.), S. 111-144.

Lovejoy, S.; Schertzer, D.; Ladoy, P. (1986) *Fractal Characterization of Inhomogeneous Geophysical Measuring Networks.* Nature **319**, 43-44.

Lou, X.; Schramm, D. N. (1992) *Fractals and Cosmological Large-Scale Structure.* Science **256**, 513-515.

MacArthur, R. H.; Wilson, E. O. (1967) *The Theory of Island Biogeography.* Princeton University Press.

MacCaffrey; Hamilton. (1978) *Vegetation Map of the Okefenokee Swamp.* Athens GA, USA (University of Georgia).

McGuire, M. (1991) *An Eye for Fractals.* Redwood-City CA, USA (Addison-Wesley).

Wunderschöne Photographien und gute intuitive Erklärungen. Eine schöne Einführung der fraktalen Dimension (siehe Kapitel 3 des vorliegenden Buches).

Mandelbrot, B. B. (1965) *Une classe de processus stochastiques homothetiques a soi; application a la loi climatologique de H. E. Hurst.* Comptes Rendus Acad. Sci. Paris **260**, 3274-3277.

Mandelbrot, B. B. (1975) *Les objects fractals: forme, hasard et dimension.* Paris (Flammarion).

Einführung des Begriffes *Fraktal.*

Mandelbrot, B. B. (1977) *Fractals: Form, Chance and Dimension.* San Francisco (Freeman).

Englische Übersetzung von Mandelbrot (1975).

Mandelbrot, B. B. (1982) *The Fractal Geometry of Nature.* San Francisco (Freeman).

Mandelbrot, B. B. (1989) *Fractal Geometry: What Is It and What Does It Do?* In: Fleischmann, M.; Tildesley, D. J.; Ball, R. C. (Hrsg.), S. 3-16.

Mandelbrot, B. B.; Van Ness, J. W. (1968) *Fractional Brownian Motions, Fractal Noises and Applications.* SIAM Rev. **10**, 422-437.

Mandelbrot, B. B.; Wallis, J. R. (1969) *Some Long-Run Properties of Geophysical Records.* Water Resources Res. **5**, 321-340.

Marsaglia, G. (1968) *Random Numbers Fall Mainly in the Planes.* Proc. Natl. Acad. Sci. USA **61**, 25-28.

May, R. M. (1972) *Will a Large Complex System Be Stable?* Nature **238**, 413-414.

May, R. M. (1974) *Stability and Complexity in Model Ecosystems.* Princeton University Press 1974.

May, R. M. (1975) *Patterns of Species Abundance and Diversity.* In: Cody, M. L.; Diamond, J. M. (Hrsg.) Ecology and Evolution of Communities. Harvard University Press.

May, R. M. (1978) *The Dynamics and Diversity of Insect Faunas.* In: Mound, I. A.; Waloff, N. (Hrsg.) Diversity of Insect Faunas. Oxford (Blackwell), S. 188-204.

May, R. M. (1988) *How Many Species Are There on Earth?* Science **241** (1988), 1441-1448.

May, R. M. (1990) *How Many Species?* Phil. Trans. Roy. Soc. Lond. **B330**, 171-181.

Meakin, P.; Tolman, S. (1989) *Diffusion-Limited Aggregation.* In: Fleischmann, M.; Tildesley, D. J.; Ball, R. C. (Hrsg.), S. 133-147.

Meltzer, M. I. (1990) *Livestock Biotechnolgy: The Economic and Ecological Impact of Alternatives for Controlling Ticks and Tick-Borne Diseases in Africa.* Ph. D. thesis, Cornell University, Ithaca, NY, USA.

Meltzer, M. I.; Hastings, H. M. (1992) *The Use of Fractals to Assess the Ecological Impact of Increased Cattle Population: Case Study from the Runde Communal Land, Zimbabwe.* J. Appl. Ecol. **29**, 635-646.

Milne, B. T. (1988) *Measuring the Fractal Dimension of Landscapes.* Appl. Math. and Computation **27**, 67-79.

Monastersky, R. (1992) *Shaking up Seismic Theory.* Science News **141**, 136-137.

Morse, D. R.; Lawton, J. H.; Dodson, M. M.; Williamson, M. H. (1985) *Fractal Dimension of Vegetation and the Distribution on Anthropod Body Lengths.* Nature **314**, 731-733.

Murphy, D. D.; Menninger, M. S.; Ehrlich, P. R.; Wilcox, B. A. (1986) *Local Population Dynamics of Adult Butterflies and the Conservation Status of Two Closely Related Species.* Biol. Conserv. **37**, 201-224.

In Kapitel 11 wurden die Zeitreihen der Euphydryas-Populationen verwendet.

Odum, E. P. (1953) *Fundamentals of Ecology.* Philadelphia (Saunders).

O'Neill, R. V.; DeAngelis, D. L.; Waide, J. B.; Allen, T. F. H. (1986) *A Hierarchical Concept of Ecosystems.* Princeton University Press.

Paumgartner, D.; Losa, G.; Weibel, E. R. (1981) *Resolution Effects upon the Stereological Estimation of Surface and Volume and Its Interpretation in Terms of Fractal Dimensions.* J. Microsc. **121**, 51-63.

Perrin, J. (1906) *La discontinuité de la matière.* Revue de Mois **1**, 323-344.

Peters, R. H. (1983) *The Ecological Implications of Body Size.* Cambridge University Press.

Morse u.a. (1985) verwenden diese Ergebnisse für eine fraktale Interpretation des Lebensraumes auf Blättern.

Press, W. H.; Vlannery, B. P.; Teukolsky, S. A.; Vetterling, W. T. (1989) *Numerical Recipes in Pascal.* Cambridge University Press.

Auch für C und FORTRAN erhältlich, Software auch auf Diskette. Das Standard-Handbuch für wissenschaftliche Computerarbeit.

Preston, F. W. (1962) *The Canonical Distribution of Commonness and Rarity.* Ecology **43**, 185-215, 410-432.

Rasmussen, E. M.; Wang, X.; Ropelewski, C. F. (1990) *The Biennial Component of ENSO Variability.* J. Marine Syst. **1**, 71-96.

Richardson, L. F. (1961) *The Problem of Contiguity: An Appendix of Statistics of Deadly Quarrels.* General Systems Yearbook **6**, 139-187.

Richardson stellt Betrachtungen über das Problem der Längenmessung einer Küstenlinie an. Mandelbrot (1977, 1982) zitiert und erklärt Richardsons Werk, welches heute als Stechzirkelmethode bezeichnet wird.

Ripley, B. D. (1981) *Spatial Statistics.* New York (Wiley).

Rogers, C. A. (1970) *Hausdorff Dimension.* Cambridge University Press.

Ruelle, D. (1990) *Deterministic Chaos: The Science and the Fiction.* Proc. Roy. Soc. Lond. **A437**, 241-248.

Runge, C.; König, H. (1924) *Die Grundlehren der mathematischen Wissenschaften.* Bd. 11. Berlin (Springer).

Schertzer, D.; Lovejoy, S. (1991) *Non-linear Variability in Geophysics: Scaling and Fractals.* Dordrecht, Niederlande (Kluwer).

Scheuring, I. (1991) *The Fractal Nature of Vegetation and the Species-Area Relation.* Theor. Pop. Biol. **39**, 170-177.

Schlesinger, W. H. (1978) *Community Structure, Dynamics and Nutrient Cycling in the Okefenokee Cypress Swamp-Forest.* Ecol. Monogr. **48**, 43-66.

Schmidt, R. F. (Hrsg.) (1978) *Fundamentals of Neurophysics.* New York (Springer).

Schmidt-Nielsen, K. (1984) *Scaling: Why Is Animal Size So Important?* Cambridge University Press.

Siehe Kommentar zu Peters (1983).

Short, N. M.; Lowman, P. D. Jr; Freden, S. C.; Finch, W. A. Jr (1976) *Mission to Earth: Landsat Views the World.* National Aeronautics and Space Administration, Washington DC (US Government Printing Office).

Smale, S.; Williams, R. F. (1976) *The Qualitative Analysis of a Differential Equation of Popular Growth.* J. Math. Biol. **3**, 1-4.

Smith, L. A. (1988) *Intrinsic Limits on Dimension Calculations.* Phys. Lett. **A113**, 283-288.

Smoot, G. F; Bennett, C. L.; Kogut, A.; Wright, E. L.; Aymon, J.; Boggess, N. W.; Cheng, E. S.; DeAmici, G.; Gulkis, S.; Hauser, M. G.; Hinshaw, G.; Lineweaver, C.; Loewenstein, K.; Jackson, P. D.; Jannsen, M.; Kaita, E.; Kelsall, T.; Keegstra, P.; Lubin, P.; Mather, J.; Meyer, S. S.; Moseley, S. H.; Murdock, T.; Rooke, L.; Silverberg, R. F.; Tenorio, L.; Weiss, R.; Wilkinson, D. T. (1990) *Structure in the COBE DMR First Year Maps.* Astrophys. J. Lett.

Das sehr frühe Universum war bei einer Auflösung von 1 zu 10^{-6} nicht isotrop.

Steele, J. H. (Hrsg.) (1978) *Spatial Pattern in Plankton Communities.* Proc. NATO Conf. on Marine Biology. New York (Plenum).

Stommel, H. (1963) *Variaties of Oceanographic Experience.* Science **139**, 572-576.

Stommel, H. (1965) *Some Thoughts on Planning the Kuroshio Survey.* Proc. Symp. on the Kuroshio, Tokyo, 1963, Oceanographic Society of Japan and UNESCO.

Siehe Haury u.a. (1978).

Sugihara, G. (1980) *Minimal Community Structure: An Explanation of Species Abundance Patterns.* Am. Natur. **116**, 770-787.

Sugihara, G. (1982) *Applications of Fractals to the Study of Landscape Patterns.* Oak Ridge National Laboratory Technical Memo. Unveröffentlicht.

Sugihara, G. (Berichterstatter) (1984) *Ecosystem Dynamics.* In: May, R. M. (Hrsg.) Dahlem Konferenzen: Exploitation of Marine Communities. Berlin (Springer), S. 131-153.

Sugihara, G.; May, R. M. (1990a) *Applications of Fractals in Ecology.* Trends Ecol. Evol. **5**, 79-86.

Sugihara, G.; May, R. M. (1990b) *Nonlinear Forecasting as a Way of Distinguishing Chaos from Measurement Error in Time Series.* Nature **344**, 734-741.

Szalay, A. S.; Schramm, D. N. (1985) *Are Galaxies More Closely Correlated than Clusters?* Nature **314**, 718-720.

Ist die Verteilung der Sterne fraktal und, falls ja, warum? Luo und Schramm (1992) geben eine mögliche Antwort; wegen experimenteller Daten siehe auch Smooth u.a. (1992).

Tang, C.; Bak, P. (1988) *Critical Exponents and Scaling Relations for Self-Organized Critical Phenomena.* Phys. Rev. Lett. **60**, 2347-2350.

Tanner, J. T. (1966) *Effects of Population Density on Growth Rates of Animal Populations.* Ecology **47**, 733-745.

Tilton, J. C. (1987) *Contextual Classification on the Massively Parallel Processor.* In: Fischer, J. R. (Hrsg.) Frontiers of Massively Parallel Scientific Computation. NASA Conf. Publication 2478. Greenbelt, MD (NASA), S. 171-181.

Tont, S. A. (1975) *The Effect of Upwelling on Solar Irradiance Near the Coast of Southern California.* J. Geophys. Res. **80**, 5031-5034.

Tont, S. A. (1981) *Upwelling: Effects on Air Temperature and Solar Irradiance.* Coastal Upwelling and Estuarine Studies **1**, 57-62.

United States Geological Survey. Karte des Natchez-Virecks. Reston, VA (USGS) 1973

Utsu, T. (1988) *A Catalog of Large Earthquakes ($M \geq 6$) and Damaging Earthquakes in Japan for the Years 1885-1925.* In: Lee, W. H. K.; Meyers, H.; Shimazaki, K. (Hrsg.) Historical Seismographs of Earthquakes of the World. San Diego (Academic Press), S. 150-161.

Vicsek, T. (1989) *Fractal Growth Phenomena.* Riveredge NJ, USA (World Scientific).

Weibel, E. R. (1979) *Stereological Methods.* Bd. 1: *Practical Methods for Biological Morphometry.* New York (Academic Press).

Wickman, B.; Hill, D. (1987) *Building a Random-Number Generator.* Byte. (März 1987), S. 127-129.

Witten, T. A.; Sander, L. M. (1981) *Diffusion-Limited Aggregation, a Kinetic Critical Phenomenon.* Phys. Rev. Lett. **47**, 1400-1403.

Modelle für fraktales Wachstum; wegen Anwendungen auf die Entwicklungsbiologie siehe die Abschnitte 8.3 und 8.4 des vorliegenden Buches.

Wolfram, S. (1984) *Cellular Automaton Models as Models of Complexity.* Nature **311**, 419-424.

Wolfram, S. (1985) *Origins of Randomness in Physical Systems.* Phys. Rev. Lett. **55**, 449-453.

Zufälliges Verhalten kann in vielen einfachen nichtlinearen Systemen entstehen, darunter auch in einfachen Modellen zellulärer Automaten. Eine schöne Einführung dazu gibt Wolfram (1984).

Wolfram, S. (Hrsg.) (1986) *Theory and Applications of Cellular Automata.* Singapore (World Scientific).

Sachverzeichnis

A

B

C

D

E

F

P

R

S

V

W

Z